AF569318

Hydromechanik

3. korrigierte Auflage 2013

Hydromechanik

von Prof. Dr.-Ing. Klaus Unser
Regierungsbaumeister

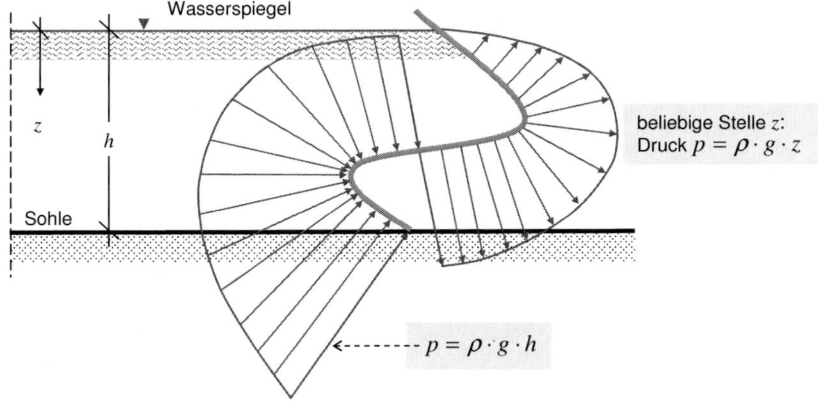

Alles ist aus dem **Wasser** entsprungen!
Alles wird durch das Wasser erhalten!

Goethe, Faust II, II

Berichte aus dem Bauwesen

Klaus Unser

Hydromechanik

3. korrigierte Auflage

Shaker Verlag
Aachen 2013

Bibliografische Information der Deutschen Nationalbibliothek
Die Deutsche Nationalbibliothek verzeichnet diese Publikation in der Deutschen Nationalbibliografie; detaillierte bibliografische Daten sind im Internet über http://dnb.d-nb.de abrufbar.

Printed in Germany.

ISBN 978-3-8322-3958-9
ISSN 0945-067X

Shaker Verlag GmbH • Postfach 101818 • 52018 Aachen
Telefon: 02407 / 95 96 - 0 • Telefax: 02407 / 95 96 - 9
Internet: www.shaker.de • E-Mail: info@shaker.de

Vorwort zur 2./3. korrigierten Auflage

Liebe Leserin, lieber Leser,

Sie halten hiermit die 3. korrigierte Auflage des Buches Hydromechanik in den Händen. Die frühere Auflage wurde durchgesehen und korrigiert bei unverändertem Umfang. Ziel war und ist eine optimale Verständlichkeit des Textes, aber auch der Zeichnungen und Grafiken, die dem Nutzer durch farbige Darstellung leichter zugänglich gemacht werden. Das Buch wendet sich wie bisher an Studierende der Fachhochschulen und Universitäten, aber auch an andere potenzielle Nutzer des Werks, da es für in der Praxis Tätige gut geeignet ist, insbesondere für jene, die sich in den Stoff erstmals oder neu einarbeiten müssen.

Mein besonderer Dank gilt Herrn Prof. Dr.-Ing. Günther Riegler von der Fachhochschule Mainz, der alle 3 Auflagen durchgesehen hat, wodurch Unkorrektheiten und Flüchtigkeitsfehler beseitigt werden konnten. Darüber hinaus hat Herr Riegler Anregungen und Ratschläge zur Überarbeitung gegeben, die dem Buch zu Gute gekommen sind.

Mainz, den 20. Februar 2013
Klaus Unser

Vorwort zur 1. Auflage (gekürzt)

Liebe(r) Studierende(r), liebe Leserin und Leser,

die Ihnen vorliegende Veröffentlichung wendet sich zunächst an Studierende, die die Grundlagen der Hydromechanik begreifen müssen, darüber hinaus aber auch an Leser, die sich aus beruflichem oder persönlichem Interesse Grundkenntnisse dieses Fachgebietes aneignen wollen. Bei dem Werk handelt es sich um ein Buch, das auf Fachwissen, Verständlichkeit und Praxisnähe abzielt: Es geht um die Grundlagen! Was dagegen erfahrungsgemäß nur selten oder in speziellen Anwendungsbereichen benötigt wird, bleibt der einschlägigen Fachliteratur vorbehalten. Der Gedanke ist: Wer die Grundlagen beherrscht, wird auch neue, erweiterte Aufgabenstellungen selbständig meistern.

Die vorliegende Publikation ist auch online auf der Internet-Seite des Verlags unter www.shaker.de erschienen, d.h. Sie können das Buch gegen eine Nutzungsgebühr herunterladen und haben den Vorteil, dass Tipps und Hinweise in der digitalen Fassung farbig markiert bzw. unterlegt sind und die Zeichnungen in Farbe vor Ihnen liegen.

An dieser Stelle möchte ich mich bei Herrn Ltd. Baudirektor a.D. Dipl.-Ing. Hans Donau aus Mainz für die Durchsicht des Skripts sehr herzlich bedanken. Herr Donau verfügt als ehemaliger „Wasserbauer“ im Dienste der Wasser- und Schifffahrtsdirektion Südwest über reiche Erfahrungen. Aufgrund dieser fundierten Kenntnisse der Theorie und Praxis der Hydromechanik waren seine Anregungen besonders wertvoll.

Mainz, den 20. Mai 2005
Klaus Unser

Inhaltsverzeichnis Seite

Inhaltsverzeichnis (Fortsetzung) Seite

Haftungsausschluss Internet

Literaturverzeichnis

Folgende Fachbücher werden aufgeführt, ohne Anspruch auf Vollständigkeit:

[1] Bollrich, Gerhard, Technische Hydromechanik 1, Grundlagen, Verlag Bauwesen Berlin, 6. Auflage 2007
[2] Heinemann/Paul/Feldhaus, Hydraulik für Bauingenieure, Teubner B.G. GmbH, 2003
[3] Lange/Lecher, Gewässerregelung, Gewässerpflege, Parey Hamburg und Berlin, 3. Auflage 1993 [beinhaltet nur die Gerinnehydraulik]
[4] Martin/Pohl/Elze, Technische Hydromechanik 3, Aufgabensammlung zu [1], 2. Auflage 2000
[5] Rössert, R., Hydraulik im Wasserbau, R. Oldenbourg Verlag, 10. Auflage 1999
[6] Rössert, R., Beispiele zu [5], 6. Auflage 2000
[7] Schneider, Bautabellen für Ingenieure, Werner Verlag Düsseldorf, 16. Auflage 2004
[8] Schröder W./Euler/Schneider/Knauf, Grundlagen des Wasserbaus, Werner Verlag Düsseldorf, 4. Auflage 1999
[9] Schröder, Ralph C.M. und Zanke Ulrich C.E., Technische Hydraulik, Springer Berlin / Heidelberg, 2. Auflage 2003
[10] Taschenbuch der Wasserwirtschaft, Parey Buch-Verlag 7. Auflage 1993 und Vieweg Verlag 8. Auflage 2001
[11] Wendehorst, Bautechnische Zahlentafeln, Teubner Stuttgart und Beuth Berlin und Köln, 29. Auflage 2000
[12] Zuppke, B., Hydromechanik im Bauwesen, Bauverlag Wiesbaden und Berlin, 4. Auflage 1992

Für Leser mit internationalen Ambitionen werden genannt (in englischer Sprache):

[13] Melvyn Kay, Practical Hydraulics, E & FN Spon, London and New York 1998
[14] Andrew Chadwick and John Morfett, Hydraulics in Civil and Environmental Engineering, Third Edition, E & FN Spon, London and New York 1998

Der Zugang zur englischsprachigen Literatur ist dadurch etwas erschwert, dass - abgesehen von der Sprache - häufig andere Bezeichnungen und Formelzeichen als in Deutschland verwendet werden. Aber: Versuchen Sie es!

Tabellenbücher wie [7] oder [11] sind hilfreich und Standard in der Ingenieurpraxis, setzen in der Regel aber voraus, dass man „den Stoff verinnerlicht hat“.

Fachzeitschriften der Wasser- und Abfallwirtschaft, die sich zum Teil häufig, zum Teil nur gelegentlich mit hydromechanischen Themen beschäftigen, sind:

- **WasserWirtschaft** (Hydrologie, Wasserbau, Hydromechanik, Gewässer ….)
- **KA - Korrespondenz Abwasser - Abfall**
- KW - Korrespondenz Wasserwirtschaft (Wasser, Boden, Natur)
- **Wasser und Abfall** (Boden, Altlasten, Umweltschutz)

DIN – Vorschriften (Normen)

- DIN 4044: Hydromechanik im Wasserbau 1980
- DIN 4048, Teil 1 und 2: Wasserbau - Begriffe 1987/1994

0. Vorbemerkungen

Die Hydromechanik ist eine Wissenschaft, die an einigen Hochschulen als Teil der Technischen Mechanik (z.B. FH Wiesbaden oder TU Darmstadt), an anderen Hochschulen als eigenständiges Fach gelehrt wird (z.B. FH Mainz oder Universitäten Kaiserslautern und Karlsruhe). Ebenso könnte man die Hydromechanik in der Physik unterbringen. Die Mathematik, die Physik und die Technische Mechanik sind die wichtigen theoretischen Grundlagenfächer des Bauingenieurstudiums. Die Hydromechanik kann also als ein mit diesen verbundenes wichtiges und schwieriges Ergänzungsfach des Grundstudiums bezeichnet werden.

Das Studium an einer Hochschule ist anders strukturiert als der Unterricht an einer Schule. An einer Hochschule trägt der Lehrende vor und die Studierenden versuchen, dem zu folgen mit dem Ziel, das Vorgetragene zu verstehen und in Übungsbeispielen zu verarbeiten. Eine Nacharbeitung des Stoffes ist aber notwendig, wobei der Einsatz letztlich von der Begabung des Einzelnen abhängt.

Der Umfang des Stoffes in einem Studium ist zu allen Zeiten umstritten gewesen. Später wird man sich in der Praxis gelegentlich fragen, wie viel von dem Gelernten im beruflichen Alltag tatsächlich benötiget wird.

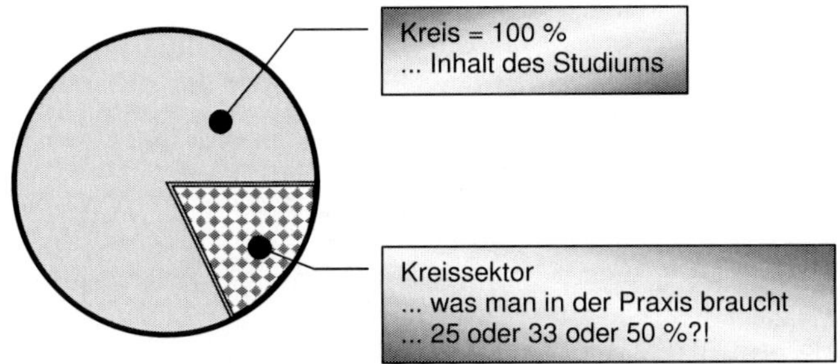

Trotz solcher Überlegungen wäre es falsch zu schließen, das Meiste sei überflüssig. Vieles hängt davon ab, welche Position im Beruf man anstrebt - eher im unteren Bereich, in der Mitte oder „ganz oben". Es gibt Studierende an den Fachhochschulen, die mit den Studierenden der Technischen Universitäten leistungsmäßig mithalten können. Einige Studierende machen ein Zweitstudium, gehen ins Ausland, wollen promovieren: Je höher das angestrebte berufliche Ziel ist, desto wichtiger sind ein breites Fachwissen und eine gute Allgemeinbildung. Und: Die Inhalte der späteren beruflichen Arbeit können sich durchaus im Laufe der Zeit ändern. Man muss also bei solchen Einschätzungen vorsichtig sein. Im Übrigen gibt es ca. 50 Studiengänge Bauingenieurwesen an den deutschen Fachhochschulen, die die Inhalte des Bauingenieurstudiums untereinander diskutieren und absprechen.

Die im Text verwendete Schrift Arial ist bei Ingenieuren allgemein beliebt, vielleicht weil sie „schnörkellos" ist ... wie die Ingenieure ☺?! Formelzeichen und mathematische Formeln sind in die in der Mathematik übliche Schrift *Times Roman, kursiv* gestellt. Natürlich ist es Sache jedes Einzelnen, welche Schrift sie/er aus der großen Zahl der zur Verfügung stehenden Schriften wählt.

Die Hydromechanik ist in den Bauingenieur-Studiengängen üblicherweise dem Fachgebiet Wasserbau und Wasserwirtschaft (WBW) zugeordnet, z.B. an den erwähnten Hochschulen. WBW bildete im früheren Diplomstudiengang an der Fachhochschule Mainz mit der Siedlungswasserwirtschaft (SWW) und der Abfallwirtschaft (AW) die Vertiefungsrichtung „Wasser- und Abfallwirtschaft". Im neuen Bachelor - Studiengang ist das Fachgebiet mit SWW, AW und dem Verkehrswesen in der Vertiefungsrichtung „Planung" untergebracht.

Noch ein Hinweis: In diesem Buch sind am PC gefertigte Zeichnungen enthalten, die Skizzencharakter haben, also nicht unbedingt maßstäblich sind.

1. Grundlagen

In Kapitel 1 werden Dinge erläutert, die Sie - vielleicht - aus der Mathematik und Physik schon kennen, an die Sie hiermit erinnert werden.

1.1 Begriffe, Formelzeichen, Maßeinheiten

1.1.1 Begriffe

In der Strömungsmechanik gibt es einige Begriffe und Bezeichnungen, die alle das Gleiche oder Ähnliches meinen und verwendet werden, je nachdem, ob man aus dem Anlagenbau, dem Maschinenbau, dem Bauingenieurwesen usw. kommt.

Ein Fluid ist ein Strömungsmedium, d.h. man versteht darunter alles, „was durch ein Rohr oder ein Gerinne fließen (strömen) kann". Vom Wortstamm her heißt Fluid eigentlich Flüssigkeit, aber es gibt auch gasförmige Fluide. Die bekanntesten Beispiele sind:

die Luft → die Luft- bzw. die Gasmechanik: Aeromechanik
das Wasser → die Wassermechanik: Hydromechanik

Daraus resultieren folgende unterschiedliche Bezeichnungen in der Fachliteratur:

Fluidmechanik
Strömungsmechanik
Strömungslehre
Technische Strömungslehre

Hydromechanik	Lehre von den Gleichgewichtszuständen und Strömungszuständen der Flüssigkeiten (des Wassers)

Angewandte Hydromechanik
Technische Hydromechanik
Hydromechanik im Bauwesen / im Wasserbau
Hydraulik
Hydraulik im Wasserbau
Technische Hydraulik
Angewandte Hydraulik

Die Befürworter der Bezeichnung Hydraulik argumentieren, der Begriff „Hydromechanik" beinhalte die theoretischen Grundlagen, der Begriff „Hydraulik" entsprechend seiner praktischen Anwendung. Der Verfasser tritt dieser Argumentation nicht bei, da der Begriff Hydraulik durch die Antriebstechnik belegt ist, so dass ggf. „Angewandte Hydromechanik" sinnvoll wäre.

Die Hydromechanik kann in zwei große Teilgebiete unterteilt werden (plus Einiges dazu!):

Hydrostatik	Lehre von den Gesetzmäßigkeiten des ruhenden Wassers
Hydrodynamik	Lehre von der Bewegung des Wassers und den dabei auftretenden Kräften

Vereinfacht kann man also sagen:

Hydromechanik → Hydrostatik und Hydrodynamik

1.1.2 Formelzeichen

In den Naturwissenschaften erhalten Parameter ein Formelzeichen, 1 oder mehrere Buchstaben, große oder kleine, aus dem lateinischen oder griechischen Alphabet, mit oder ohne Index. So tragen z.B. die Geschwindigkeit den Buchstaben v und die Beschleunigung den Buchstaben a, wie Ihnen aus der Physik bekannt ist.

A	Fläche, Querschnitt m^2	M	Metazentrum
a	Beschleunigung m/s^2	m	Böschungsneigung 1:m
b	Breite in m	p	Druck in Pa, kN/m^2 oder bar
b_{So}	Sohlenbreite in m	Q	Abfluss, Durchfluss, Zufluss in m^3/s
b_{Sp}	Wasserspiegelbreite in m	q	Abflussspende in $m^3/s{\cdot}m$
d	Durchmesser in m	Re	Reynolds-Zahl
E	Elastizitätsmodul in N/m^2	r	Radius in m
F	Kraft in kN oder kN/m	r_{hy}	hydraulischer Radius in m
F_A	Auftriebskraft (Auftrieb) in N oder kN	S	Schwerpunkt
F_G	Gewicht(skraft) in N oder kN	t	Zeit in s
F_W	Wasserdruckkraft in N oder kN	T	Temperatur in ^{0}C
Fr	Froude-Zahl	V	Volumen in m^3
g	Fallbeschleunigung m/s^2	v	Fließgeschwindigkeit in m/s
h	Wassertiefe, Fließtiefe in m	v_{gr}	Grenzgeschwindigkeit in m/s
h_E	Energiehöhe in m	v_m	mittlere Fließgeschwindigkeit in m/s
h_M	metazentrische Höhe in m	w	Wehrhöhe in m
h_{gr}	Grenztiefe in m	z	geodätische Höhe in m oder NN+m
$h_{ü}$	Überfallhöhe in m	α, β	Beiwert, Winkel
h_v	Verlusthöhe in m	γ	Wichte in kN/m^3
I	Gefälle	δ	Formbeiwert
I_E	Energiehöhengefälle	Δ	Differenz, Abstand
I_{So}	Sohlengefälle	η	dynamische Viskosität in $N{\cdot}s/m^2$
I_{Sp}	Wasserspiegelgefälle	λ	Widerstandsbeiwert
k	Rauheit in mm oder m	μ	Überfallbeiwert, Verlustbeiwert
k_f	Durchlässigkeitsbeiwert in m/s	ν	kinematische Viskosität in m^2/s
k_{St}	Rauheit nach Strickler in $m^{1/3}/s$	ρ	Dichte in kg/m^3
l	Länge in m	τ	Schleppspannung in N/m^2
l_u	benetzter Umfang in m	ζ	Verlustbeiwert

Formelzeichen und Einheiten in der Hydromechanik (Auswahl)

Diese gelten auch in der Hydromechanik, aber es kommen nach DIN 4044 noch viele andere spezifische" Formelzeichen der Hydromechanik hinzu, von denen in der Tabelle S. 11 eine Auswahl angegeben ist. In Deutschland ist es Tradition, Beiwerte, Koeffizienten usw. - auch in der Technischen Mechanik oder Baustatik - mit griechischen Buchstaben zu belegen. Das griechische Alphabet ist in Tabellenbüchern wie Schneider [7] oder Wendehorst [11] →Literaturverzeichnis abgedruckt, so dass man im Zweifelsfall nachschlagen kann. Bei der Software MS Word findet man das griechische Alphabet in der Schrift „Symbol". Beispiel: Sie unterlegen den Buchstaben a in Arial und wechseln in die Schrift Symbol, dann erscheint das griechische a, also α = alpha.

Für einige Größen gibt es neue und alte Formelzeichen, die nach DIN 4044 verwendet werden dürfen:

	hydraulischer Radius	benetzter Umfang	Energiehöhe
neu	r_{hy}	l_U	h_E
alt	R	U	H

In diesem Buch werden die neuen Bezeichnungen verwendet; es kann aber nicht ausgeschlossen werden, dass es im Zuge europäischer Vereinheitlichung wieder andere Bezeichnungen gibt, ausgehend von der englischen Sprache, oder die alten wieder auftauchen.

Einige der Formelzeichen werden in den Skizzen erläutert.

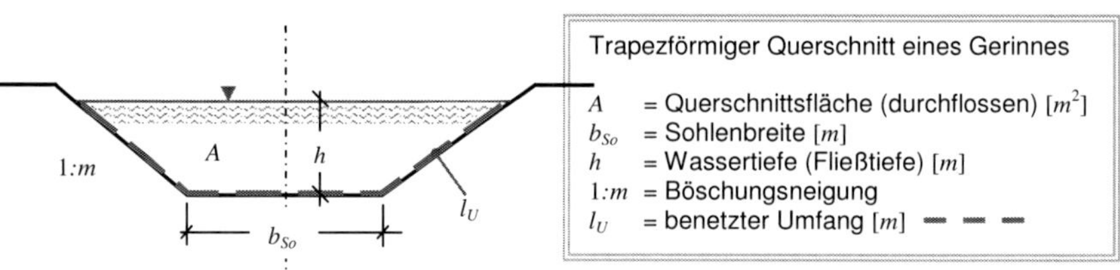

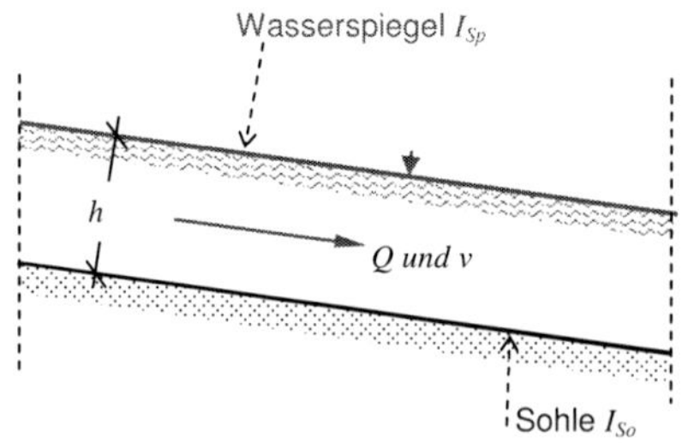

Längsschnitt eines Gerinnes

Q = Abfluss $[m^3/s]$
v = Fließgeschwindigkeit $[m/s]$
I_{So} = Sohlengefälle [-]
I_{Sp} = Wasserspiegelgefälle [-]
h = Wassertiefe $[m]$

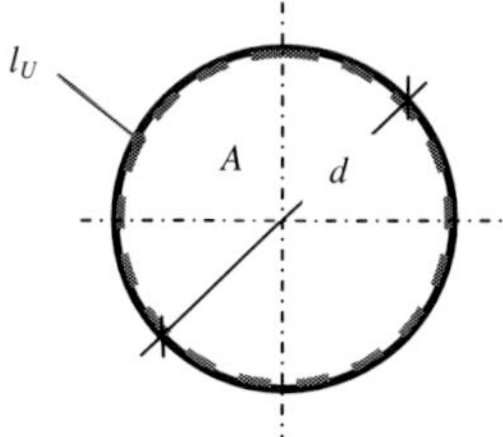

Kreisförmiger Querschnitt eines Rohres

A = Querschnittsfläche $[m^2]$
d = Durchmesser (innen) $[m]$
l_U = benetzter Umfang $[m]$ ▬ ▬ ▬

1.1.3 Internationales Einheitensystem

Seit 1969 sind die SI-Einheiten (Systeme International d'Unités) in Deutschland per Gesetz als verbindlich eingeführt. Übrigens gelten sie auch in den englischsprachigen Ländern, in denen man sich - vor allen Dingen in den USA - nach wie vor schwer tut, auf das SI - System umzustellen (z.B. Meter statt inch oder foot, Kilometer statt miles, Pascal statt psi usw.).

Basisgrößen Formelzeichen	**Einheiten**	**Zeichen**
Länge (l)	Meter	m
Masse (m)	Kilogramm	kg
Zeit (t)	Sekunde	s
Stromstärke (I)	Ampere	A
Temperatur (T)	Kelvin	K
Lichtstärke (Candela), Stoffmenge (Mol) und atomphysikalische Energieeinheit (Elektronvolt) werden hier nicht näher betrachtet.		

Die Einheiten [die Dimension] werden in diesem Buch in „Times Roman kursiv" angegeben. Einheiten werden innerhalb eines laufenden Textes in der Regel in eckige Klammern gesetzt, also z.B. $[km]$, alternativ könnte man auf die Klammer verzichten. Auf keinen Fall wird eine runde Klammer gesetzt.

1.1.4 Dezimale Vielfache und Teile von Einheiten

Sie kennen das aus der Schule: 1 Kilometer ist gleich 1000 Meter, also das Tausendfache eines Meters oder 10^3 Meter. Umgekehrt ist 1 Millimeter gleich 1/1000 Meter, also 1 Tausendstel eines Meters oder 10^{-3} Meter. Üblich ist es auch, $10\ cm$ mit 1 Dezimeter ($1\ dm$) oder $10\ mm$ mit 1 Zentimeter ($1\ cm$) zu bezeichnen. Analog verhält es sich z.B. bei Gramm oder Watt, um andere gängige Größen zu nennen.

Für diese Vielfache (z.B. das Eintausendfache) bzw. Teile (z.B. 1 Tausendstel) werden Vorsatzzeichen (Zenti-, Milli-, Mikro- usw.) verwendet, die in der folgenden Tabelle zusammengestellt sind. Einige braucht man in der Hydromechanik sehr oft, andere dagegen eher selten. Die für die Hydromechanik wichtigsten sind fett gedruckt und farbig unterlegt.

Vielfache			Teile		
Faktor*	Vorsatz	Vorsatzzeichen	Faktor*	Vorsatz	Vorsatzzeichen
10^1	Deka	*da*	10^{-18}	Atto	*a*
10^2	**Hekto**	***h***	10^{-15}	Femto	*f*
10^3	**Kilo**	***k***	10^{-12}	Piko	*p*
10^6	**Mega**	***M***	10^{-9}	Nano	*n*
10^9	**Giga**	***G***	**10^{-6}**	**Mikro**	***μ***
10^{12}	Tera	*T*	**10^{-3}**	**Milli**	***m***
10^{15}	Peta	*P*	**10^{-2}**	**Zenti**	***c***
10^{18}	Exa	*E*	**10^{-1}**	**Dezi**	***d***

*Faktor, mit dem die Einheit multipliziert wird.

Beachten Sie:
Die Vorsatzzeichen sind als große oder kleine Buchstaben vorgegeben. Daran müssen (... sollten) Sie sich halten!

1 Kilometer = 1 *km*
also nicht 1 *Km*
1 Kilonewton 1 *kN*
also nicht 1 *KN* usw...

Beispiele
gegeben Masse 1056 *g*
gesucht Masse in *kg* und *mg*
Lösung 1,056 *kg* und 1.056.000 *mg* = $1{,}056 \cdot 10^6$ *mg*

gegeben Länge 28587 *mm*
gesucht Länge in *m*, *hm* und *km*
Lösung 28,587 *m*, 0,28587 *hm*, 0,028587 *km*

1.1.5 Umrechnung von Volumen-, Massen- und Zeit- Einheiten

Volumen – Einheiten

	m^3	mm^3	cm^3	$dm^3 = l$	hm^3	km^3
1 m^3	1	10^9	10^6	10^3	10^{-6}	10^{-9}
1 mm^3	10^{-9}	1	10^{-3}	10^{-6}	10^{-15}	10^{-18}
1 cm^3	10^{-6}	10^3	1	10^{-3}	10^{-12}	10^{-15}
1 dm^3	10^{-3}	10^6	10^3	1	10^{-9}	10^{-12}
1 hm^3	10^6	10^{15}	10^{12}	10^9	1	10^{-3}
1 km^3	10^9	10^{18}	10^{15}	10^{12}	10^3	1

Gebräuchliche Volumeneinheiten in der Hydromechanik sind Kubikmeter [m^3], seltener Kubikzentimeter [cm^3], weiterhin Liter bzw. Kubikdezimeter [1 l = 1 dm^3], wobei üblicherweise „Liter“ [l] gesprochen und verwendet wird. Kubikmillimeter [mm^3] ist selten. Im Wasserbau werden auch Kubikkilometer [km^3] und Kubikhektometer [hm^3] verwendet. 1 Hektometer = 100 *m*. In den Tabellen dieses Abschnitts wurde 1 statt 10^0 geschrieben.

Massen – Einheiten

	kg	mg	g	$Mg = t$
1 kg	1	10^6	10^3	10^{-3}
1 mg	10^{-6}	1	10^{-3}	10^{-9}
1 g	10^{-3}	10^3	1	10^{-6}
1 Mg = 1 t	10^3	10^9	10^6	1

Bei den Masseneinheiten sind Gramm [g], Kilogramm [kg] und Megagramm [Mg] am gebräuchlichsten. 1 Megagramm entspricht - siehe weiter oben - 10^6 Gramm, also 10^3 oder 1000 Kilogramm. Früher wurden 1000 kg als 1 Tonne [t] bezeichnet, was heute noch populär ist.

Zeit – Einheiten

	s	*min*
1 *s*	1	$16{,}66 \cdot 10^{-3}$
1 *min*	60	1
1 *h*	3600	60
1 *d*	$86{,}4 \cdot 10^{3}$	1440

In der Hydromechanik ist die gebräuchlichste Zeiteinheit die Sekunde [*s*], gelegentlich werden auch Minute [*min*], Stunde [*h*] und Tag [*d*] verwendet, diese aber eher in Wasserbau und Wasserwirtschaft. Zeiten von Bruchteilen von Sekunden wie Nanosekunde [*ns*] oder Mikrosekunde [μs], selbst Millisekunden [*ms*] sind in der Hydromechanik nicht erforderlich.

1.1.6 Einheiten von Kraft, Druck, Leistung und Arbeit

In der Hydromechanik spielen Drücke p und Kräfte F, die vom Wasser auf ein Bauwerk einwirken, eine große Rolle, wie Sie in Kap. 2 sehen werden. Leistung P und Arbeit W (Energie) sind Parameter, die allgemein im Studium, aber auch speziell in der Wasserwirtschaft wichtig sind, wenn Sie z.B. an eine Wasserkraftanlage denken, die elektrische Energie erzeugt, oder eine Pumpe, die Wasser fördert.

Kraft F = Masse m mal Beschleunigung a

$$1\,N = 1\,\frac{kg \cdot m}{s^2}$$

(F von - englisch - Force)

Einheiten F Newton [N] und Kilonewton [kN]

Seit 1978 ist Newton die einzig zulässige Einheit der Kraft. 1 N entspricht einer Kraft, die einem Körper der Masse von 1 kg die Beschleunigung von 1 m/s^2 verleiht.

	N	*kN*
1 *N*	1	10^{-3}
1 *kN*	10^3	1

Druck p = Kraft F pro Fläche A

$$1\,Pa = 1\,\frac{N}{m^2} = 1\,\frac{kg}{m \cdot s^2}$$

(p von - englisch - pressure)

Einheiten p Pascal [Pa] bzw. Newton pro Quadratmeter [N/m^2] oder Kilonewton/m^2 [kN/m^2] und *bar*.
Weiterhin sind Hektopascal [hPa], Millibar [*mbar*] und „Meter Wassersäule" [*mWS*] aufgeführt.
Veraltet ist *Torr* [siehe Torricelli[1]].
In der Baustatik ist N/mm^2 sehr gebräuchlich.

	***Pa* = *N/m*²**	***hPa* = *mbar***	***kN/m*²**	***bar***	***mWS***	***Torr* [*mm Hg*]**
1 *Pa* = 1 *N/m*²	1	10^{-2}	10^{-3}	10^{-5}	10^{-4}	0,0075
1 *hPa* = 1 *mbar*	10^2	1	10^{-1}	10^{-3}	10^{-2}	0,75
1 *kN/m*²	10^3	10^1	1	10^{-2}	10^{-1}	7,5
1 *mWS*	10^4	10^2	10^1	10^{-1}	1	75
1 *bar*	10^5	10^3	10^2	1	10^1	750

[1] Evangelista Torricelli, Physiker, geb. am 15.10.1608 in Faenza, gest. am 25.10.1647 in Florenz, Nachfolger von Galileo Galilei am Hofe der Großherzöge der Toskana in Florenz; er erfand unter anderem das Quecksilberthermometer. Die nach ihm benannte Druckeinheit war *Torr*, 760 Torr = 760 *mm Hg* = 1013,25 *hPa*. Übrigens: Der Blutdruck wird immer noch in [*mm Hg*] gemessen!

Die Einheit *Torr* ist durchgestrichen, weil sie nur aus historischen Gründen genannt wird.

In der Hydrostatik und Hydrodynamik ist es gebräuchlich, den Druck in „Meter Wassersäule", d.h. in [*mWS*] oder einfach nur in [*m*] anzugeben. Dies soll im Folgenden hergeleitet werden. Betrachtet wird ein Zylinder, der bis zu der Höhe h mit Wasser gefüllt ist. Wie oben angeben, ist der Druck p gleich Kraft F dividiert durch die (gedrückte) Fläche A. In einer ruhenden Flüssigkeit wirkt nur die Schwerkraft, so dass sich Folgendes ergibt:

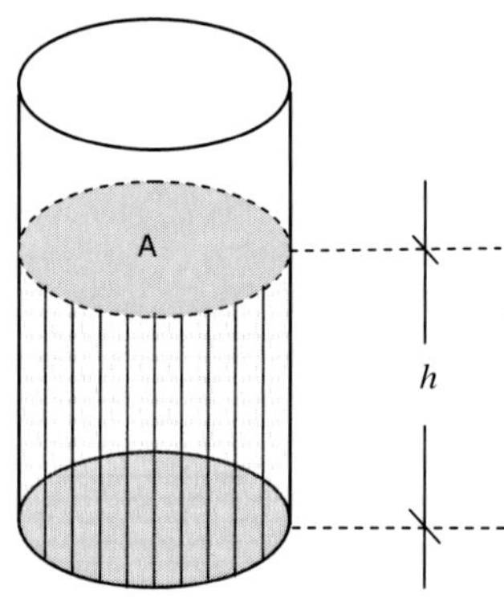

$$p = \frac{F}{A} = \frac{m \cdot a}{A} = \frac{\rho \cdot V \cdot g}{A} = \frac{\rho \cdot A \cdot h \cdot g}{A}$$

mit $m = \rho \cdot V$, $V = A \cdot h$ und $a = g$

$$p = \rho \cdot h \cdot g$$

Durch Umstellung nach h gilt schließlich

$$h = \frac{p}{\rho \cdot g} \quad \left[\frac{kg \cdot m}{s^2} \cdot \frac{1}{m^2} \cdot \frac{m^3}{kg} \cdot \frac{s^2}{m} = m\ WS \right]$$

Also: in dem man p durch $\rho \cdot g$ dividiert, wird der Druck von N/m^2 in eine entsprechende Wassersäule h in Meter umgerechnet. Nebenbei: Würde man ρ_{Luft} anstelle von ρ_{Wasser} verwenden, könnte man den Druck in eine „Luftsäule" umrechnen usw.

Arbeit (Energie) *W* = Kraft *F* mal Weg *l*

$$1\,J = 1\,Ws = 1\,Nm = 1\,\frac{kg \cdot m^2}{s^2}$$

oder Leistung *P* mal Zeit *t* (*W* von - englisch - Work)

Einheiten *W*
Joule [*J*], Wattsekunde [*Ws*]
Kilojoule [*kJ*] und *Wh* bzw. Kilowattstunde [*kWh*] usw.

	J = Ws = Nm	kJ	kWh
1 J	1	10^{-3}	$2{,}78 \cdot 10^{-7}$
1 kJ	10^{3}	1	$2{,}78 \cdot 10^{-4}$
1 kWh	$3{,}6 \cdot 10^{6}$	$3{,}6 \cdot 10^{3}$	1

Leistung *P* = Kraft *F* mal Weg *l* pro Zeit *t*

$$1\,W = 1\,\frac{kg \cdot m^2}{s^3}$$

oder Arbeit *W* pro Zeit *t* (*P* von - englisch - Power)

Einheiten *P* Watt [*W*], Kilowatt [*kW*], Megawatt [*MW*] usw.
Weiterhin wird Pferdestärke [*PS*] aufgeführt.

	W	kW	MW	PS
1 W	1	10^{-3}	10^{-6}	$1{,}36 \cdot 10^{-3}$
1 kW	10^{3}	1	10^{-3}	$1{,}36$
1 MW	10^{6}	10^{3}	1	$1{,}36 \cdot 10^{3}$

Die Einheit PS ist wie zuvor $Torr$ durchgestrichen, weil sie in der Ingenieurpraxis (eigentlich grundsätzlich ...) nicht mehr verwendet wird.

Beispiel: Leistung in einer Prüfung

$$Leistung = \frac{Arbeit}{Zeit}$$

Angenommen, in einer Klausur werden 4 Aufgaben (= die Arbeit) gestellt und eine maximale Bearbeitungszeit von 3 Stunden (= die Zeit) vorgegeben:

- Wer die 4 Aufgaben in der kürzesten Zeit löst, hat somit die größte Leistung erbracht.

Oder:

- Wer innerhalb der vorgegeben Zeit von $3\ h$ die meiste Arbeit vollbringt, d.h. den größten Teil der Aufgaben löst, hat die größte Leistung erbracht.
- Geht die Zeit im Nenner gegen unendlich, geht die Leistung gegen null!

1.2 Physikalische Eigenschaften des Wassers

Jedes Fluid wird durch seine physikalischen Eigenschaften beschrieben. Die für das Wasser wichtigsten Kennwerte werden im Folgenden behandelt. Diese sind - mehr oder weniger - von der Temperatur und dem Luftdruck abhängig. Die Tabellenangaben in der Fachliteratur sind im Allgemeinen für einen Luftdruck von $1013\ hPa$ bzw. $mbar$ gültig. Übrigens: Die Zahlenwerte in den Tabellen der Fachbücher stimmen nicht immer ganz überein.

1.2.1 Dichte

$$Dichte\ \rho = \frac{Masse}{Volumen} = \frac{m}{V} \left[\frac{Mg}{m^3}\right] oder \left[\frac{kg}{m^3}\right] oder \left[\frac{g}{cm^3}\right] \quad (1.1)$$

Die Dichte erhält als Zeichen das griechische kleine r, also ρ, gesprochen „rho". Im Alltag wird die Dichte des Wassers mit $\rho = 1{,}0\ g/cm^3 = 1000\ kg/m^3$ angenommen, allerdings ist diese Zahl streng genommen nur bei einer Temperatur $T = 3{,}98 \approx 4\ °C$ und einem Luftdruck von $1013\ hPa$ richtig. Wasser hat - wie jeder physikalische Stoff - einen festen, flüssigen und gasförmigen Aggregatzustand, also 3 Aggregatszustände. Die Dichte des Wassers ändert sich im Bereich „fest und flüssig" mit der Temperatur etwa wie folgt:

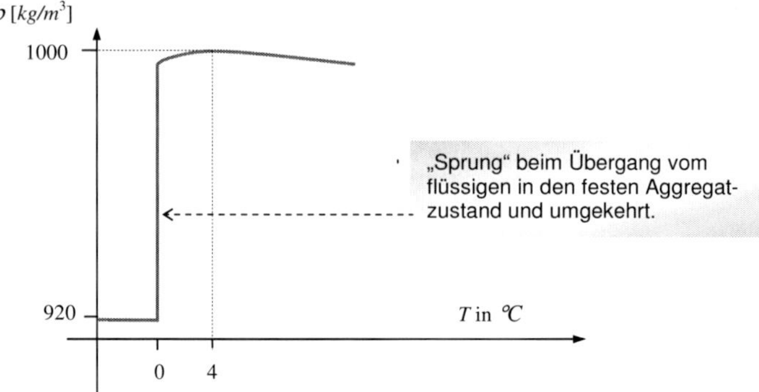

Dichte ρ des Wassers in Anhängigkeit von der Temperatur T

Beim Gefrieren wird der Quotient aus Masse und Volumen, also die Dichte ρ, kleiner, da das Volumen sich vergrößert. Diese Volumenänderung ist in der Bautechnik bei allen Arten von porösen Materialien, die mit Wasser in Berührung kommen bzw. Wasser aufnehmen, oder bei Wasserleitungen in der Wasserversorgung besonders zu beachten, da gefrierendes Wasser durch seine Ausdehnung somit zerstörend auf den Baustoff wirken kann.

Die Luft, das andere „klassische“ Fluid, hat eine Dichte von $\rho_{Luft} = 1{,}25 \cdot 10^{-3}\ g/cm^3 = 1{,}25 \cdot kg/m^3$ (= Anhaltswert), also rund $1/800$ des Wassers. Ein Druck von $10\ m$ = Wassersäule = $1\ bar$ = $1000\ hPa$ (vgl. S. 15) entspräche somit etwa $8000\ m$ Luftsäule!

1.2.2 Wichte

Die Wichte ist ein Parameter, der in der Hydromechanik nur noch selten verwendet wird, obwohl er sehr leicht verständlich ist. Er wurde früher als „spezifisches Gewicht“ bezeichnet.

$$Wichte\ \gamma = \frac{Gewicht(skraft)}{Volumen} = \frac{F_G}{V}\left[\frac{kN}{m^3}\right] oder \left[\frac{N}{m^3}\right] \tag{1.2}$$

Die Wichte erhält als Formelzeichen das griechische kleine g, also γ, sprich „gamma“.

Dichte und Wichte stehen in einem mathematischen Zusammenhang. Es gilt: Wichte γ ist gleich Dichte ρ mal Fallbeschleunigung g, also

$$\gamma = \rho \cdot g \text{ oder } \rho = \frac{\gamma}{g} \tag{1.3}$$

wobei die Fallbeschleunigung (Erdbeschleunigung) $g = 9{,}81\ m/s^2$ beträgt. Man kann erkennen, warum die Wichte kein eigenständiger, originärer Parameter ist: Sie ist gleich der Dichte (variabel, weil temperaturabhängig) mal einer - zumindest für den jeweiligen Ort - Konstanten, nämlich der Fallbeschleunigung g. Nach DIN 4044 soll die Wichte „möglichst nicht verwendet werden“. In der Ingenieurpraxis wird näherungsweise

$$\gamma = \rho \cdot g = 10\left[\frac{kN}{m^3}\right] = 10000\left[\frac{N}{m^3}\right]$$

gesetzt. Beachten Sie bitte: $\rho \cdot g$ wird gleich 10 bzw. 10000 (siehe oben) gesetzt; die Fallbeschleunigung erhält „allein“ oder in anderem Zusammenhang $g = 9{,}81\ m/s^2$ (… nicht $g = 10$)!

1.2.3 Viskosität

Unter Viskosität versteht man die auf der inneren Reibung benachbarter Moleküle beruhende Zähigkeit von Fluiden. Sie nimmt bei Flüssigkeiten mit zunehmender Temperatur ab, bei Gasen zu. Die Viskosität spielt bei fließendem Wasser zur Berechnung der Energieverluste eine große Rolle (→ Reynoldszahl Re). Sie wird mit Viskosimetern bestimmt. Die Viskosität ist dem Leser vielleicht auch von den Motorölen für Automobile her bekannt.

Die Grundlagen wurden von dem englischen Physiker Isaac Newton[2] erforscht: Demnach müssen gegeneinander bewegte Moleküle eine die Bewegung hemmende Kraft, eine innere Reibung, überwinden, ähnlich der Reibung zwischen 2 festen Oberflächen. Betrachtet wird hierzu der Geschwindigkeitsverlauf in einer Lotrechten bei fließendem Wasser.

Skizze

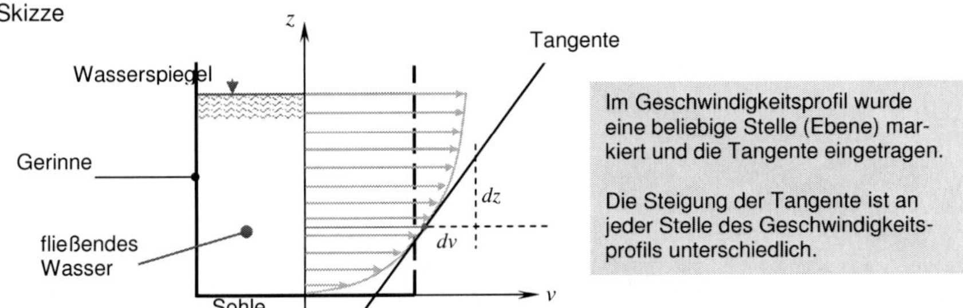

Die Schubwiderstand τ [das griechische t, sprich „tau"], der auf der jeweiligen Ebene überwunden werden muss, ist bei einer laminaren Strömung proportional dem Geschwindigkeitsgradienten dv/dz, also

$$\tau \sim \frac{dv}{dz}$$

Nach Newton [Newton'scher Elementaransatz] gilt

$$\tau = \eta \cdot \frac{dv}{dz} \left[\frac{N}{m^2}\right] \qquad (1.4)$$

wobei η [unter dem Buchstaben h, sprich „eta"] ein Proportionalitätsfaktor ist, der als

dynamische Viskosität $\eta \left[\frac{kg}{m \cdot s}\right]$

bezeichnet wird. Man nennt Flüssigkeiten wie das Wasser, die bei linearem Scherverhalten dem Gesetz nach Gl. (1.4) folgen, auch „Newton'sche Flüssigkeiten". Flüssigkeiten mit nicht linearem Scherverhalten werden entsprechend „Nicht-Newton'sche" oder „Non-Newton'sche Flüssigkeiten" genannt, z.B. Schlämme (Klärschlamm!), Pasten u.ä.

Zur Dimension [Einheit] der dynamischen Viskosität η wird folgende Überlegung angestellt.

$$\tau \left[\frac{N}{m^2}\right] = \eta\,[?] \cdot \frac{dv}{dz} \left[\frac{m}{s \cdot m}\right] = \eta\,[?] \cdot \frac{dv}{dz} \left[\frac{1}{s}\right]$$

[2] Isaac Newton, englischer Physiker, geb. am 25.12.1642 in Woolsthorpe (Lincolnshire), gest. 20.03.1725 in Kensington (London), Begründer der klassischen Mechanik.

Demnach muss für

η die Einheit $\left[\frac{N \cdot s}{m^2}\right]$ gelten, damit die Einheit für τ in Gleichung (1.4) stimmt.

Nun ist $1\ N = 1\ kg{\cdot}m/s^2$ (vgl. S. 15) - also kann die Einheit von η auch wie oben als $kg/(m{\cdot}s)$ oder als Pascalsekunde $[Pas]$ geschrieben werden.

In der Hydromechanik spielt die kinematische Viskosität ν [das griechische n, sprich „nü"] oder „die auf ρ bezogenen Viskosität η" eine größere Rolle, nämlich

$$\nu = \frac{\eta}{\rho}\left[\frac{m^2}{s}\right] \qquad (1.5)$$

Also: die kinematische Viskosität ν, die in der Hydromechanik üblicherweise eingesetzt wird, ist gleich der dynamischen Viskosität η dividiert durch die Dichte.

1.2.4 Thermische Eigenschaften

Die Wärmeeigenschaften kennt man aus der Bauphysik und der Baustoffkunde. Die Baustoffe eines Hauses werden so gewählt, dass im Winter die Wärme im Haus bleibt und im Sommer die Hitze nicht hineinkommt - beispielsweise. Diese Eigenschaften spielen bei „Hydromechanik im Wasserbau" keine sehr bedeutende Rolle, so dass sie hier nicht vertieft, sondern lediglich erwähnt werden. Man unterscheidet die folgenden 2 Parameter.

Wärmeleitfähigkeit λ [das griechische l, sprich „lambda"]
... ist gleich der Energie [Wärmemenge], die pro Stunde durch eine $1\ m$ dicke Materialschicht von $1\ m^2$ Oberfläche bei einem Temperaturunterschied von $1\ K$ fließt.

$$\lambda \left[\frac{W}{m \cdot K}\right] \qquad \lambda = 0{,}578\ [W/m \cdot K] \text{ bei } 10\ °C$$

Wärmekapazität c [von - englisch - capacity]
... ist gleich der Energie [Wärmemenge], die erforderlich ist, um 1 g Wasser um 1 K zu erwärmen.

$$c \left[\frac{J}{g \cdot K}\right] \qquad c = 4{,}1908\ [J/g \cdot K] \text{ bei } 10\ °C$$

Das Volumen des Wassers ändert sich mit der Temperatur geringfügig, d.h. mit höherer Temperatur nimmt das Volumen zu und umgekehrt. Wichtig hierzu ist der Raumausdehnungskoeffizient β [das griechische b, sprich „beta"]

$$\beta = 1{,}8 \cdot 10^{-4}\left[K^{-1}\right] \ oder\ \left[°C^{-1}\right] \text{ Raumausdehnungskoeffizient}$$

Die Volumenänderung ist dann

$$\Delta V = \beta \cdot \Delta T \cdot V \qquad (1.6\ a)$$

Δ ist das große griechische D, sprich „delta".

ΔT = Temperaturänderung in ºC
β = Raumausdehnungskoeffizient in $ºC^{-1}$
V = Ausgangs-Volumen, Einheit beliebig in cm^3, l oder m^3
ΔV = Volumenänderung, Einheit wie V

Beispiel Volumenänderung infolge Temperaturerhöhung

Gegeben ist ein Volumen von $V = 2{,}68$ Liter. Wie groß ist das Volumen nach einer Temperaturerhöhung von $16\ °C$? Geben Sie das Ergebnis in Liter [l] und Milliliter [ml] an.

$$V^* = V + \Delta V = 2{,}68 + 1{,}8\cdot 10^{-4}\cdot 16\cdot 2{,}68 = 2{,}68 + 0{,}0077 = 2{,}688\ l = 2688\ ml.$$

So einfach ist das!

1.2.5 Siededruck

Unter Siededruck [oder Dampfdruck] versteht man die Spannung, unter der es im Wasser zur Dampfblasenbildung kommt; das Wasser beginnt zu „sieden“. Zwar sagt man umgangssprachlich gerne, „das Wasser kocht!“, aber eigentlich müsste es „es siedet“ heißen. „Kochen“ bedeutet die Zubereitung von Speisen in der Küche ☺.

Der Siededruck p_S [oder Dampfdruck p_D] ist eine Größe, die man im Wasserbau bzw. allgemein im Bauingenieurwesen selten benötig, am ehesten bei Wasserkraftanlagen oder Pumpen wegen der sog. Kavitation; er ist aber ein ganz interessanter Parameter. Jeder weiß, dass Wasser bei $100\ °C$ siedet; das gilt aber streng genommen nur für einen atmosphärischen Luftdruck von $1013\ hPa$. Hat man einen niedrigeren Luftdruck (Tiefdruck), dann siedet das Wasser etwas früher, bei einem höheren Luftdruck (Hochdruck) entsprechend später. Dem gegenüber liegt der Gefrierpunkt bei $0\ °C$.

Angenommen, man würde das Wasser in eine Umgebung bringen, in welcher der Druck deutlich niedriger als $1013\ hPa$ ist, dann würde das Wasser auch bei einer wesentlich geringeren Temperatur sieden. Den Zusammenhang finden Sie in der Tabelle auf Seite 23.

1.2.6 Elastizität

Gummi ist elastisch: Man kann es verformen, am Ende der Krafteinwirkung geht es auf seinen Ausgangszustand zurück. So gibt es Baustoffe, die elastisch sind, z.B. Stahl, und andere, die eher spröde sind, z.B. Steinzeug oder Beton, auch Glas.

Auch das Wasser hat eine Elastizität, d.h. wenn man den Druck auf das Wasser vergrößert, wird sein Volumen kleiner und umgekehrt. Die Elastizität wird durch den Elastizitätsmodul, kurz den E-Modul, beschrieben. Im Großen und Ganzen kann man sagen, dass die Elastizität „in alltäglichen Anwendungen“ in der Wasserwirtschaft kaum eine Rolle spielt, d.h. man betrachtet Wasser als annähernd inkompressibel (= nicht zusammendrückbar).

Es gibt aber auch Fälle, in denen man die Elastizität des Wassers berücksichtigen muss, insbesondere in Rohrleitungen etwa in Zusammenhang mit Talsperren und Wasserkraftanlagen, in denen es zu einem sog. Druckstoß kommen kann. Dabei entsteht in der Rohrleitung eine Druckwelle, deren Fortpflanzungsgeschwindigkeit man berechnen kann:

Freier Wasserspiegel, absolut starre Rohrwandung

$$v_{DW} = \sqrt{\frac{E}{\rho}}\ [m/s]$$

Elastische Rohrwandung mit E_R

$$v_{DW} = \sqrt{\frac{\frac{E}{\rho}}{1+\frac{E}{E_R}\cdot\frac{d}{s}}}\ [m/s] \qquad (1.7)\ (1.8)$$

Darin sind:

v_{DW} = Geschwindigkeit der Druckwelle in m/s
E = E-Modul Wasser in N/m^2
E_R = E-Modul Rohr in N/m^2
ρ = Dichte des Wassers in kg/m^3
d = lichter Rohrdurchmesser in mm
s = Stärke der Rohrwandung in mm

Standardwerte für E	
Material	$E_R\ [N/m^2]$
Stahl	$210\cdot10^9$
duktiles Guss	$170\cdot10^9$
Gusseisen	$105\cdot10^9$
Steinzeug	$50\cdot10^9$
Beton	$30\cdot10^9$
PVC hart	$2\cdot10^9$
PE hart	$0{,}9\cdot10^9$
Wasser	$2{,}1\cdot10^9$

Beispiel Druckwelle

Skizze Rohr, d und s und Rechenbeispiel

Stahlrohr $DN\ 800$, Rohrwandung $s = 8\ mm$

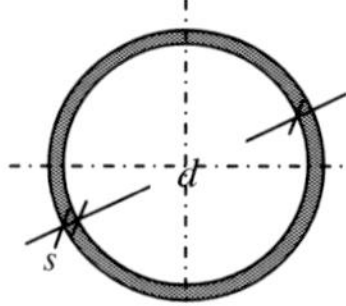

$$v_{DW} = \sqrt{\frac{\frac{2{,}1\cdot10^9}{1000}}{1+\frac{2{,}1\cdot10^9}{210\cdot10^9}\cdot\frac{800}{8}}}\ [m/s]$$

Da die E-Moduli in N/m^2 eingesetzt werden, muss die Dichte ρ des Wassers in kg/m^3 eingesetzt werden (vgl. Tipp auf Seite 33). Längenmaße, hier von d und s, müssen immer mit derselben Einheit eingesetzt werden, also in mm/mm oder m/m.

Das Rechenergebnis finden Sie selbst heraus. Es ist erstaunlich!

Nun wurde eingangs gesagt, dass die Angaben in der Fachliteratur in der Regel für einen Luftdruck von $1013\ hPa$ gelten, und in der Tat wird meistens mit diesen Zahlen gerechnet. Dennoch ist es grundsätzlich so, dass Wasser bei höherem Luftdruck - umgekehrt zur Temperaturänderung - sein Volumen verringert. Diese Änderung des Volumens kann berechnet werden:

$$\Delta V = -\frac{1}{E}\cdot V\cdot\Delta p \qquad (1.6\ b)$$

Δp = Druckänderung in N/m^2
V = Ausgangs-Volumen, Einheit beliebig, in cm^3, l oder m^3
ΔV = Volumenänderung, Einheit wie V
E = E-Modul des Wassers in N/m^2

Bei der Erhöhung des Drucks erhält ΔV ein negatives Vorzeichen, d.h. das Gesamtvolumen wird kleiner, bei einer Erniedrigung des Druckes entsprechend umgekehrt.

Beispiel Volumenänderung infolge Druckerhöhung

Gegeben ist ein Volumen von $V = 2{,}68$ Liter. Wie groß ist das Volumen $V*$ nach einer Druckerhöhung von $\Delta p = 16\ bar$? Geben Sie das Ergebnis in Liter $[l]$ und Milliliter $[ml]$ an.

Wird der E-Modul in N/m^2 eingesetzt (vgl. Tabelle S. 23), muss auch der Druck in $N/m^2 = Pa$ eingesetzt werden.

Tabelle, Seite 15: $1\ bar = 10^5\ N/m^2$

$$V^* = V - \Delta V = 2{,}68 - \frac{1}{2{,}1 \cdot 10^9} \cdot 2{,}68 \cdot 16 \cdot 10^5 = 2{,}68 - 0{,}002042 = 2{,}678\ l = 2678\ ml$$

→ Das Volumen hat sich also nur um $2\ ml$ verringert.

In der folgenden Tabelle sind die physikalischen Eigenschaften des Wassers in Abhängigkeit von der Temperatur T angegeben. Farbig unterlegt sind die Zahlen, mit denen man üblicherweise, d.h. im Ingenieur-Alltag, arbeitet.

Temperatur T in °C	Dichte ρ in kg/m^3	kinematische Viskosität ν in m^2/s	Siededruck p_S in hPa	E-Modul in Pa (= N/m^2)
-20	920,2			
-10	918,6			
0 Eis	916,7			
0 flüssig	999,8	$1{,}780 \cdot 10^{-6}$	6,11	$1{,}964 \cdot 10^9$
4	1000	$1{,}570 \cdot 10^{-6}$	8,13	-
10	999,7	$1{,}300 \cdot 10^{-6}$	12,27	$2{,}092 \cdot 10^9 \rightarrow 2{,}1 \cdot 10^9$
20	998,2	$1{,}000 \cdot 10^{-6}$	23,37	$2{,}197 \cdot 10^9$
30	995,7	$0{,}806 \cdot 10^{-6}$	42,41	$2{,}233 \cdot 10^9$
40	992,3	$0{,}657 \cdot 10^{-6}$	73,8	-
50	988,0	$0{,}550 \cdot 10^{-6}$	123,35	$2{,}264 \cdot 10^9$
60	983,2	$0{,}678 \cdot 10^{-6}$	199,2	-
80	971,8	$0{,}366 \cdot 10^{-6}$	473,6	-
100	958,3	$0{,}294 \cdot 10^{-6}$	1013,2	$2{,}041 \cdot 10^9$

Beachten Sie bitte:

- Manchmal werden nur 1, manchmal 2 oder sogar 3 Stellen nach dem Komma angegeben. In der Ingenieurpraxis benötigt man meistens „wenige Stellen"!
- Die Angaben schwanken in der Fachliteratur; zugrunde gelegt wurden [2], [7] und das Hydro-Skript der Universität Karlsruhe (Internet).
- Die Angaben gelten für reines Wasser; sie ändern sich nicht nur mit der Temperatur, sondern auch mit den gelösten und ungelösten Stoffen (z.B. Salz im Meerwasser, Feststoffe) und dem Luftdruck.
- Schon geringe Unterschiede in der Dichte ρ durch geringe Temperaturunterschiede des Wassers führen in Wasserspeichern zu einer Schichtung des Wassers.

Der Zusammenhang zwischen der Temperatur und den einzelnen Größen ist nicht linear. Dennoch werden Zwischenwerte hinreichend genau durch lineare Interpolation gefunden.

Nebenbei: Interpolation [lateinisch: „Einschaltung"]

bedeutet die Ermittlung von Zwischenwerten zwischen mehreren Zahlengrößen, z.B. Messwerten. Bei der linearen Interpolation wird durch zwei Kurvenpunkte eine Gerade gelegt und die Zwischenpunkte auf ihr werden als brauchbare Näherungswerte betrachtet.

Beispiele Interpolation
→ Bestimmen Sie die Dichte ρ des Wassers bei $T = 23{,}6\ °C$. Ergebnis in kg/m^3 und g/cm^3.

Tabelle Seite 23, der gesuchte Wert liegt zwischen
$T_1 = 20{,}0\ °C$: Dichte $\rho_{20} = 998{,}2\ kg/m^3$ und $T_2 = 30{,}0\ °C$: Dichte $\rho_{30} = 995{,}7\ kg/m^3$

Die Differenz zwischen T_1 und T_2 beträgt $\Delta T = 10\ °C$. Es wird von $T_1 = 20{,}0\ °C$ nach „oben" interpoliert; zwischen $T_1 = 20{,}0\ °C$ und $T_2 = 23{,}6\ °C$ ist die Differenz $\Delta T^* = 3{,}6\ °C$. Nun kann man schreiben:

$$\rho_T = \rho_{T1} + \frac{\rho_{T2} - \rho_{T1}}{\Delta T} \cdot \Delta T^* \text{ und somit}$$

$$\rho_{23,6} = 998{,}2 + \frac{995{,}7 - 998{,}2}{10} \cdot 3{,}6 = 998{,}2 - 0{,}9 = 997{,}3\ \left[kg/m^3\right]$$

Kontrolle: Die Dichte nimmt von $T_1 = 20{,}0\ °C$ nach $T_2 = 30{,}0\ °C$ ab, also muss die Dichte bei $T = 23{,}6\ °C$ auch kleiner sein als bei $T_1 = 20{,}0\ °C$ - stimmt!

Die Umrechnung des Ergebnisses in g/cm^3 kann man mit Hilfe des Abschnitts 1.2.5 ausführen; man kann aber auch mit „Alltagswissen" glänzen. Ein Liter Wasser „wiegt" bekanntlich ca. $1\ kg$; 1 Liter entsprechen $1000\ cm^3$, $1\ kg$ sind gleich $1000\ g$, also muss die Dichte in jedem Fall nahe $1\ g/cm^3$ liegen. Im vorliegenden Fall also: $\rho_{23,6} = 0{,}9973\ g/cm^3$.

→ Bestimmen Sie den Siededruck p_S des Wassers bei $52{,}1\ °C$. Ergebnis in hPa, Pa und N/mm^2. Die Lösung jetzt ganz kurz:

$$p_{s,52,1} = p_{s,50} + \frac{p_{s,60} - p_{s,50}}{10} \cdot 2{,}1 = 123{,}35 + \frac{199{,}2 - 123{,}35}{10} \cdot 2{,}1 = 139{,}28\ hPa$$

Der Zusammenhang zwischen hPa und Pa bzw. N/m^2 kann in Abschnitt 1.1.6 nachgelesen werden. Demnach ergibt sich $p_{s,52,1} = 13927{,}85\ Pa = 13927{,}85\ N/m^2$.

$1\ m$ ist gleich 1000 oder $10^3\ mm$, $1\ m^2$ somit $1000 \cdot 1000 = 10^6\ mm^2$. Somit muss N/m^2 durch $10^6\ mm^2/m^2$ dividiert werden; folglich gilt

$$p_{s,52,1} = 139{,}2785\ hPa = 13927{,}85\ Pa = 13927{,}85\ N/m^2 = 0{,}01393\ N/mm^2$$

In Sonderfällen und in der wissenschaftlichen Arbeit (Wasserbaulabor) muss die jeweils vorhandene Wassertemperatur berücksichtigt werden. In der Ingenieurpraxis dagegen, also „im Alltag", ist es nicht so, dass man nach der vorhandenen Wassertemperatur sucht, auch deshalb, weil man sie nicht exakt kennt bzw. sie sich im Jahresablauf ändert. Man verwendet die auf Seite 23 farbig unterlegten Standardwerte.

Nebenbei: Temperaturen
Sie kennen die Temperaturskalen in Celsius[3] C (englisch: degree Celsius oder centigrade), Kelvin[3] K, vielleicht auch Fahrenheit[3] F, an der die USA nach wie vor festhalten. Bei C spricht man von „Grad Celsius" (°C), bei F von Grad Fahrenheit (°F), bei K nur von Kelvin, also ohne „Grad". Beispiel: Die Temperatur beträgt 20 Grad Celsius (20 °C), aber 293 Kelvin (293 K). Bei Celsius ist die Skala auf den Gefrierpunkt des Wassers bei 0 °C bezogen, bei Kelvin auf den absoluten Nullpunkt, 0 K = - 273,15 °C; somit gilt 273,15 K = 0 °C.

[3] Celsius → Anders Celsius, schwedischer Physiker, geb. 1701 in Uppsala, gest. 1744 ebenda ◆ Kelvin → Lord Kelvin, eigentlicher Name Thomson, britischer Physiker, geb. 1824, gest. 1907 ◆ Fahrenheit → Daniel Gabriel Fahrenheit, deutscher Physiker, geb. am 24.5.1686 in Danzig, gest. am 16.9.1736 in Den Haag/Niederlande

Wiederholung: Flüssigkeiten und Gase sind Fluide. In diesem Kapitel wurden das Wasser und seine Eigenschaften behandelt, bei dem der Druck im Allgemeinen keine große Rolle spielt bzw. nur in Randgebieten wichtig ist. Ganz anders ist es bei Gasen (z.B. Luft), deren Kompressibilität (Zusammendrückbarkeit) sehr groß ist und daher immer berücksichtigt werden muss.

1. Unterschied „Hydromechanik“ und „Fluidmechanik“?
2. Was sind Formelzeichen? Beispiele!
3. Die „wichtigsten“ Einheiten des internationalen Einheitensystems?
4. Vorsatz „Dezi“ und „Hekto“? Beispiele.
5. Definition „Kraft“ und „Druck“. Einheiten?
6. Kelvin, Celsius und Fahrenheit?!
7. Kennwerte der physikalischen Eigenschaften des Wassers?
8. Was steckt hinter $\rho \cdot g$?
9. Siededruck des Wassers p_S bei 23,8 °C?
10. Warum kann in Baustoffe eindringendes Wasser diese zerstören?
11. Unterschied zwischen dynamischer und kinematischer Viskosität?
12. Wovon sind die physikalischen Eigenschaften abhängig?

2. *Hydrostatik*

2.1 Theorie

Die Hydrostatik ist die Lehre vom Gleichgewicht der im Wasser und auf das Wasser wirkenden Kräfte.

Der Ruhe- und Bewegungszustand eines Flüssigkeitsteilchens hängt von den wirksamen Massen- und Oberflächenkräften ab. Bei einer ruhenden Flüssigkeit - d.h. das Wasser bewegt sich nicht - ist die Schwerkraft (die Erdanziehung) in der Regel die einzige wirksame Massenkraft. Betrachtet man Wasser als „ideale“ Flüssigkeit, so ist sie inkompressibel, es ist keine Zähigkeit wirksam und es können keine Tangentialkräfte übertragen werden.

Hierzu werden die auf ein Flüssigkeitsteilchen der Abmessungen dx, dy und dz wirksamen Kräfte (vgl. Skizze nächste Seite) behandelt. Es gilt „Kraft ist gleich Masse mal Beschleunigung“, d.h. $F = m \cdot a = \rho \cdot V \cdot a$ mit $V = dx \cdot dy \cdot dz$. Angenommen, es gäbe Beschleunigungen in x-, y- und z-Richtung, also a_x, a_y und a_z, so erhielte man die Kräfte:

$$F_x = \rho \cdot \underbrace{dx \cdot dy \cdot dz}_{\text{Volumen } V} \cdot a_x \quad \text{und} \quad F_y = \rho \cdot dx \cdot dy \cdot dz \cdot a_y \quad \text{und} \quad F_z = \rho \cdot dx \cdot dy \cdot dz \cdot a_z$$

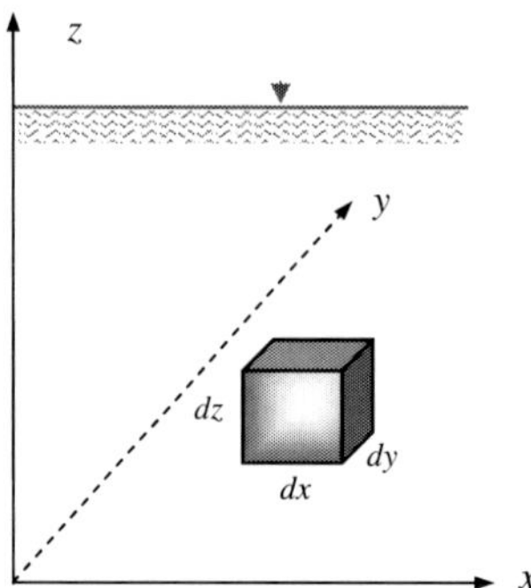

Aus Kap. 1 ist bekannt, dass der „Druck gleich Kraft dividiert durch die (gedrückte) Fläche“ ist. Dividiert man durch die jeweilige Wirkungsfläche, so sind die Drücke

$$p_x = \rho \cdot dx \cdot a_x \quad \text{und} \quad p_y = \rho \cdot d_y \cdot a_y \quad \text{und} \quad p_z = \rho \cdot dz \cdot a_z \tag{2.1}$$

An einem Flüssigkeitsteilchen, an dem Kräftegleichgewicht herrscht, ist die Summe aus den Drücken in allen 3 Richtungen x, y und z gleich der Summe der Druckdifferenzen in diesen Richtungen. Somit folgt

die Euler'sche Gleichung der Hydrostatik[4]

$$\rho \cdot dx \cdot a_x + \rho \cdot dy \cdot a_y + \rho \cdot dz \cdot a_z = \frac{\vartheta p}{\vartheta x} dx + \frac{\vartheta p}{\vartheta y} dy + \frac{\vartheta p}{\vartheta z} dz = dp \tag{2.2}$$

In einer ruhenden Flüssigkeit ist die Druckänderung d_p auf einer Niveaufläche (= in einer bestimmten Wassertiefe) gleich null, sonst würde sich das Wasserteilchen in eine Richtung bewegen.

$$dp = 0 = \rho \; dx \cdot a_x + \rho \cdot dy \cdot a_y + \rho \cdot dz \cdot a_z \tag{2.3}$$

Betrachtet man die x- und y-Richtung, so gilt für die Beschleunigungen $a_x = a_y = 0$ (ruhende Flüssigkeit), während in z-Richtung die Fallbeschleunigung g wirksam ist. Somit kann man mit $a_z = g$ schreiben

$$dp = \rho \cdot g \cdot dz$$

und nach Integration schließlich

$$p = -(\rho \cdot g \cdot z + C)$$

Die Ordinate z wurde, vom Wasserspiegel nach unten angenommen, mit negativem Vorzeichen eingesetzt. Die Integrationskonstante C muss ebenfalls ein Druck sein. Somit kann man allgemein für den Druck p in Richtung z (Vorzeichen beachten!) angeben

[4] Leonhard Euler, geb. am 15.04.1707 in Basel, gest. am 18.09.1783 in St. Petersburg, war Direktor der Akademie der Wissenschaften in Berlin, bedeutender Mathematiker und Physiker, Mitbegründer der wissenschaftlichen Grundlagen der Hydromechanik.

$$p = -(\rho \cdot g \cdot z + p_o) \qquad (2.4\ a)$$

Lässt man die Überlegung mit positivem bzw. negativem Vorzeichen außer Acht, was in der Praxis durchaus üblich ist, so kann man schreiben:

$$p = \rho \cdot g \cdot z + p_o \qquad (2.4)$$

Der Druck p an einer Stelle in der Tiefe z unter dem Wasserspiegel ist gleich dem Druck p_o über dem Wasserspiegel plus dem Druck aus dem Gewicht der über der betrachteten Stelle liegenden Wassersäule ($\rho \cdot g \cdot z$). Der Druck p_o über dem Wasserspiegel ist in der Regel gleich dem Luftdruck, der „überall" wirkt, so dass er in den meisten Fällen außer Betracht gelassen werden kann.

Eine andere Herleitung ist wie folgt möglich:

Wir betrachten Wasserteilchen in der Tiefe z_1. Über der angenommenen Grundfläche dA liegt eine Wassersäule, deren nach unten wirkendes Gewicht mit dF_G bezeichnet wird. Falls die Wasserteilchen im Ruhezustand verharren, muss eine Gegenkraft nach oben wirken. Der Druck in der Tiefe z_1 sei p_{z1}.

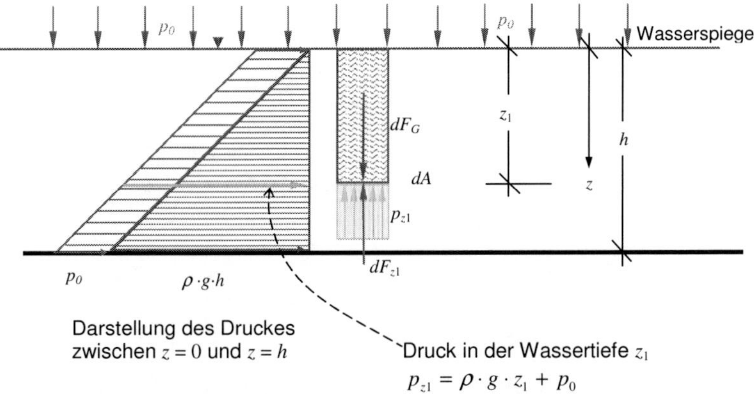

Nach unten wirken also die Kraft aus dem auf dem Wasserspiegel lastenden Druck p_o und dem Eigengewicht dF_G der Wassersäule über der Tiefe z_1, nach oben wirkt die - angenommene - Kraft dF_{z1} aus dem Druck p_{z1}. Diese Kräfte stehen im Gleichgewicht. Also gilt

$$dF_{z1} = p_{z1} \cdot dA = dF_G + p_o \cdot dA\ .$$

Das Gewicht der Wassersäule ist

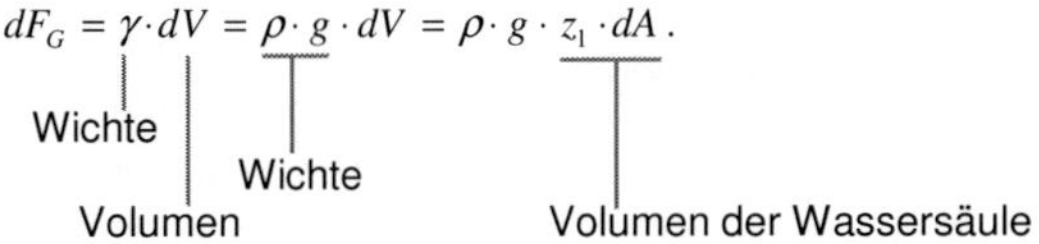

Somit kann man schreiben

$$p_{z1} \cdot dA = \rho \cdot g \cdot z_1 \cdot dA + p_o \cdot dA \qquad \text{oder} \qquad p_{z1} = \rho \cdot g \cdot z_1 + p_o$$

In einer beliebigen Tiefe z unter dem Wasserspiegel ist der Druck demnach

$$p = \rho \cdot g \cdot z + p_o .$$

Die Gleichung ist identisch mit Gl. (2.4). Sie stellt mathematisch die Gleichung einer Geraden dar nach dem Muster $y = a \cdot x + b$ mit $a = \rho \cdot g$ und $b = p_o$.

Oberfläche der Flüssigkeit (Wasserspiegel)
Da die einzig wirksame Kraft lotrecht nach unten wirkt und keine Tangentialkräfte übertragen werden, stellt sich der Wasserspiegel senkrecht zur wirksamen Kraft, also horizontal, ein.

Der Druck p

- Die Größe des Druckes p an einem Ort ist richtungsunabhängig gleich groß.
- Der Druck p wirkt immer senkrecht auf die gedrückte Fläche.
- Die Änderung zwischen 2 Orten hängt allein von der in dieser Richtung wirkenden Änderung der wirksamen Massenkraft ab.

Kommunizierende Röhren

Ein einfaches Beispiel ist das sog. Prinzip der kommunizierenden Röhren, wonach sich der Wasserspiegel immer auf gleicher Höhe einstellen muss, falls der Druck auf die Flüssigkeit gleich groß ist. Es wird davon ausgegangen, dass der folgende Zustand des Wasserspiegels in den beiden aufgehenden Schenkeln 1 und 2 einen Ruhezustand beschreibt.

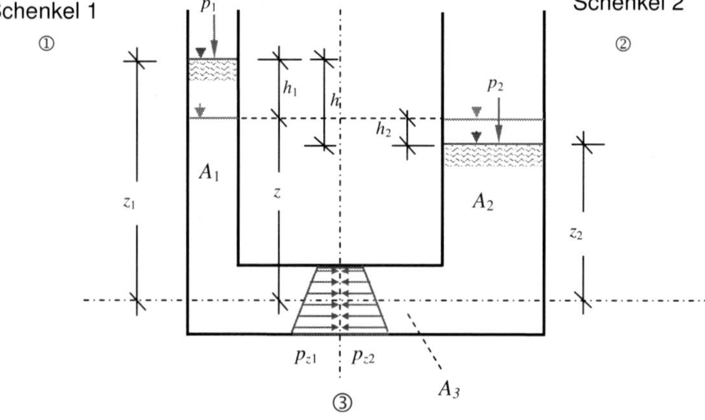

In der Annahme eines statischen Zustands, also eines Ruhezustands, muss die Kraft an der Stelle ③ „von links“, also aus dem Schenkel 1, gleich der Kraft „von rechts“, also dem Schenkel 2, sein, d.h. es gilt - falls man die trapezförmige Druckverteilung außer Acht lässt -

$$p_{z1} \cdot A_3 = p_{z2} \cdot A_3, \text{ also } p_{z1} = p_{z2}$$

Mit Gl. (2.4) gilt somit

$$\rho \cdot g \cdot z_1 + p_1 = p = \rho \cdot g \cdot z_2 + p_2$$

Nimmt man $p_1 = p_2$ = Atmosphärendruck an, so wird

$$\rho \cdot g \cdot z_1 = \rho \cdot g \cdot z_2 = p \quad bzw.$$

$$z_1 = z_2 = z$$

d.h. der Wasserspiegel stellt sich in beiden Schenkeln unabhängig vom Durchmesser der Schenkel auf gleiche Höhe ein („Prinzip der kommunizierenden Röhren").

Ist der Druck $p_1 \neq p_2$ und berücksichtigt man die Tatsache, dass das in dem einen Schenkel aufsteigende Volumen gleich dem im anderen Schenkel abgesenkten Volumen betragen muss - Annahme: ideale Flüssigkeit, nicht zusammendrückbar -, so gilt für

$$p_2 > p_1$$

$$h_1 + h_2 = h = \frac{p_2}{\rho \cdot g} - \frac{p_1}{\rho \cdot g} = \frac{p_2 - p_1}{\rho \cdot g} \tag{2.5}$$

$V_1 = h_1 \cdot A_1 = V_2 = h_2 \cdot A_2$ oder

$$h_1 = \frac{A_2}{A_1} \cdot h_2 \quad \text{bzw.} \quad h_2 = \frac{A_1}{A_2} \cdot h_1 \tag{2.6}$$

Mit den Gleichungen (2.5) und (2.6) kann man h_1 und h_2 errechnen.

<u>Beispiel</u>

gegeben: $A_1 = 0{,}2\ m^2$ $\quad A_2 = 0{,}4\ m^2$
$p_1 = 100\ kN/m^2$ $\quad p_2 = 110\ kN/m^2$ $\quad \rho \cdot g = 10\ kN/m^3$

gesucht: h_1 und h_2

Lösung: Gl. (2.5) $h = \frac{110-100}{10} = 1\,m$

Gl. (2.6) $h = h_1 + h_2 = h_1 + \frac{0{,}2}{0{,}4} \cdot h_1 = 1{,}5 \cdot h_1 = 1\,m$

$$h_1 = \frac{2}{3} = 0{,}\overline{6}\ m$$

$$h_2 = h - h_1 = 1 - \frac{2}{3} = 0{,}\overline{3}\ m$$

Nebenbei: Wasserspiegel

Wasserspiegellinien werden in Zeichnungen mit einem Dreieck (Pfeil) auf dem Wasserspiegel kenntlich gemacht, um die Wasserspiegellinie von anderen Linien zu unterscheiden. In farbigen Zeichnungen erhält Wasser - selbstverständlich - die Farbe blau, evtl. grün.

„perfekte" Darstellung Darstellung in diesem Buch

Zum Abschluss der Theorie wird noch eine Flüssigkeit beachtet, die nicht nur der Schwerkraft unterliegt, da sie in einem zylindrischen Behälter rotiert.

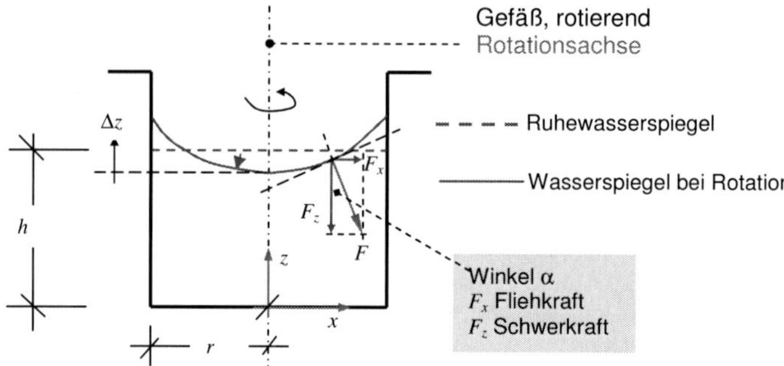

Während bei einer ruhenden Flüssigkeit - wie erwähnt - nur die vertikale Schwerkraft F_z nach unten wirkt, wird diese bei der Rotation von der nach außengerichtet Fliehkraft F_x überlagert, wodurch sich der Wasserspiegel gekrümmt einstellt. Die beiden Kräfte ergeben an jeder Stelle eine Kraft F, die lotrecht auf dem Wasserspiegel bzw. der jeweiligen Tangente steht.

Die Umfangsgeschwindigkeit wird bei einer Rotation mit der konstanten Drehzahl n errechnet aus

$$v_x = 2 \cdot \pi \cdot n \cdot x = \omega \cdot x \left[\frac{m}{s}\right] \quad \text{= Umfangsgeschwindigkeit oder} \tag{2.7}$$

= örtliche Rotationsgeschwindigkeit

mit

$$\omega = 2 \cdot \pi \cdot n \left[\frac{1}{s}\right] \quad \text{= Winkelgeschwindigkeit} \tag{2.8}$$

$$\tan\alpha = \frac{F_x}{F_z} = \frac{Fliehkraft}{Schwerkraft} = \frac{m \cdot \omega^2 x}{m \cdot g} = \frac{\omega^2}{g} \cdot x = \frac{dz}{dx}$$

$$dz = \frac{\omega^2}{g} \cdot x \cdot dx$$

Durch Integration erhält man

$$z = \frac{\omega^2}{2 \cdot g} \cdot x^2 + C \quad [m]$$

wobei die Konstante $C = z_0$ = Wassertiefe an der Rotationsachse ist. Somit gilt für den Verlauf des Wasserspiegels, bezogen auf die Sohle des Gefäßes, die Gleichung einer Parabel

$$z_x = z_0 + \frac{\omega^2}{2 \cdot g} \cdot x^2 = z_0 + \frac{v_x^2}{2 \cdot g} \; [m] \quad \text{von } x = 0 \text{ bis } x = r \tag{2.9}$$

Über einen Volumenvergleich kann man ermitteln:

$$z_0 = h - \frac{\omega^2 \cdot r^2}{4 \cdot g} = h - \frac{v_r^2}{4 \cdot g} = h - \frac{1}{2} \cdot \frac{v_r^2}{2 \cdot g} \; [m] \qquad (2.10)$$

Will man den Wasserspiegel bezogen auf die tiefste Stelle an der Mittelachse darstellen, so gilt die Gleichung.

$$\Delta z_x = \frac{\omega^2}{2 \cdot g} \cdot x^2 = \frac{v_x^{\;2}}{2 \cdot g} \; [m] \text{ von } x = 0 \text{ bis } x = r \qquad (2.10\text{ a})$$

Die so genannte Geschwindigkeitshöhe $v^2/2 \cdot g$ $[m]$, welche die Bewegungsenergie des Wassers darstellt, spielt in der Hydrodynamik eine wichtige Rolle. Vgl. dazu Kap. 3.

<u>Beispiel</u> rotierender Behälter

gegeben: $h = 50\ cm$ $r = 20\ cm$ $n = 1\ /s$

gesucht: z_o und z_r

Lösung: Gl. (2.8) $\omega = 2 \cdot \pi \cdot 1 = 6{,}2832 \; [1/s]]$

Gl. (2.10) $z_0 = 0{,}50 - \frac{6{,}2832^2 \cdot 0{,}20^2}{4 \cdot 9{,}81} = 0{,}4598\ m$

Gl.(2.9) $z_r = 0{,}4598 + \frac{6{,}2832^2 \cdot 0{,}20^2}{2 \cdot 9{,}81} = 0{,}5403\ m$

Ergebnis: An der Rotationsachse ($x = 0$) ist der Wasserspiegel um $4{,}02\ cm$ abgesenkt, am Gefäßrand ($x = r$) um den gleichen Wert ($4{,}03\ cm$) angehoben - kleiner rechnerischer Unterschied durch Rundungen.

Das rotierende Gefäß ist vielleicht ein Beispiel für nicht allzu große Praxisnähe - jedenfalls bei den Bauingenieuren -, gehört aber zum Standard der Hydromechanik. Andere Beispiele für Flüssigkeiten, die außer der Schwerkraft noch einer anderen Kraft unterliegen, sind ein mit Wasser gefüllter Bottich, der vom Ruhezustand aus beschleunigt wird, z.B. bei einem Schiffshebewerk auf geneigter Ebene, oder eine Wasserspiegel-Schrägstellung in Flusskrümmungen.

2.2 Druck p und Kraft F auf ebene Flächen

Der Boden und die Wände von Behältern müssen den von der Flüssigkeit ausgeübten Druck und die Kräfte aufnehmen, ebenso Wasserbauwerke wie Wehre und Talsperren.

Hydrostatik	Baustatik
legt die Belastung, d.h. die Drücke und Kräfte fest	legt die erforderliche Wandstärke bzw. die Bewehrung usw. fest

Beispiele sind Hochbehälter der Wasserversorgung
Reinigungsbecken einer Kläranlage
Wehranlage oder Talsperre usw.

Schützenwehr, gezogen Foto: Verfasser

Was ist bei den Drücken und Wasserdruckkräften (siehe Kap. 2.1) zu beachten?

- Sie wirken immer senkrecht auf die gedrückte Fläche, z.B. auf die Stauwand eines Wehrverschlusses.
- Bei ebenen Flächen ergeben sich als Belastungskörper (Wasserdruckflächen) meistens Dreiecke und Trapeze, evtl. auch Rechtecke.
- Die Kraft entspricht der über der betrachteten Stelle lagernden Wassersäule.
- Die Kraft pro laufenden Meter Breite F $[N/lfm]$ entspricht der Fläche des Belastungskörpers (der Wasserdruckfläche).
- Die Wirkungslinien gehen jeweils durch den Schwerpunkt des Belastungskörpers → gilt nur bei Flächen mit über der Höhe konstanter Breite
- Die Gesamtkraft F_{res} $[N]$ entspricht dem Volumen des Belastungskörpers.

Bei ebenen Flächen konstanter Breite gilt also

$$F_{res}\ [N] = F\ [N/lfm \cdot b\ [m] \qquad (2.11)$$

Dieser Zusammenhang wird in den folgenden Beispielen erläutert.

TIPP: Zeichnerische Darstellung

Es ist üblich, die Wassertiefe h in Meter und den zugehörigen Druck p gleich groß (also 1:1) darzustellen. Selbstverständlich kann man auch andere Maßstäbe wählen.

Beispiel

Wassertiefe $h = 6\ m$

Druck somit $p = \rho \cdot g \cdot h = 1000 \cdot 9{,}81 \cdot 6 = 58860$ Pa (oder N/m^2) $= 58{,}860\ kN/m^2 \approx 60\ kN/m^2$

Im Maßstab 1:100 werden die Wassertiefe h und der Druck p jeweils mit $6\ cm$ dargestellt, bei 1:50 entsprechend jeweils $12\ cm$ usw.

TIPP:
Der Parameter $\rho \cdot g$ begleitet Sie durch die ganze Hydromechanik. In der Hydrostatik geht es um die Berechnung von Drücken p und Kräften F. $\{\rho \cdot g\}$ bedeutet die Dichte ρ (des Wassers) mal der Fallbeschleunigung $g = 9{,}81\ m/s^2$. Setzt man $\rho = 1000\ kg/m^3$, erhält man für p und F ein Ergebnis in N/m^2 (= Pa) bzw. in N; wenn Sie $\rho = 1\ Mg/m^3$ ($1\ Tonne/m^3$) wählen, ist das Ergebnis in kN/m^2 bzw. in kN. Selbstverständlich müssen Sie bzgl. der Wassertiefe bei der Längeneinheit Meter bleiben.

Welche Einheit soll gewählt werden, N/m^2 oder kN/m^2? Das ist eigentlich gleichgültig, das Rechenergebnis muss richtig sein! Ist die Kraft sehr groß, was im Wasserbau durchaus häufig der Fall ist, würde der Autor zu kN tendieren, ist die Kraft eher klein, dann zu N. Es gibt aber Fachgebiete, in denen die Einheit per DIN festgelegt ist. Die Druckfestigkeit des Betons wird z.B. in N/mm^2 angegeben.

2.2.1 Ebene Flächen konstanter Breite

„Ebene Flächen konstanter Breite" bedeutet, dass die Breite lotrecht zur Bildebene konstant ist. Mit den zuvor festgehaltenen Grundsätzen können praktisch alle Beispiele rasch gelöst werden. Da der Druckverlauf – wie behandelt – linear ist, muss man immer nur den Druck an „kritischen" Punkten, d.h. an der Sohle oder an „Knicken" der Stauwand berechnen.

2.2.1.1 Druck und Kraft unmittelbar auf die Stauwand bzw. auf einen Verschluss o.ä.

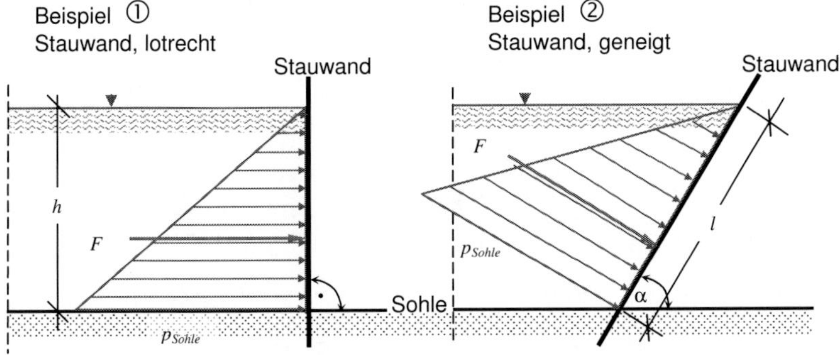

Es handelt sich bei der Wasserdruckfläche (dem Belastungskörper) um 2 rechtwinklige Dreiecke, bei ① mit der Basisbreite h und der Höhe p_{Sohle}, bei ② mit der Basisbreite l und ebenfalls der Höhe p_{Sohle}. Die Kraft F in N/m ergibt sich aus der Fläche dieser Dreiecke. Die Wirkungslinie von F verläuft durch den Schwerpunkt der Dreiecke, also bei $h/3$ bzw. $l/3$.

→ Beispiel weiter auf der nächsten Seite

Zwischendurch:
Fließendes Wasser fließt immer in „Leserichtung", also von links nach rechts. Bei ruhendem Wasser bedeutet das, dass es links von der Stauwand ruht. Bei Stauanlagen mit einem Wasserspiegel auf beiden Seiten (vgl. Beispiel ⑤) wird entsprechend der höhere Wasserspiegel links und der niedrigere rechts von der Stauanlage dargestellt.

Lösung in allgemeiner Form

Beispiel ①

$$p_{Sohle} = \rho \cdot g \cdot h$$

$$F = \rho \cdot g \cdot \frac{h^2}{2} \; [kN/m]$$

Annahme: Breite der Stauwand b

$$F_{res} = \rho \cdot g \cdot \frac{h^2}{2} \cdot b \; [kN]$$

Beispiel ②

$$p_{Sohle} = \rho \cdot g \cdot h$$

$$F = \rho \cdot g \cdot \frac{h \cdot l}{2} = \rho \cdot g \cdot \frac{h^2}{2 \cdot \sin\alpha} \; [kN/m]$$

mit $l = \frac{h}{\sin\alpha}$

Annahme: Breite der Stauwand b

$$F_{res} = \rho \cdot g \cdot \frac{h^2}{2 \cdot \sin\alpha} \cdot b \; [kN]$$

Beispiel ③ Behälter

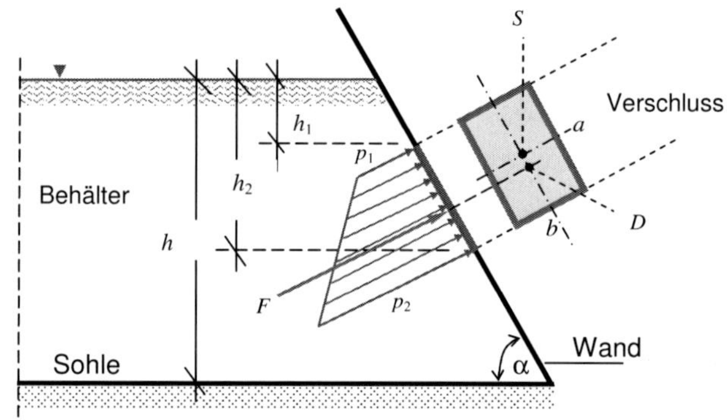

gegeben:
- rechteckiger Verschluss in einer unter dem Winkel α geneigten Wand
- die Seitenlängen des Rechtecks sind a und b,
- der Schnittpunkt der Mittelachsen des Rechtecks ergibt den Schwerpunkt S
- die Verlängerung der Kraft F ergibt den Druckmittelpunkt D
- zu S und D vgl. Seite 43: Schwerpunkt und Druckmittelpunkt

$h = 5{,}0\,m \qquad h_1 = 1{,}50\,m \qquad h_2 = 3{,}50\,m \qquad \alpha = 75° \qquad b = 1{,}0\,m$

gesucht: Darstellung des Wasserdrucks auf den Verschluss, außerdem p_1, p_2, F, F_{res}

Lösung: $p_1 = \rho \cdot g \cdot h_1$ in der Tiefe h_1 unter dem Wasserspiegel

$p_2 = \rho \cdot g \cdot h_2$ in der Tiefe h_2 unter dem Wasserspiegel

F in kN/m entspricht der Fläche der Wasserdruckfigur = Trapez

Seitenlänge a des Rechtecks

$$\sin\alpha = \frac{h_2 - h_1}{a}, \text{ daraus folgt } \quad a = \frac{h_2 - h_1}{\sin\alpha}$$

$$F = \frac{p_1 + p_2}{2} \cdot a = \rho \cdot g \cdot \frac{h_1 + h_2}{2} \cdot \frac{h_2 - h_1}{\sin\alpha} \quad [kN/m]$$

$$F_{res} = \rho \cdot g \cdot \frac{h_1 + h_2}{2} \cdot \frac{h_2 - h_1}{\sin\alpha} \cdot b \quad [kN]$$

Die Zahlenwerte können jetzt ermittelt werden! F_{res} greift in D an.

→ Haben Sie bemerkt, dass die Wassertiefe h im Behälter eine überflüssige Angabe war?!

2.2.1.2 Druck und Kraft zerlegt in x- und z-Komponenten

Wie aus Beispiel ② und ③ zu erkennen war, ist bei einer unter α gegen die Horizontale geneigten Wand die Kraft F unter dem Winkel β = (90 – α) gegen die Horizontale geneigt. Diese Kraft lässt sich in eine Horizontal- (x-) Komponente und Vertikal- (z-) Komponente zerlegen.

Wiederholung Beispiel ③

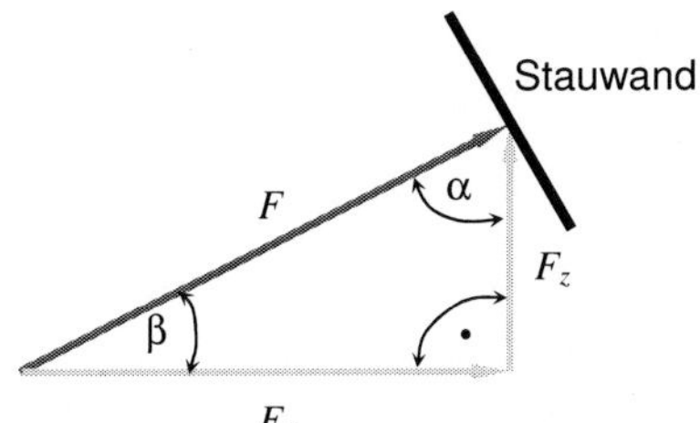

Genauso ist das mit den Wasserdruckflächen möglich, wobei folgende Grundsätze gelten:

- Die horizontale x-Komponente p_x und F_x ist unabhängig von der Form der gedrückten Fläche (der Form der Stauwand); sie ist gleich der Belastung einer projizierten vertikalen Fläche.
- Die vertikale z-Komponente p_z und F_z ist gleich dem Gewicht des auf der gedrückten Fläche liegenden Flüssigkeitskörpers. Sie kann Auftrieb oder Auflast sein.
- Die Wirkungslinien verlaufen jeweils durch den Schwerpunkt des Belastungskörpers.

Ansonsten geht man so vor, wie es am Anfang des Kapitels geschildert wurde, indem man die Belastungskörper (die Wasserdruckflächen) zeichnet. Die Kraft pro laufenden Meter Breite F in N/lfm entspricht der Fläche des Belastungskörpers. Die Kraft F_{res} in N entspricht dem Volumen des Belastungskörpers.

Zur Theorie betrachten wir dazu die Stauwand aus Beispiel ②. Die Breite b sei 1 $[m]$.

Wiederholung von Beispiel ②

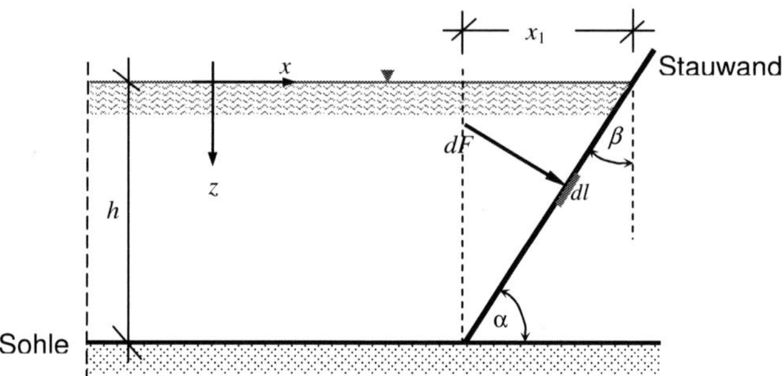

Wir betrachten dF und die gedrückte Linie dl nun im Detail:

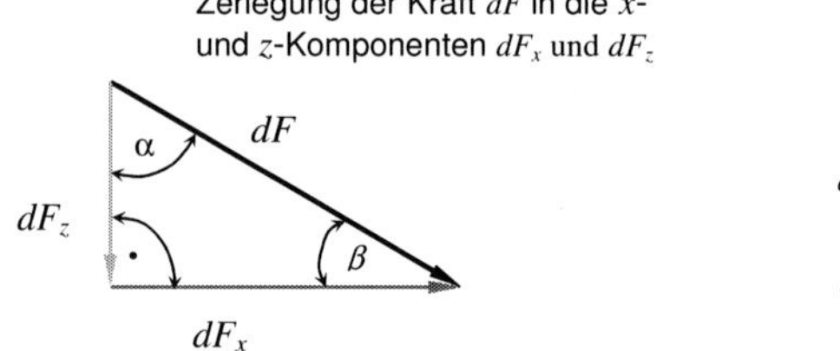

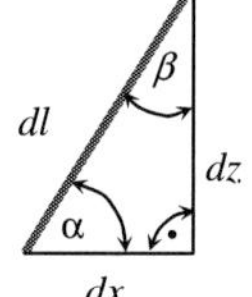

Die Kraft ist Druck mal Fläche, mit der Einheit N/m also

$$dF = \rho \cdot g \cdot z \cdot dl$$

Für die x-Komponente gilt

$$dF_x = dF \cdot \cos\beta = \rho \cdot g \cdot z \cdot \underbrace{dl \cdot \cos\beta}_{dz}$$

$$dF_x = \rho \cdot g \cdot z \cdot dz$$

$$F_x = \int_0^h \rho \cdot g \cdot z(x) \cdot dz = \rho \cdot g \cdot \frac{h^2}{2} \left[\frac{N}{lfm}\right] \tag{2.12}$$

Weiterhin ist bei der z-Komponente

$$dF_z = dF \cdot \sin\beta = \rho \cdot g \cdot z \cdot \underbrace{dl \cdot \sin\beta}_{dx} = \rho \cdot g \cdot z \cdot dx$$

$$F_z = \int_0^{x_1} \rho \cdot g \cdot z(x) \cdot dx$$

$$F_z = \rho \cdot g \cdot \frac{h^2}{2 \cdot \tan\alpha} \left[\frac{N}{lfm}\right] \tag{2.13}$$

Am Beispiel ④ werden die Lösungen „unmittelbar auf die Stauwand“ und „zerlegt in x- und z-Komponente“ gegenübergestellt.

Beispiel ④
abgewinkelte (abgeknickte) Stauwand

p und F ... unmittelbar auf die Stauwand

... zerlegt in x- und z-Komponente
Maße wie links

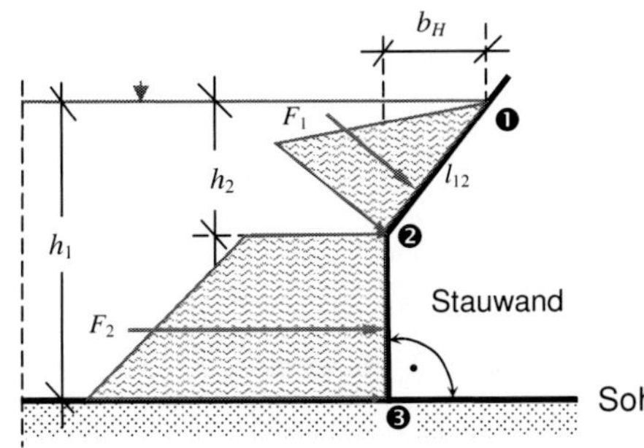

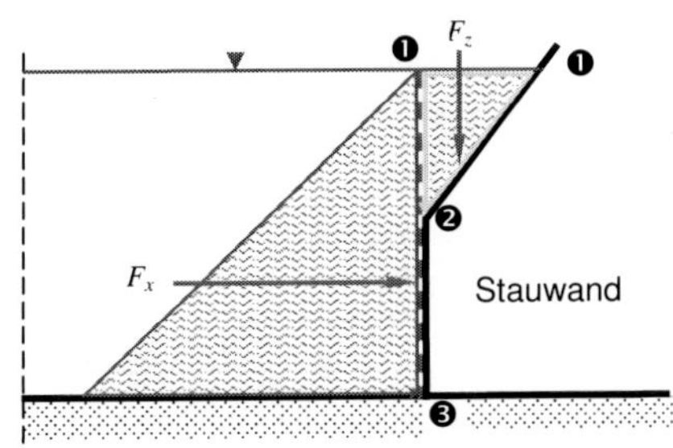

gegeben: $h_1 = 4{,}50\ m$ $\quad h_2 = 2{,}40\ m$ $\quad b_H = 1{,}70\ m$

gesucht: Drücke p $[N/m^2]$ und Wasserdruckflächen, Teilkräfte und Kraft F $[N/m]$[5]

Lösung:

Abbildung Beispiel ④, links [unmittelbar auf die Stauwand]

F_1 - Druckdreieck, an der Stelle ❶ ist $p_{z1} = 0$, an der Stelle ❷ $p_{z2} = \rho \cdot g \cdot h_2$,
Fläche des Dreiecks = Kraft F_1 in N/m

$$F_1 = \rho \cdot g \cdot h_2 \cdot l_{12} \cdot \frac{1}{2}, \text{ Länge } l_{12} = \sqrt{b_H^2 + h_2^2}$$

F_2 – Druckfigur ist Trapez, an der Stelle ❷ $p_{z2} = \rho \cdot g \cdot h_2$, an der Stelle ❸ $p_{z2} = \rho \cdot g \cdot h_1$
Höhe des Trapezes = $h_1 - h_2$, Fläche des Trapezes = Kraft F_2 in N/m

$$F_2 = \rho \cdot g \cdot \frac{h_1 + h_2}{2} \cdot (h_1 - h_2)$$

Resultierende Kraft F
F_1 und F_2 stehen nicht senkrecht aufeinander; Lösung z.B. über den Cosinussatz:

$$F^2 = F_1^2 + F_2^2 - 2 \cdot F_1 \cdot F_2 \cdot \cos a$$

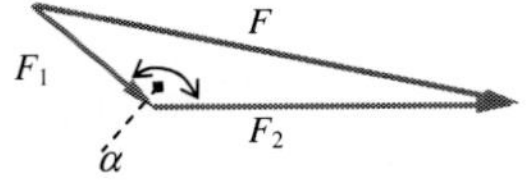

[5] Verlangt sind der Druck p in N/m^2 und die Kraft in N. Also muss $\rho \cdot g$ = Wichte in N/m^3 eingesetzt werden, d.h. mit 10000 N/m^3.

Abbildung Beispiel ④, rechts [zerlegt in x- und z-Komponente]
x-Komponente:
Druckdreieck, am Wasserspiegel ❶ ist $p_{x1} = 0$, an der Sohle ❸ $p_{x3} = \rho \cdot g \cdot h_1$
Fläche des Dreiecks = Kraft F_x in N/m

$$F_x = \rho \cdot g \cdot \frac{h_1^2}{2}$$

z-Komponente:
Druckdreieck, am Wasserspiegel ❶ ist $p_{z1} = 0$, an der Stelle ❷ $p_{z2} = \rho \cdot g \cdot h_2$
Fläche des Dreiecks = Kraft F_z in N/m

$$F_z = \rho \cdot g \cdot \frac{b_H \cdot h_2}{2}$$

Resultierende Kraft F
Da F_x und F_z senkrecht aufeinander stehen, kann man nach Pythagoras[6] rechnen:

$F = \sqrt{F_x^2 + F_z^2} = ...$ Die Zahlen müssen Sie jetzt selbst einsetzen!

2.2.1.3 Druck und Kraft beidseitig der Stauwand, d.h. mit Oberwasser und Unterwasser

Im Wasserbau ist es häufig so, dass „links und rechts" der Stauwand, in der Fachsprache im Oberwasser (OW) und Unterwasser (UW), das Wasser in unterschiedlicher Höhe ansteht, so dass ein Druck und eine Kraft von beiden Seiten auf das Bauwerk ausgeübt werden. Eine solche Aufgabenstellung kann man auf 2 Wegen lösen: Man kann Druck p und Kraft F a) direkt auf die Stauwand setzen oder b) in Horizontal- und Vertikalkomponente p_x, und p_z bzw. F_x und F_z zerlegen und über Pythagoras die resultierende Kraft F_{res} bestimmen.

Begriffe: Wasserseite - Luftseite → bei Talsperren
Oberwasser (OW) - Unterwasser (UW) → bei Wehren

Beispiele sind: Baugrubensicherung mit Spundwänden
Wehre
Schleusentore

Rezept 1:

- Man ermittelt p „von links", als ob rechts kein Wasser stünde.
- Danach ermittelt man p „von rechts", als ob links kein Wasser stünde.
- Danach werden die Wasserdruckflächen überlagert (Superposition), d.h. man zieht sie grafisch von einander ab.
- Aus den Restflächen wird F wie behandelt errechnet.
- Die Wirkungslinie verläuft durch den Schwerpunkt des resultierenden Belastungskörpers.

„Rezepte" ersetzen nicht das selbständige Denken, also Vorsicht!

[6] Pythagoras, griechischer Philosoph, geb. um 570 v.Chr. auf der Insel Samos, gestorben um 480 v.Chr. in Metapont in Süd-Italien. Berühmt ist der ihm zugeschriebene Lehrsatz $a^2 + b^2 = c^2$.

Beispiel ⑤

a) Druck p unmittelbar auf die Stauwand

Die Wirkungsrichtung der Kraft ist durch einen nicht maßstäblichen Pfeil gekennzeichnet.

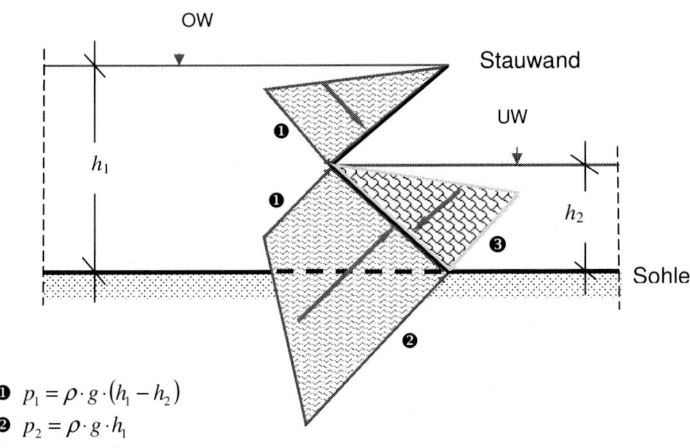

❶ $p_1 = \rho \cdot g \cdot (h_1 - h_2)$

❷ $p_2 = \rho \cdot g \cdot h_1$

❸ $p_3 = \rho \cdot g \cdot h_2$

b) Druck p zerlegt in x- und z-Komponenten - von außen -

Die Wirkungsrichtung der Kraft ist durch einen nicht maßstäblichen Pfeil gekennzeichnet.

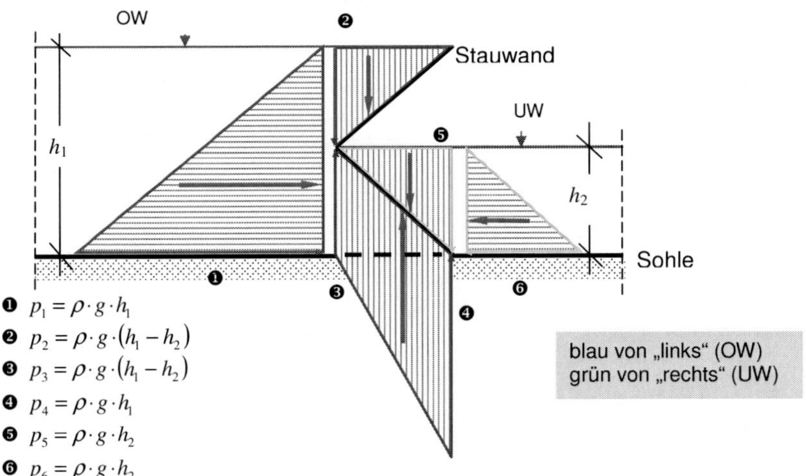

❶ $p_1 = \rho \cdot g \cdot h_1$

❷ $p_2 = \rho \cdot g \cdot (h_1 - h_2)$

❸ $p_3 = \rho \cdot g \cdot (h_1 - h_2)$

❹ $p_4 = \rho \cdot g \cdot h_1$

❺ $p_5 = \rho \cdot g \cdot h_2$

❻ $p_6 = \rho \cdot g \cdot h_2$

blau von „links“ (OW)
grün von „rechts“ (UW)

Im Weiteren wird die z-Komponente betrachtet; die Bezeichnung der Drücke bleibt unverändert. Zunächst wird das Dreieck ❷ vom Trapez ❸-❹ abgezogen ($p_3 - p_2 = 0$, p_4 bleibt unverändert).

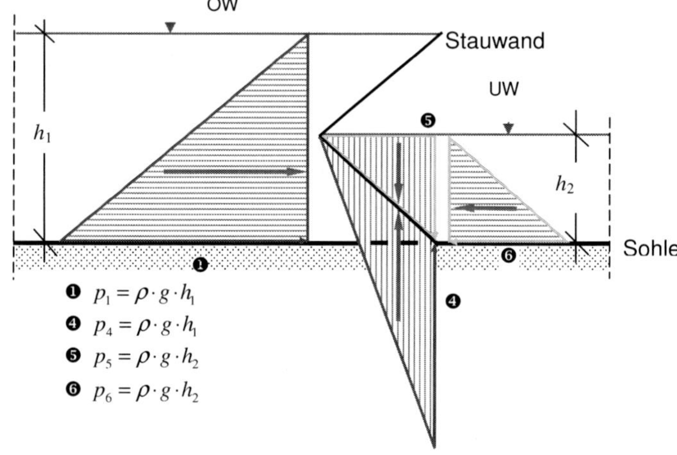

In der folgenden Zeichnung wird das Dreieck ❺ (Auflast vom Unterwasser her, grün umrandet) mit dem Dreieck ❹ (Auftrieb vom Oberwasser) überlagert (subtrahiert). Bei der x-Komponente ist durch die gestrichelten Linien (rot) angedeutet, wie die x-Komponente im UW von der x-Komponente im OW abgezogen werden kann. Die z-Komponente sieht nun wie folgt aus.

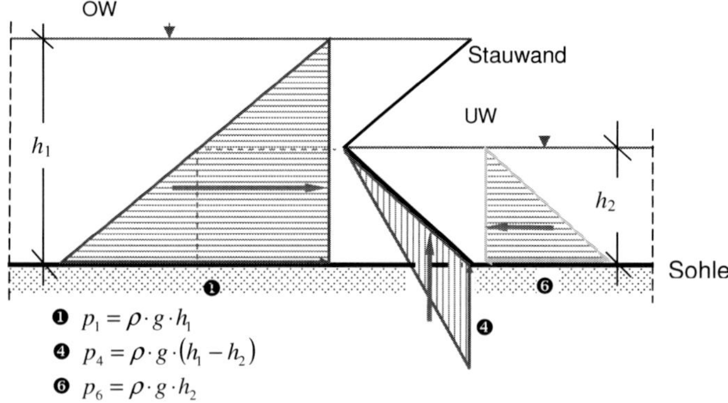

Die x- und z-Komponente lassen sich auch mit folgendem Rezept ermitteln:

Rezept 2:
- Man definiert den Fußpunkt (den Dichtungspunkt) der Konstruktion an der Sohle.
- Durch diesen Punkt wird eine vertikale Hilfslinie gezogen.
- Die x-Komponente entspricht dem Belastungskörper auf diese vertikale Hilfslinie.
- Die z-Komponente entspricht der Fläche zwischen der vertikalen Hilfslinie, der Stauwand und dem Wasserspiegel. Wenn sich kein Schnittpunkt mit dem Wasserspiegel ergibt, muss man diesen entsprechend verlängern.
- Wasserseitig der vertikalen Hilfslinie (der Lotrechten) ist Auftrieb, luftseitig ist Auflast.

Die horizontalen x-Flächen werden nun grafisch überlagert, d.h. von einander subtrahiert. Die z-Komponente von OW entspräche dem durch die vertikale Hilfslinie und die Stauwand gebildeten Dreieck (gestrichelt, rot umrandet, Auftrieb), die z-Komponente vom Unterwasserspiegel UW dem Dreieck zwischen UW und Stauwand (gestrichelt, grün umrandet, Auflast). Für die z-Komponente ergibt sich somit eine andere grafische Darstellung - das flächengleiche Dreieck „hängt in der Luft“ (blau umrandet, Auftrieb), wirkt aber als Auftrieb auf den unteren Teil der Stauwand wie zuvor.

Druck p, resultierende z-Komponente - von außen nach innen - und x-Komponente

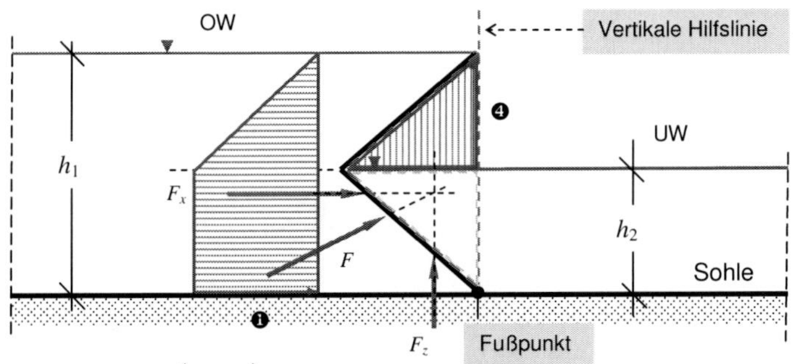

❶ $p_1 = \rho \cdot g \cdot (h_1 - h_2)$

❹ $p_4 = \rho \cdot g \cdot (h_1 - h_2)$

Resultierende Kraft F bei einer abgewinkelten Stauwand

Vektoraddition

In Übungsbeispielen und Prüfungen wird immer wieder festgestellt, dass Studierende nicht sicher sind oder nicht wissen, wie man eine resultierende Kraft aus zwei oder mehreren Einzelkräften bestimmt. Eine Kraft ist ein Vektor, d.h. eine gerichtete Größe. Vektoren werden durch Pfeile dargestellt, deren Länge dem Betrag des Vektors entsprechen und dessen Spitze in die Wirkungsrichtung weist.

Fall 1

Die Kräfte haben die gleiche Wirkungslinie (Wirkungsrichtung)

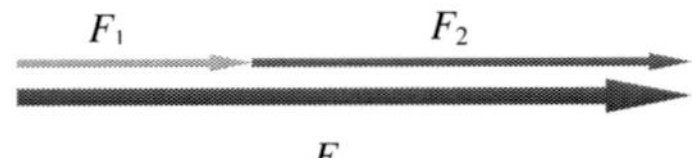

Da F_1 und F_2 die gleiche Wirkungslinie haben, können sie addiert werden: $F = F_1 + F_2$

Analog gilt für die mögliche Subtraktion zweier entgegengesetzt wirkender Kräfte mit gleicher Wirkungslinie:

$$F = F_1 - F_2$$

Fall 2

Kräfte auf eine abgewinkelte Stauwand. Man erhält Kräfte unterschiedlicher Richtung, die kein rechtwinkliges Dreieck mit der resultierenden Kraft F bilden. Hier muss die resultierende Kraft F z.B. über den Cosinus-Satz ermittelt werden; F verläuft durch den Schnittpunkt der Einzelkräfte, greift aber an der Stauwand an.

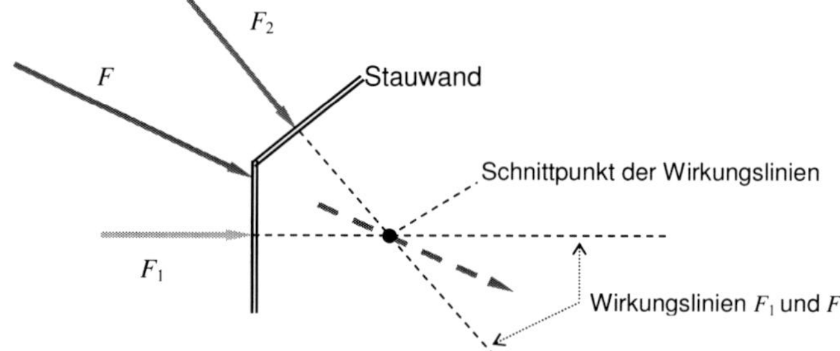

Bei den Einzelkräften muss immer Pfeilanfang an Pfeilspitze gesetzt werden, nicht Pfeilanfang an Pfeilanfang oder Pfeilspitze an Pfeilspitze - sonst wird's falsch. Also

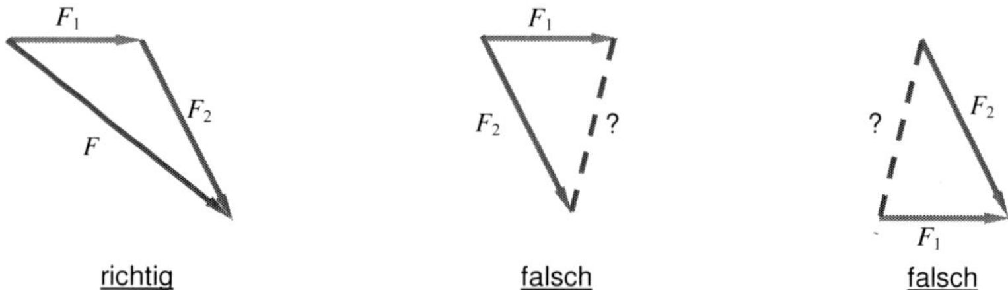

Bei der richtigen Lösung verläuft die Resultierende F vom ersten Pfeilanfang zur letzten Pfeilspitze - die Wirkungsrichtung ist klar.

Fall 3

zerlegt in x- und z-Komponente, also in Komponenten, die senkrecht aufeinander stehen.

Vektoraddition wie zuvor, jedoch stehen die beiden Teilkräfte F_x und F_z rechtwinklig aufeinander, d.h. sie bilden ein rechtwinkliges Dreieck, so dass gerechnet werden kann:

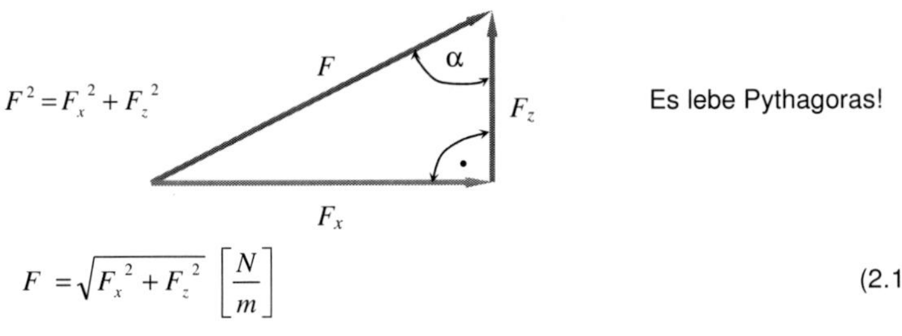

$$F = \sqrt{F_x^2 + F_z^2} \quad \left[\frac{N}{m}\right] \tag{2.14}$$

$$F_{res} = \sqrt{F_x^2 + F_z^2} \cdot b \quad [N] \tag{2.15}$$

Wichtig: F verläuft durch den Schnittpunkt von F_x und F_z wie bei Fall 2.

2.2.1.4 Schwerpunkt S und Druckmittelpunkt D

Die folgende perspektivische Zeichnung von Beispiel ① soll Schwerpunkte und Druckmittelpunkt verdeutlichen. Zu unterscheiden sind

- der Schwerpunkt S_{ZE} der Wasserdruckfläche in der Zeichenebene (bisher mit S bezeichnet), durch ihn verläuft die Kraft F in kN/m,
- der Schwerpunkt S der gedrückten Fläche, hier im Schnittpunkt der Diagonalen des Rechtecks gelegen und
- der Druckpunkt D in der gedrückten Fläche → der Punkt, an dem die Kraft in kN angreift.

Beispiel ①
Blick von Unterwasser gegen die Stauwand.

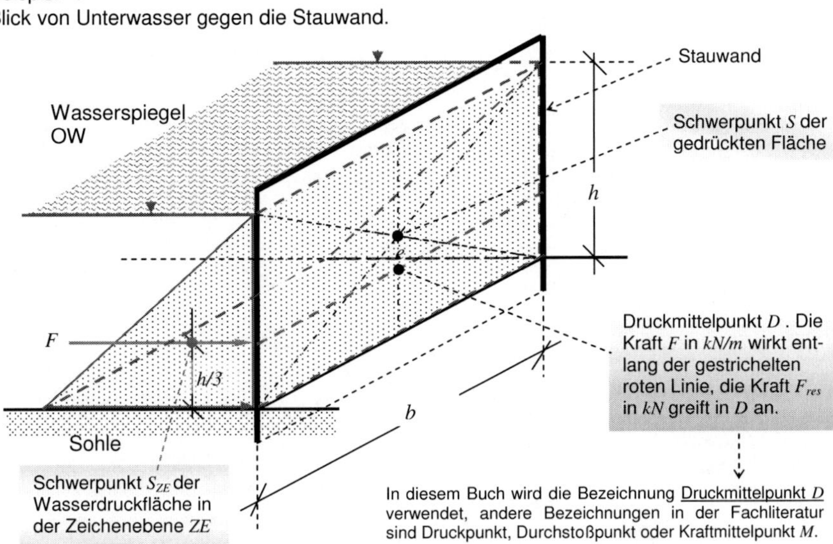

Also: Der Druck p wirkt auf die gedrückte Fläche. Die Kraft F_{res} [N] greift nicht im Schwerpunkt S der gedrückten Fläche an, sondern im Druckmittelpunkt D. Der Schwerpunkt S spielt insoweit eine Rolle, als die Lage von D in Bezug auf S definiert werden muss. Der Abstand zwischen S und D wird als Exzentrizität e bezeichnet.

2.2.2 Ebene Flächen nicht konstanter Breite, d.h. beliebiger Form und Neigung

Der Inhalt dieses Abschnittes ist gewissermaßen der allgemeine Teil zu ebenen Flächen, d.h. er kann auch in 2.2.1 angewendet werden. Es werden 2 Flächen betrachtet, auf die unterschiedliche Drücke einwirkt,

Gedrückte ebene Flächen

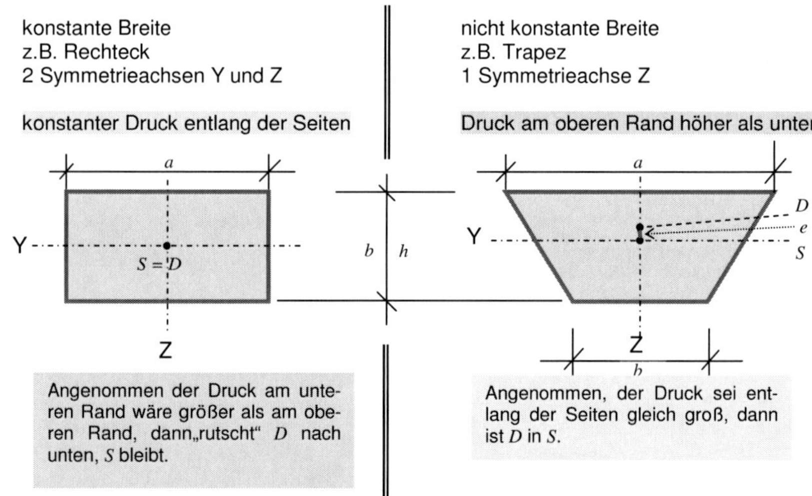

Nun sind gleich große Drücke entlang der Seiten in der Ingenieurpraxis selten - am ehesten z.B. an der Sohle von Wasserbehältern - so dass man es häufig mit S und D zu tun hat. In Betracht kommende Flächen nicht konstanter Breite sind neben dem Trapez der Kreis, der Halb- und Viertelkreis, das gleichseitige und gleichschenklige Dreieck, die Ellipse und die Halb- und Viertelellipse usw. Die Schwerpunktslage S dieser geometrischen Flächen können der Tabelle S. 59 oder z.B. [7] entnommen werden. Die Lage von S eines rechtwinkligen Dreiecks ist in der perspektivischen Zeichnung S. 43 angegeben, ein Trapez ist im Folgenden dargestellt.

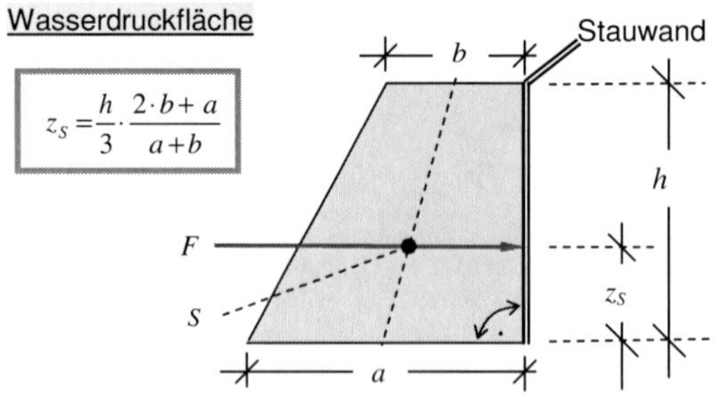

Lage des Schwerpunkt S eines Trapezes, durch den die Wirkungslinie der Kraft F [kN/m] in der Zeichenebene verläuft.

Falls 1 Symmetrieachse vorhanden ist (z.B. vertikale Achse beim Trapez S. 44), liegt der Kraftangriffspunkt D im Abstand e = Exzentrizität von S auf dieser Symmetrieachse, das vereinfacht ggf. die Aufgabe. Hat man keine Symmetrieachse, so muss die Lage von D in Relation zu S durch zwei Werte e und f bezogen auf die Achsen in S definiert werden.

Wichtig: Nur bei gedrückten Flächen konstanter Breite kann man F $[kN/m]$ berechnen und durch Multiplikation mit der Breite F_{Res} $[kN]$ bestimmen. Bei nicht konstanter Breite der gedrückten Fläche kann F_{Res} $[kN]$ nur unmittelbar berechnet werden.

Hierzu wird ein unregelmäßiges Viereck betrachtet, das in die schräge Wand eines Behälters eingelassen ist. Die Lage des Schwerpunkts S sei bekannt; durch sie verlaufen die horizontale Achse Y und - senkrecht dazu - die Achse Z.

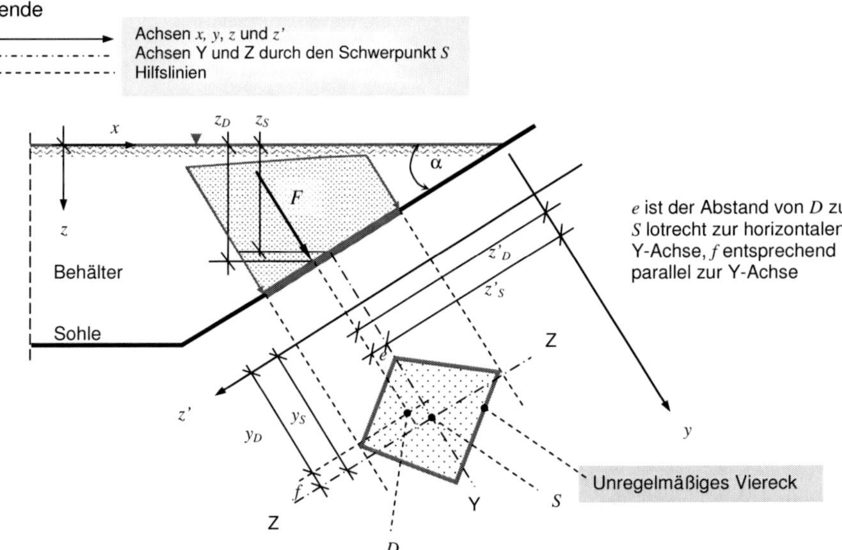

Die Größe der Wasserdruckkraft dF auf ein beliebiges Flächenelement dA in der Tiefe z ist

$$dF = \rho \cdot g \cdot z \cdot dA$$

Die Kraft F ist dann

$$F = \rho \cdot g \int_A z \cdot dA$$

Der Ausdruck $\int_A z \cdot dA$ ist gleich dem Flächenmoment 1. Grades S_y, das definitionsgemäß (siehe Technische Mechanik) gleich der Gesamtfläche A mal dem Schwerpunktsabstand z_S, bezogen auf den Wasserspiegel, ist. Somit gilt:

$$F = \rho \cdot g \cdot z_S \cdot A \quad [N] \tag{2.16}$$

Satz Die Kraft F auf eine ebene Fläche beliebiger Form und Neigung ist gleich dem Produkt aus dem Druck p_S im Flächenschwerpunkt und der gedrückten Fläche A.

Der Abstand z_D' der Kraft vom Wasserspiegel ergibt sich aus dem Vergleich der Momente, d.h. es muss sein (statischer Zustand!)

$$z_D' \cdot F = \int_A z' \cdot dF = \int_A z' \cdot \rho \cdot g \cdot z \cdot dA$$

Nun ist $z = z' \cdot \sin\alpha$, so dass

$$z_D' \cdot F = \rho \cdot g \cdot \sin\alpha \int_A z'^2 \cdot dA$$

folgt. Der Ausdruck $\int_A z'^2 \cdot dA = I_y$ entspricht dem Flächenmoment 2. Grades (Flächenträgheitsmoment) um die y-Achse, so dass

$$z_D' \cdot \rho \cdot g \cdot z_S \cdot A = \rho \cdot g \cdot \sin\alpha \cdot I_y$$

gilt. Damit wird

$$z_D' = \frac{I_y}{\frac{z_S}{\sin\alpha} \cdot A} = \frac{I_y}{z_S' \cdot A}$$

Nach Steiner[7] ist $I_y = I_Y + z_S'^2 \cdot A$.
I_Y ist das Flächenmoment 2. Grades um die (horizontale) Schwerachse Y. Daraus folgt

$$z_D' = z_S' + \frac{I_Y}{z_S' \cdot A}$$

Die Differenz zwischen z_D' und z_S' wird als Exzentrizität e bezeichnet, so dass man schreiben kann

$$e = z_D' - z_S' = \frac{I_Y}{z_S' \cdot A} = \frac{I_Y}{z_S \cdot A} \cdot \sin\alpha \qquad (2.17)$$

Die Flächenmomente I_Y sind tabelliert, die wichtigsten für Rechteck- und Trapezquerschnitte, Kreise und Ellipsen auf Seite 59, daneben in [7] oder [11] auch z.B. für Plattenbalken oder Profilstahl. Weiterhin werden in der Regel die Widerstandsmomente W angegeben.

Zur Ermittlung des Abstandes f des Druckmittelpunktes D vom Schwerpunkt S kann man analog vorgehen, wobei sich ergibt:

$$y_D \cdot F = \rho \cdot g \cdot \int_A y \cdot z \cdot dA = \rho \cdot g \cdot \sin\alpha \cdot \int_A y \cdot z' \cdot dA$$

[7] Jakob Steiner, geb. am 18.03.1796 in Utzendorf, gest. am 01.04.1863 in Bern, schweizerischer Mathematiker

Der Ausdruck $\int_A y \cdot z' \cdot dA$ ist gleich dem Flächenzentrifugalmoment $I_{yz'}$ (Deviationsmoment) um die y- und z'-Achse. Nach Steiner gilt: $I_{yz'} = I_{YZ} + y_S \cdot z_S' \cdot A$. Nach Kürzung und Umstellungen folgt

$$y_D \cdot \rho \cdot g \cdot z_S \cdot A = \rho \cdot g \cdot \sin\alpha \left(I_{YZ} + y_S \cdot z_{S'} \cdot A\right)$$

und nach weiteren Umformungen schließlich

$$f = y_S - y_D = \frac{I_{YZ}}{z_S' \cdot A} = \frac{I_{YZ}}{z_S \cdot A} \cdot \sin\alpha, \tag{2.18}$$

wobei I_{YZ} gleich dem Flächenzentrifugalmoment durch die Schwerpunktachsen entspricht. Hat die ebene Fläche nicht konstanter Breite 1 Symmetrieachse wie z.B. das weiter oben betrachtete Trapez, so wird $I_{YZ} = 0$ und somit auch $f = 0$.

Die Einheit der Flächenmomente können aus ihrer Definition hergeleitet werden,
z.B. $I_{YZ} = \int_A y\,[m] \cdot z'\,[m] \cdot dA[m^2]$, also $[m^4]$:

Einheiten	Flächenmomente 2. Grades	I_Y $[m^4]$ oder $[cm^4]$
	Flächenzentrifugalmomente	I_{YZ} $[m^4]$ oder $[cm^4]$
	Widerstandsmomente	W $[m^3]$ oder $[cm^3]$

Nebenbei: Trägheitsmoment und Flächenträgheitsmoment

Unter Trägheit (Beharrungsvermögen) versteht man die Eigenschaft eines Körpers, in Ruhe oder in einer gleichförmigen Bewegung zu verbleiben, solange keine Kraft auf ihn einwirkt. Das Trägheitsmoment ist der Widerstand, den ein sich drehender Körper der Änderung der Größe oder Richtung der Geschwindigkeit entgegensetzt. Es ist gleich dem Produkt aus der Masse mal dem Quadrat des Abstands von der Drehachse, hat also die Einheit $[kg \cdot m^2]$.

Demgegenüber ist das Flächenmoment 2. Grades - wie oben hergeleitet - eine geometrische Größe mit der Einheit $[m^4]$. Mit der „Trägheit" hat es nichts zu tun, so dass der früher wegen der Analogie der Herleitung häufig verwendete Begriff „Flächenträgheitsmoment" durch „Flächenmoment 2. Grades" ersetzt wurde.

Nebenbei
Wie sehen Druck und Kraft in meiner Badewanne aus ..... oder in meinem Kochtopf?

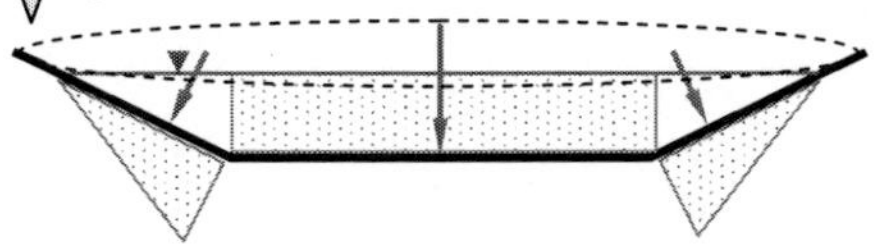

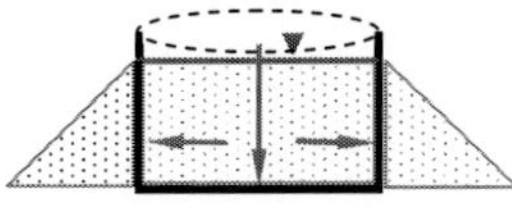

Die Druck-Dreiecke wurden wegen der Übersichtlichkeit außen dargestellt, wirken aber innen in der mit Pfeil angegeben Richtung. Die Drücke sind gleich „ρ mal g mal h", die Kräfte entsprechen - wie behandelt - den Flächen der geometrischen Figuren. h ist die Wassertiefe.

Beispiel ⑥ Schräge Wand eines Behälters

Betrachtet wird ein Gefäß mit einer Öffnung in der Wand, die durch eine kreisrunde Klappe verschlossen ist. Die Klappe, deren Eigengewicht vernachlässigt wird, ist an einem Drehgelenk A befestigt. Ein Gewicht F_G soll die Klappe geschlossen halten.

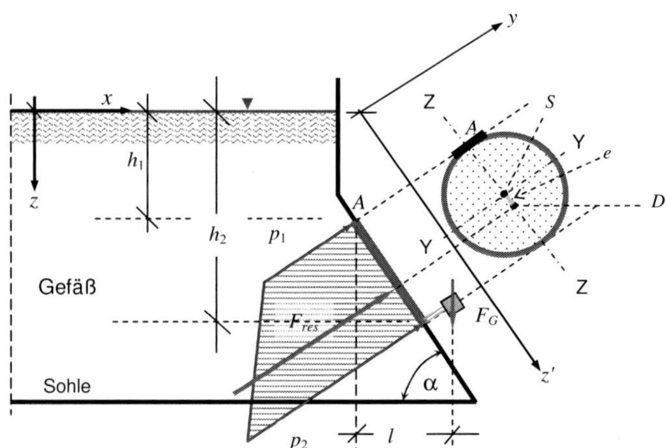

gegeben: $h_1 = 3{,}0\ m$ $h_2 = 3{,}9397\ m$ $\alpha = 70°$ $l = 1{,}0\ m$ $\rho \cdot g = \gamma = 10\ kN/m^3$

gesucht: p, F_{res}, S, e, D, Größe von F_G, wenn die Sicherheit gegen Öffnen $\eta = 1{,}25$ ist.

Lösung: Die gedrückte Fläche ist ein Kreis, der Schwerpunkt S liegt somit im Kreismittelpunkt, die Achsen durch S werden mit Z und Y bezeichnet. Der Abstand zwischen S und D ist die Exzentrizität e, die gesucht ist.

Allgemein gilt $p = \rho \cdot g \cdot z$, somit werden die Drücke zu

$p_1 = 10 \cdot 3{,}0 = 30\ kN/m^2$ $\qquad p_2 = 10 \cdot 3{,}9397 = 39{,}397\ kN/m^2$

$$z_S = \frac{h_1 + h_2}{2} = \frac{3{,}0 + 3{,}9397}{2} = 3{,}46985\ m$$ Lage von S unter dem Wasserspiegel

F_{res} ist gleich dem Druck im Schwerpunkt (p_s) mal gedrückter Fläche (Kreis A)

$$p_S = \rho \cdot g \cdot z_S = 10 \cdot 3{,}46985 = 34{,}6985\ kN/m^2$$

Durchmesser d der kreisförmigen Klappe (für die gedrückte Fläche A)

$$\sin\alpha = \frac{h_2 - h_1}{d}$$, somit wird

$$d = \frac{h_2 - h_1}{\sin\alpha} = \frac{0{,}9397}{\sin 70} = 1{,}0\ m \quad \text{und} \quad A = \frac{\pi \cdot d^2}{4} = 0{,}7854\ m^2$$

Kraft F_{res}

$$F_{res} = p_S \cdot A = 34{,}6985 \cdot 0{,}7854 = 27{,}252\ kN$$

Exzentrizität e

$$I_Y = \frac{\pi \cdot d^4}{64} = 0{,}0491\ m^4$$ Flächenmoment 2. Grades nach Tab. Seite 59

Nach Gl. (2.17) gilt:

$$e = \frac{I_Y}{z_S \cdot A} \cdot \sin\alpha = \frac{0{,}0491}{3{,}46985 \cdot 0{,}7854} \cdot \sin 70 = 0{,}01693\ m = 16{,}93\ mm$$

Bezüglich der Sicherheit η gegen das Öffnen der Klappe müssen die um das Gelenk A wirkenden statischen Momente betrachtet werden.

$$\eta = \frac{\text{schließendes Moment (aus } F_G)}{\text{öffnendes Moment (aus } F_{res})} = 1{,}25$$

Das statische Moment ist gleich der Kraft mal dem senkrechten Abstand zwischen dem Gelenk und der Kraft bzw. ihrer Wirkungslinie.

Kraftarm von F_{ges} $a = \frac{d}{2} + e = 0{,}5169\ m$

Kraftarm von F_G $l = 1{,}0\ m$ lt. Aufgabe

$$\eta = \frac{F_G \cdot l}{F_{res} \cdot a}$$, somit wird $$F_G = \frac{\eta \cdot F_{res} \cdot a}{l} = 17{,}608\ kN$$

Die Aufgabe ist gelöst.

Beispiel ⑦ Schräge Wand eines Behälters

Trapezförmige Fläche aus Acryl in einer schrägen Wand, die vielleicht zum „Hineingucken“ in ein Wasserbecken dient. Sie werden jetzt vielleicht sagen: Die Wand in meinem Bassin ist lotrecht! Dann antworte ich: Denken Sie kreativ ☺!

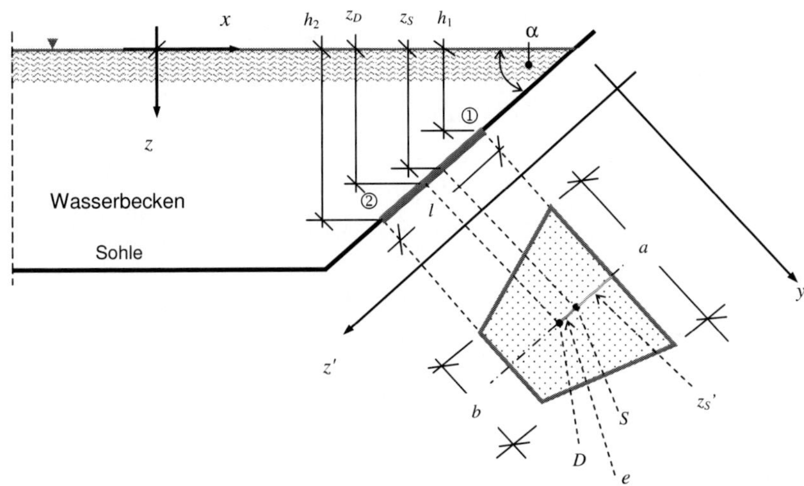

gegeben: $h_1 = 1{,}80\ m$ $l = 1{,}60\ m$ $\alpha = 60°$
$a = 2{,}0\ m$ $b = 1{,}0\ m$ $\rho \cdot g = 10000\ N/m^3$

gesucht: Druck $p\ [N/m^2]$, Kraft $F\ [N]$, Schwerpunkt S, Exzentrizität e, Druckpunkt $D\ [m]$

Lösung: $p_1 = \rho \cdot g \cdot h_1 = 10000 \cdot 1{,}80 = 18000\ N/m^2$

$h_2 = h_1 + l \cdot \sin\alpha = 3{,}1856\ m$

$p_2 = \rho \cdot g \cdot h_2 = 31856\ N/m^2$

$A = \frac{a+b}{2} \cdot l = 2{,}40\ m^2$ Fläche des Trapezes

$z_s' = \frac{l}{3} \cdot \frac{2 \cdot b + a}{a+b} = 0{,}7\overline{1}\ m$ Lage von S, bezogen auf die Breite a

$z_s = h_1 + z_s' \cdot \sin\alpha = 2{,}4158\ m$

$p_S = \rho \cdot g \cdot z_S = 24158\ N/m^2$

$F = p_S \cdot A = 57980\ N$ Kraft F

$I_y = \frac{l^3}{36} \cdot \frac{a^2 + 4 \cdot a \cdot b + b^2}{a+b} = 0{,}493\ m^4$ Flächenmoment 2. Grades

$e = \frac{I_y}{z_s \cdot A} \cdot \sin\alpha = 0{,}07364\ m$ Exzentrizität, damit liegt D fest.

$z_D = z_s + e \cdot \sin\alpha = 2{,}473\ m$ oder $z_D = h_1 + (z_s' + e) \cdot \sin\alpha = 2{,}473\ m$

Die Aufgabe ist gelöst.

Beispiel ⑧ Behälter

Dreieckförmige Fläche in lotrechter Wand (rechtwinkliges Dreieck)

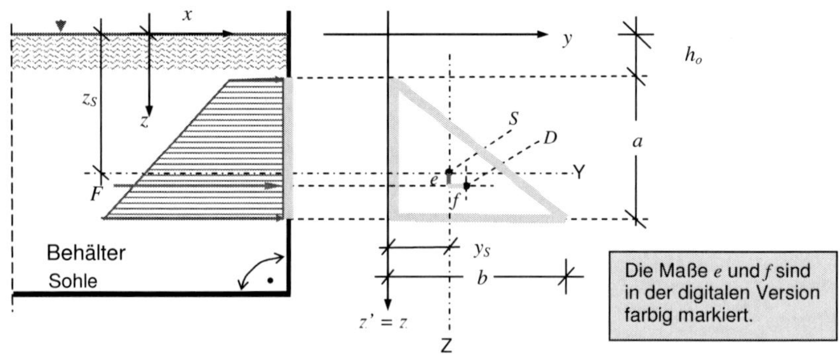

gegeben: $h_o = 1{,}20\ m$ $a = 1{,}50\ m$ $b = 1{,}80\ m$

gesucht: p_S, F, S und D mit e und f

Lösung: Rechtwinkliges Dreieck - Schwerpunkt in den Drittelpunkten von a und b
Bezeichnungen wie in der Zeichnung
Lage von S

$$z_S = h_o + \frac{2}{3} \cdot a = 1{,}20 + \frac{2}{3} \cdot 1{,}50 = 2{,}20\ m$$

$$y_S = \frac{1}{3} \cdot b = \frac{1}{3} \cdot 1{,}80 = 0{,}60\ m$$

$$p_S = \rho \cdot g \cdot z_s = 10 \cdot 2{,}20 = 22\ kN/m^2 \quad \text{mit } \rho \cdot g = 10\ kN/m^3$$

$$A_D = \frac{a \cdot b}{2} = \frac{1{,}5 \cdot 1{,}8}{2} = 1{,}35\ m^2 \quad \text{Fläche des rechtwinkligen Dreiecks}$$

$$F = p_s \cdot A_D = 22 \cdot 1{,}35 = 29{,}7\ kN$$

$$I_y = \frac{b \cdot a^3}{36} = \frac{1{,}8 \cdot 1{,}5^3}{36} = 0{,}16875\ m^4 \quad \text{Flächenmoment 2. Grades}$$

$$I_{yz} = \frac{b^2 \cdot a^2}{72} = \frac{1{,}8^2 \cdot 1{,}5^2}{72} = 0{,}1013\ m^4 \quad \text{Deviationsmoment}$$

$$e = \frac{I_y}{z_s \cdot A_D} \cdot \sin\alpha = \frac{0{,}16875}{2{,}20 \cdot 1{,}35} \cdot 1 = 0{,}0568\ m = 56{,}8\ mm \quad \text{nach Gl. (2.17)}$$ [8]

$$f = \frac{I_{yz}}{z_s \cdot A_D} \cdot \sin\alpha = \frac{0{,}1031}{2{,}20 \cdot 1{,}35} \cdot 1 = 0{,}0341\ m = 34{,}1,\ mm \quad \text{nach Gl. (2.18)}$$

Die Lage von D bezogen auf S ist durch e und f definiert.

2.3 Druck p und Kraft F auf gekrümmte Flächen

Man unterscheidet zwischen einfach gekrümmten Körpern, d.h. Körper, die in der Zeichenebene gekrümmt sind, aber senkrecht dazu eine konstante Breite aufweisen, und doppelt gekrümmte Körper, d.h. Körper, die in der Zeichenebene und senkrecht dazu gekrümmt sind.

Einfach gewölbt ist z.B. ein zylindrischer Körper, doppelt gekrümmt ist z.B. eine Kugel. Ein zylindrischer Körper als Beispiel einer einfach gekrümmten Stauwand sieht perspektivisch wie folgt aus:

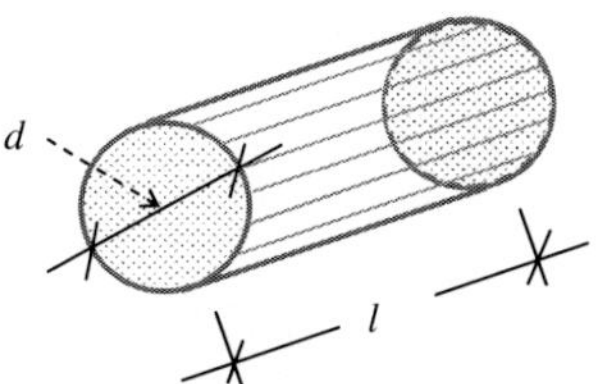

Übrigens: solche Körper aus Stahl waren früher im Wasserbau als „Walzenwehre" gebräuchlich; sie gelten heute aber als veraltet. Einige davon gibt es noch, z.B. am Main und Neckar.

Alles, was bei ebenen Flächen behandelt wurde, gilt nun in gleicher Weise bei gewölbten Flächen, also Lösung durch

[8] Der Winkel α ist 90°, also ist $\sin\alpha = 1$. Lassen Sie sich durch unterschiedliche Bezeichnungen in Formeln wie z.B. bei I_y nicht verwirren. Sie müssen erkennen, was in den Bezeichnungen einer Aufgabe den Bezeichnungen in der Formelsammlung entspricht!

- p und F direkt auf die Stauwand oder
- p und F zerlegt in x- und z-Komponente und
- p und F auf beiden Seiten der Stauwand.

Diese in 2.2 behandelten Themen werden nicht wiederholt.

Beispiel ⑨ beliebig gekrümmten Wand

grafische Darstellung von p unmittelbar auf die Stauwand

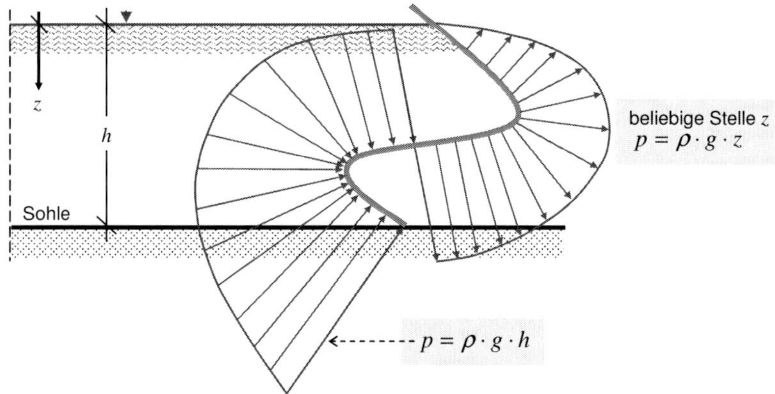

Sie sehen: Die Figur ist sehr schön und schwierig von Hand exakt zu zeichnen. Der obere Teil des Druckes p wurde aus grafischen Gründen außen dargestellt, der untere Teil innen, beachten Sie die Pfeilrichtung. Die Kraft F als Fläche der Wasserdruckfigur wäre „zu Fuß" schwer zu bestimmen, ebenso die genaue Lage von F.

grafische Darstellung von p zerlegt in x- und z-Komponente
Nach dem Rezept 2 (S. 41) ist die Lösung einfach.

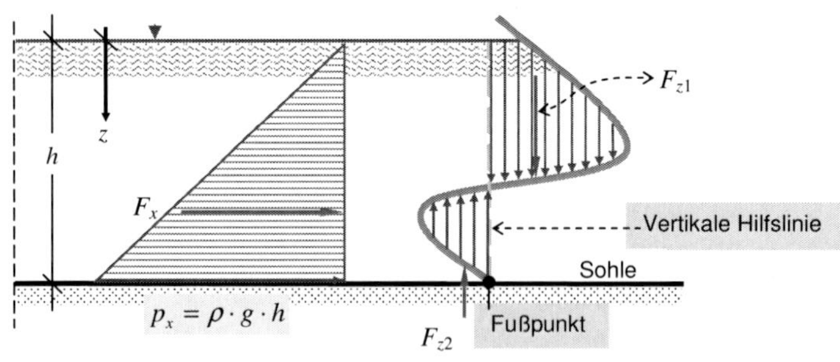

x-Komponente =
Druck und Kraft
auf die virtuelle
lotrechte Stauwand (= Hilfslinie)

z-Komponenten =
Flächen zwischen Hilfslinie,
Stauwand und Wasserspiegel

Beispiel ⑩ Zylinder in der Bildebene:
grafische Darstellung des Drucks p (und F) unmittelbar auf die Stauwand

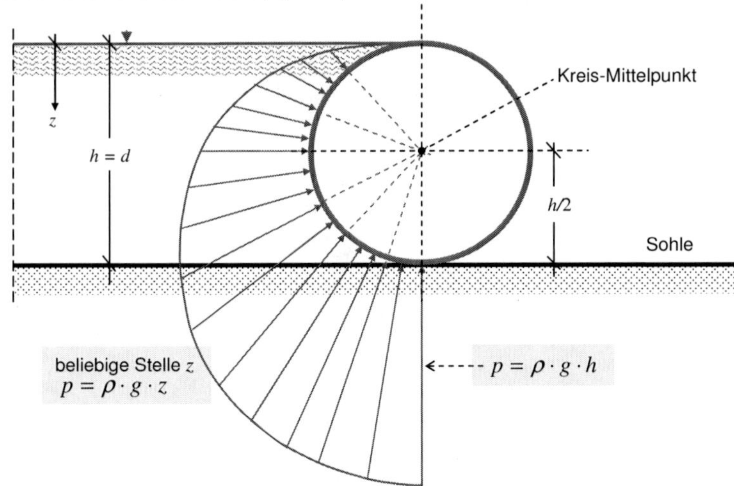

Da der Druck immer senkrecht auf die gedrückte Fläche steht, verlaufen bei einem Kreisquerschnitt der Druck und die Kraft in der Verlängerung immer durch den Kreismittelpunkt! Weiterhin gilt $h = d$.

Die Figur ist wieder optisch schön, aber man kann wenig damit anfangen: Wie soll man die Wasserdruckfläche für F ermitteln, wie die Wirkungslinie von F? Anders sieht es aus, wenn man in x- und z-Komponenten zerlegt.

grafische Darstellung des Drucks p (und F) zerlegt in x- und z-Komponente
Schritt 1: z-Komponenten von außen

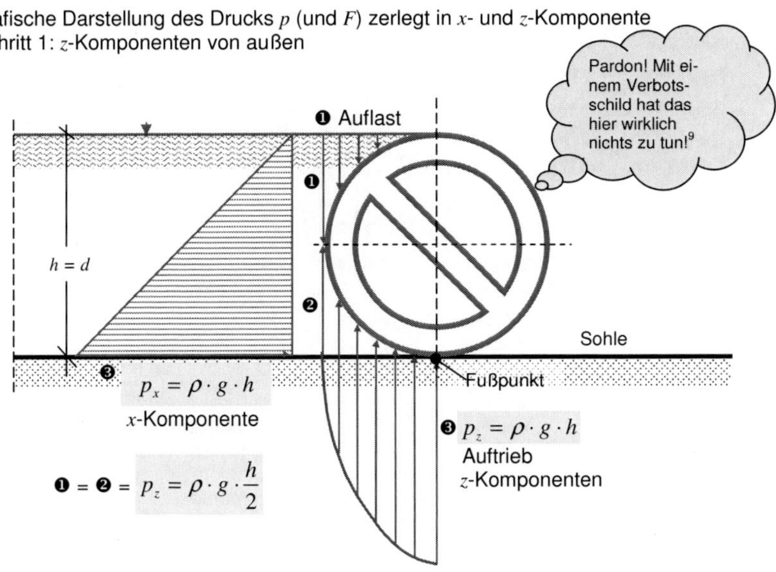

grafische Darstellung des Drucks p zerlegt in x- und z-Komponente
Schritt 2: resultierende z-Komponente von außen

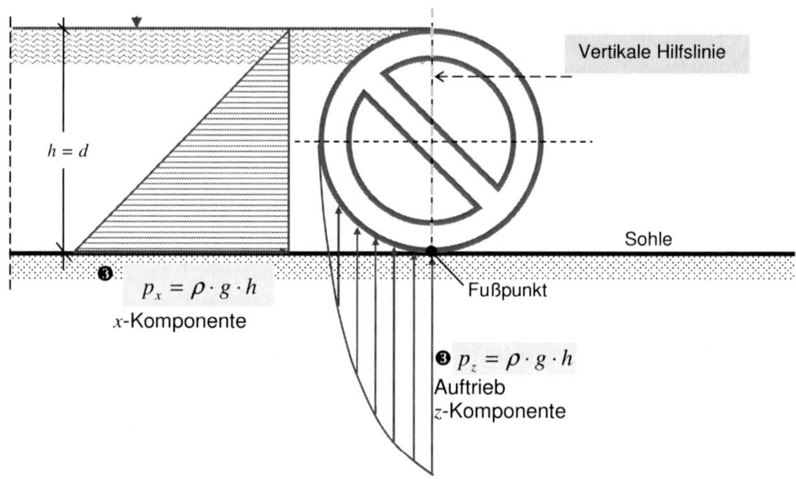

grafische Darstellung von p und F zerlegt in x- und z-Komponente
Schritt 3: die resultierende z-Komponente nach innen (in den Kreis) übertragen

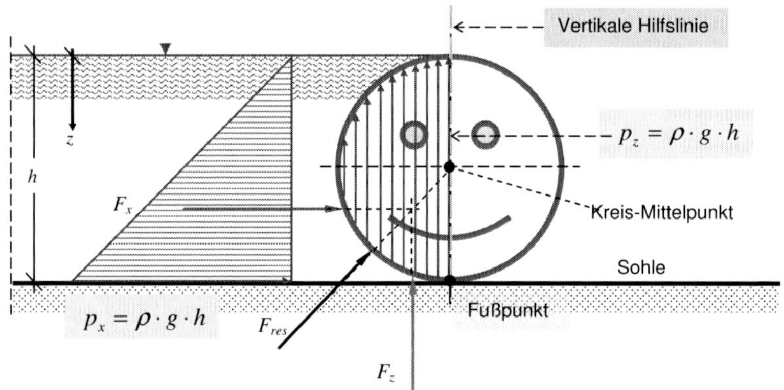

Die z-Komponente des Drucks liegt nun als „Halbkreis" vor, der geometrisch definiert ist, d.h. die Flächen von Dreieck (x - F_x) und Halbkreis (z - F_z) und die Lage der Schwerpunkte können errechnet werden. Wiederholung: Der Druck wirkt von außen auf die Konstruktion wie in der Zeichnung zuvor dargestellt, ist hier nach „innen" gelegt, weil einfacher zu handhaben. Außerdem: Die resultierende Kraft F_{res} verläuft durch den Schnittpunkt der Wirkungslinien von F_x und F_z und durch den Kreismittelpunkt („senkrecht auf die gedrückte Fläche")!

Beispiel ①① Zylinder mit Wasser beidseitig
grafische Darstellung von p und F zerlegt in x- und z-Komponente

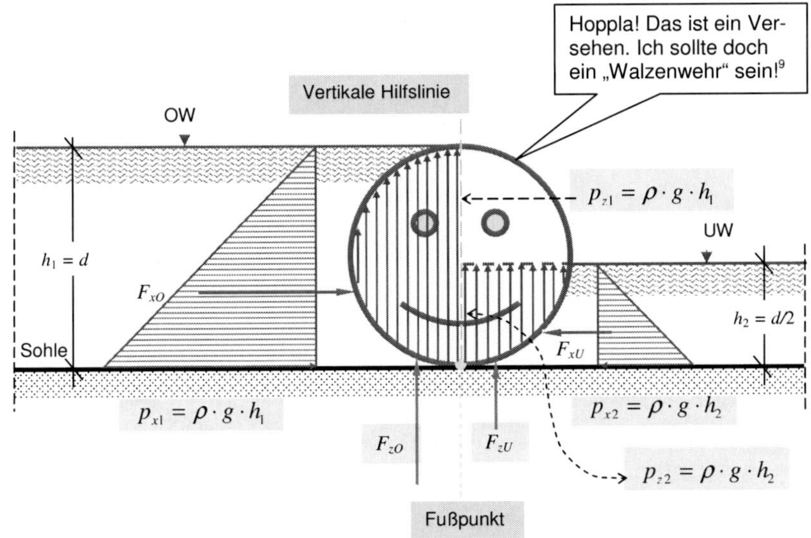

Bei den x-Komponenten ergeben sich wie immer die beiden Dreiecke, die durch Superposition von einander subtrahiert werden können, während sich die z-Komponenten als Halbkreis (von OW) und Viertelkreis (von UW) darstellen. Die Flächen der geometrischen Figuren multipliziert mit $(\rho \cdot g)$ ergeben die jeweiligen Teilkräfte F_x und F_z. Die Kräfte F_{zO} und F_{zU} wirken von außen auf die Walze wie dargestellt, im jeweiligen Schwerpunkt[9].

Bei gekrümmten Flächen konstanter Breite gilt nach Gl. (2.11) wie bei den ebenen Flächen

$$F_{res}\,[N] = F\,[N/lfm] \cdot b\,[m].$$

Fazit: Da der Belastungskörper (die Wasserdruckflächen) direkt auf die Stauwand bei gekrümmten Flächen häufig schwer rechnerisch zu erfassen ist, ist es zweckmäßig, diesen in eine x- und z- Komponente zu zerlegen.

Nicht immer ist der Wasserspiegel auf Scheitel- bzw. Kämpferhöhe; die Lösung ist dann aber auch nicht schwierig, abgesehen davon, dass es problematisch sein könnte, die Flächen exakt zu bestimmen bzw. die Wirkungslinien festzulegen.

Beispiel ①②
Zylinder mit Wasser beidseitig, aber nicht auf Scheitel- bzw. Kämpferhöhe

grafische Darstellung von p (und F) zerlegt in x- und z-Komponente
Der Durchmesser des Kreises sei $h = d$ wie zuvor.

---

[9] Sie haben das „Späßle" bei den Beispielen 10 und 11 erkannt?! Das „Verkehrsschild" oder der „Smiley" spielen keine Rolle, d.h. wie es im Innern des Zylinders aussieht, ist für die Lösung ohne Belang!

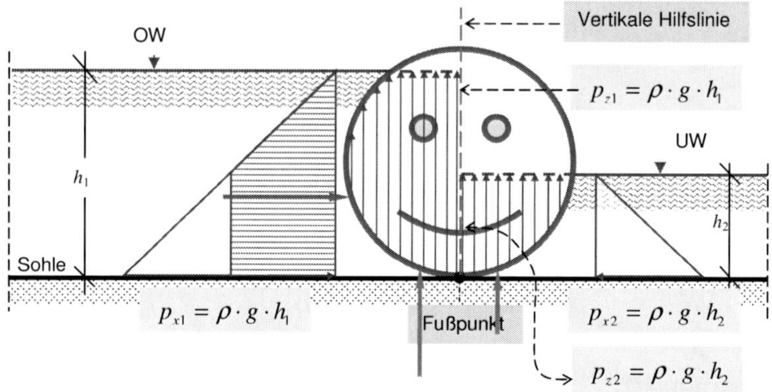

Das Ergebnis ist analog zu Beispiel ①①, die x-Komponenten sind „wie immer" Wasserdruckdreiecke, die im vorliegenden Beispiel bereits grafisch durch Superposition von einander subtrahiert wurden, die z-Komponenten ggf. sind schwierig, da sich keine einfachen geometrische Figuren ergeben.

Beispiel ①③
Halbkreis (Halbzylinder), Wasser nur im Oberwasser (OW)

Das muss der Leser nun selbst herausfinden. Jeder Leser hat das verstanden!? Blamieren Sie sich und mich nicht!

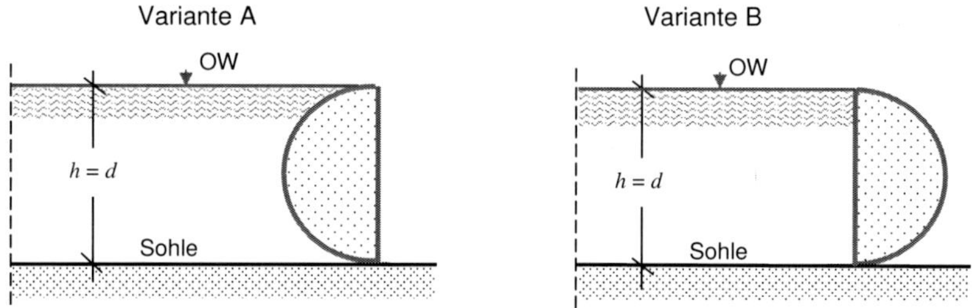

Wer die Lösung nicht findet, kann in Fußnote 10, Seite 60 nachschauen!

Beispiel ①④ (Abbildung nächste Seite)
Ob ein „Halbmond" wie in diesem Beispiel als Konstruktion im Wasserbau sinnvoll ist, wird von Studierenden des Bauingenieurwesens vielleicht bezweifelt, aber eine komplizierte Konstruktion, eine Mondsichel, kommt einer sog. Fischbauchklappe oder einem Segmentwehr (→ Wehranlagen) doch recht nahe. Das Beispiel sieht schwierig aus, aber p und F könnte man problemlos grafisch ermitteln. Rechnerisch wäre es „zu Fuß" wegen der unregelmäßigen z-Flächen nicht einfach, mit AutoCAD / PC aber kein Problem.

grafische Darstellung von p zerlegt in x- und z -Komponente

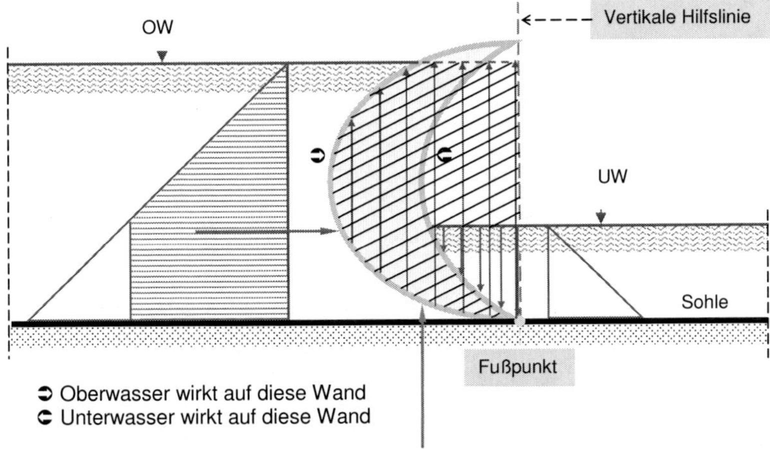

Die x-Komponente entspricht den beiden Dreiecken von OW und UW. Deren Differenz ergibt ein Trapez, das der Horizontalkraft F_x entspricht. Die z-Komponente von OW ist durch die blauen Pfeile nach oben (Auftrieb), die z-Komponente von UW durch die roten Pfeile nach unten (Auflast) gekennzeichnet. Übrig bleibt die schräg schraffierte Fläche. Diese Fläche mal der Wichte entspräche also der Kraft F_z.

Aufgabe: Versuchen Sie die Lösung „direkt auf die Konstruktion"!

Beispiel ①⑤

Halbes Rohr aus Plexiglas (Acryl) in einer lotrechten Wand - vielleicht, um aus dem Schwimmbecken hinaus oder ins Schwimmbecken hinein zuschauen.

grafische Darstellung von p und F zerlegt in x- und z-Komponente

\- z-Komponente von außen -

$p_3 = \rho \cdot g \cdot \frac{h_1 + h_2}{2}$

$p_1 = \rho \cdot g \cdot h_1$

$p_1 = \rho \cdot g \cdot h_1$ z-Komponente

h_1

h_2

x - Komponente

Sohle

$p_2 = \rho \cdot g \cdot h_2$

$p_3 = \rho \cdot g \cdot \frac{h_1 + h_2}{2}$

z-Komponente

$p_2 = \rho \cdot g \cdot h_2$

- z-Komponente resultierend -

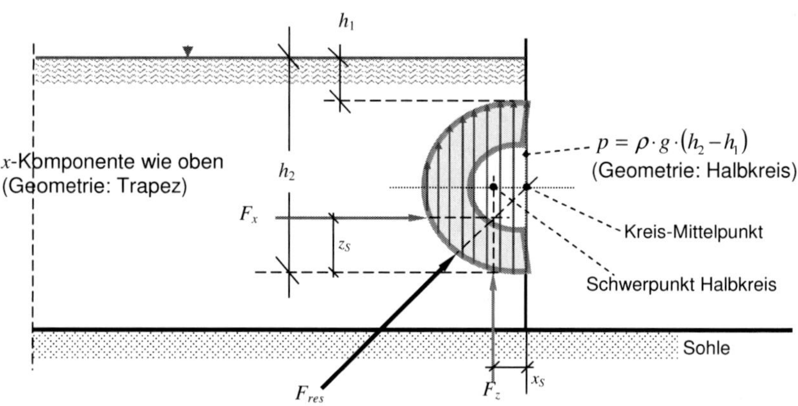

gegeben: $h_1 = 1{,}20\ m$ $h_2 = 2{,}80\ m$ $b = 2{,}50\ m$

gesucht: p_x, p_z, F_x, F_z, z_S, x_S, F, F_{res}

Lösung in Worten zu Beispiel ①⑤:

Die x-Komponente der Kraft F_x [Einheit: kN/m oder N/m, d.h. Kraft pro laufenden Meter] ist gleich der Fläche des Trapezes [Einheit m^2] multipliziert mit $(\rho \cdot g)$ [Einheit kN/m^3 oder N/m^3].

Die z-Komponente der Kraft F_z [Einheit: kN/m oder N/m] ist gleich der Fläche des Halbkreises [Einheit m^2] multipliziert mit $(\rho \cdot g)$ [Einheit kN/m^3 oder N/m^3].

Die Kraft F ist Wurzel aus $(F_x^2 + F_z^2)$, Einheit kN/m ... oder N/m.
Die resultierende Kraft F_{res} ist F multipliziert mit b, Einheit kN oder N.

x_S und z_S (Lage von F_x und F_z) entnehmen Sie der Abbildung Seite 59.

Doppelt gekrümmte Körper, z.B. Kugel: werden nicht behandelt, vgl. z.B. [2]

2.4 Schwerpunkt, Flächen und Flächenmomente

Tabellen von Schwerpunktslagen und Flächenmomenten findet man in Tabellenbüchern wie [7] oder [11], die Schwerpunkte eher im Abschnitt Mathematik oder Geometrie, die Flächenmomente I vielleicht unter Technische Mechanik oder Stahlbau.

Die folgende Abbildung wurde in Anlehnung an [13] erstellt und ergänzt. Die wichtigsten Parameter sind bezogen auf die Schwerpunkt - Achsen Y und Z angegeben.

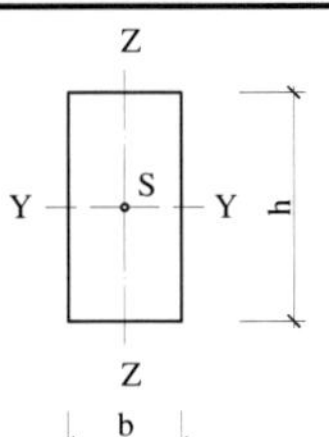

$$I_y = \frac{b \cdot h^3}{12}$$

Rechteck

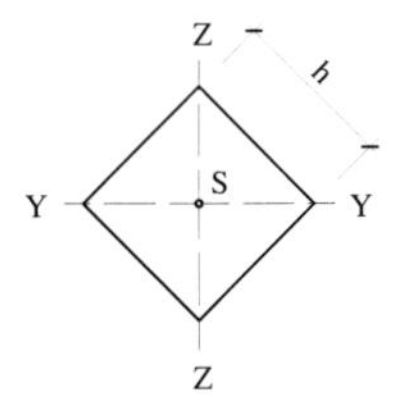

$$I_y = \frac{h^4}{12}$$

Quadrat

$$z_s = h/3$$

$$I_y = \frac{b \cdot h^3}{36}$$

$$A = \frac{b \cdot h}{2}$$

Dreieck

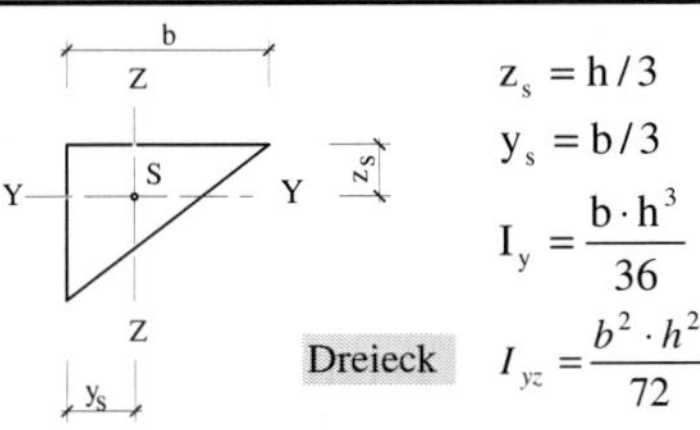

$$z_s = h/3$$

$$y_s = b/3$$

$$I_y = \frac{b \cdot h^3}{36}$$

Dreieck

$$I_{yz} = \frac{b^2 \cdot h^2}{72}$$

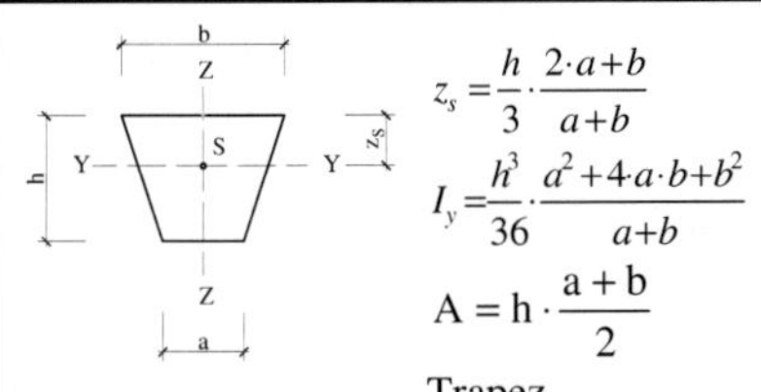

$$z_s = \frac{h}{3} \cdot \frac{2 \cdot a + b}{a + b}$$

$$I_y = \frac{h^3}{36} \cdot \frac{a^2 + 4 \cdot a \cdot b + b^2}{a + b}$$

$$A = h \cdot \frac{a + b}{2}$$

Trapez

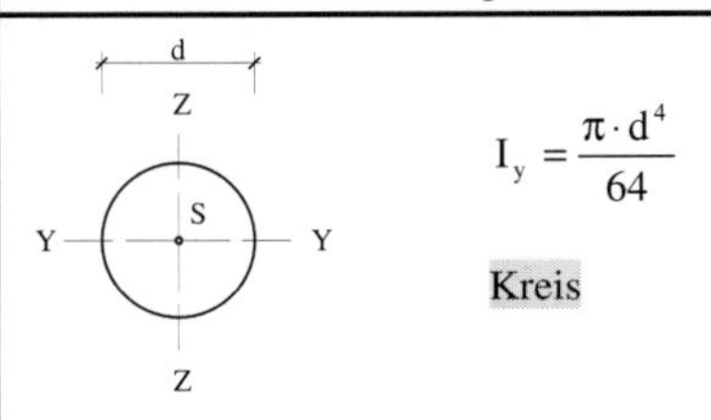

$$I_y = \frac{\pi \cdot d^4}{64}$$

Kreis

$$z_s = \frac{4 \cdot r}{3 \cdot \pi}$$

$$I_y = 0{,}11 \cdot r^4$$

½-Kreis

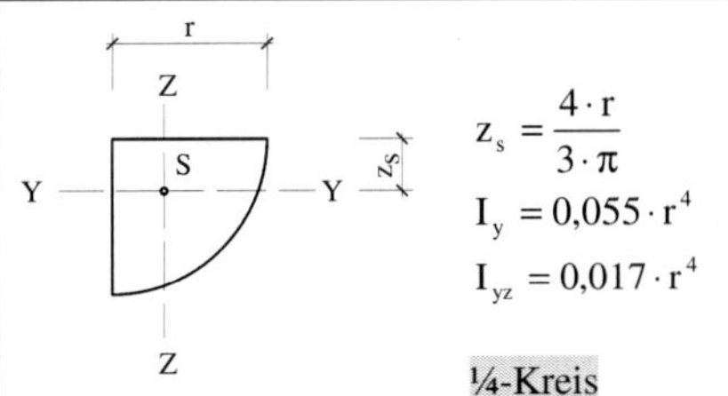

$$z_s = \frac{4 \cdot r}{3 \cdot \pi}$$

$$I_y = 0{,}055 \cdot r^4$$

$$I_{yz} = 0{,}017 \cdot r^4$$

¼-Kreis

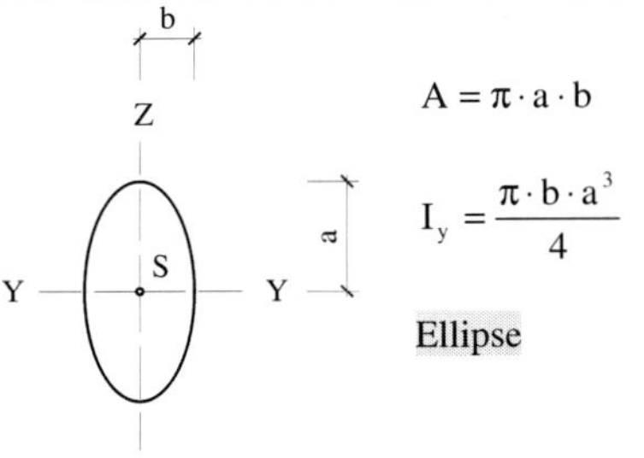

$$A = \pi \cdot a \cdot b$$

$$I_y = \frac{\pi \cdot b \cdot a^3}{4}$$

Ellipse

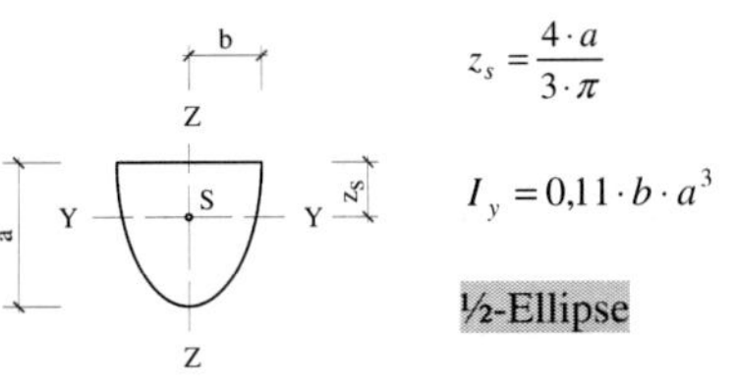

$$z_s = \frac{4 \cdot a}{3 \cdot \pi}$$

$$I_y = 0{,}11 \cdot b \cdot a^3$$

½-Ellipse

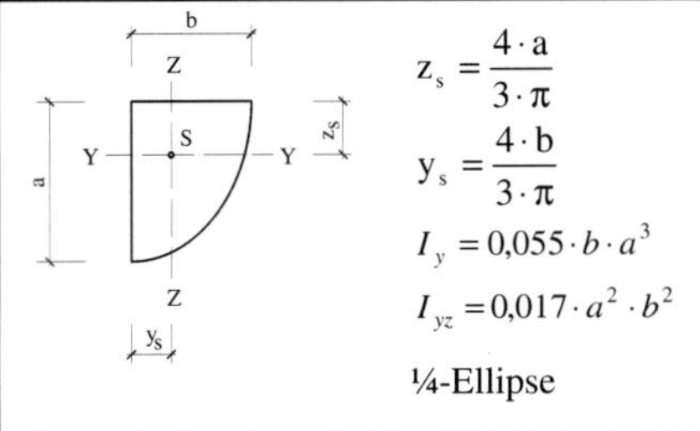

$$z_s = \frac{4 \cdot a}{3 \cdot \pi}$$

$$y_s = \frac{4 \cdot b}{3 \cdot \pi}$$

$$I_y = 0{,}055 \cdot b \cdot a^3$$

$$I_{yz} = 0{,}017 \cdot a^2 \cdot b^2$$

¼-Ellipse

2.5 Auftrieb und Schwimmstabilität

2.5.1 Auftrieb

Der Auftrieb ist eigentlich eine „einfache Sache", jeder kennt den Auftrieb: Beim Schwimmen hilft er, sich über Wasser zu halten; wegen des Auftriebs geht ein Schiff nicht unter.

In Abschnitt 2.2 wurde gesagt:

- Die vertikale z-Komponente F_z ist gleich dem Gewicht des auf der gedrückten Fläche liegenden Flüssigkeitskörpers. Sie kann Auftrieb oder Auflast sein.

Der Auftrieb ist also eine vertikal nach oben gerichtete Kraft, weshalb im Folgenden auch der Begriff „Auftriebskraft" F_A verwendet wird. Dieser „alte Kram" geht auf Archimedes1[10] zurück, eine beachtliche Leistung, wenn man sich bewusst macht, welche Hilfsmittel er vor über 2200 Jahren zur Verfügung hatte - nach heutigen Kriterien praktisch keine! Die Herleitung wird hier ausführlich behandelt, gerade weil die Thematik selbstverständlich erscheint.

Dazu betrachten wir einen quaderförmigen Körper, der perspektivisch etwa wie folgt aussieht, wie ein Backstein oder eine Milchtüte.

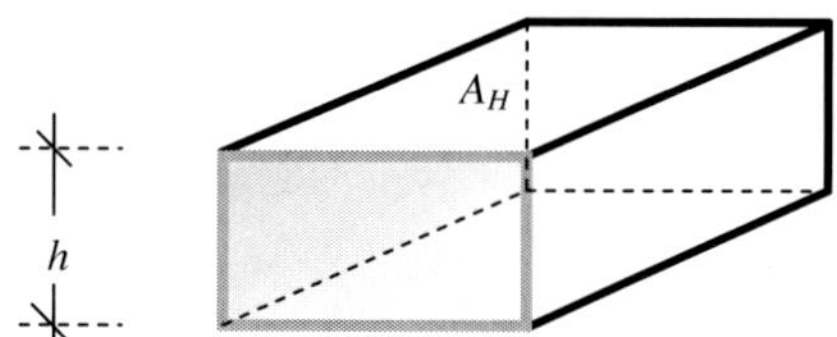

Vollständig im Wasser eingetaucht werden nur die oben farbig markierte Stirnseite des Körpers und die Drücke p und Kräfte F, die auf ihn wirken, dargestellt.

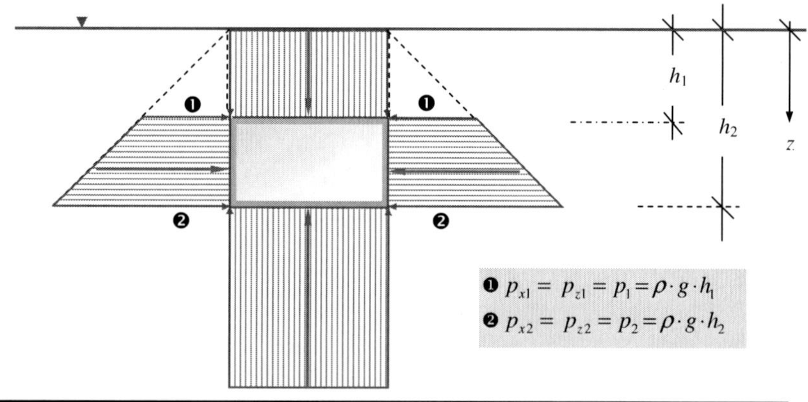

[10] Archimedes, geb. 287 v.Chr. in Syrakus, gest. 212 v. Chr. ebenda bei der Eroberung von Syrakus durch die Römer, bedeutendster Mathematiker und Physiker des klassischen Altertums.
Lösung zu Beispiel ①③ Hydrostatik Seite 56: Variante A wie Beispiel ⑩, Variante B wie Beispiel ①

Die Horizontalkräfte heben sich gegenseitig auf, da sie sind gleich groß sind; sie interessieren nicht, da nur vertikale Kräfte behandelt werden.

Die Drücke p auf die horizontale Fläche A_H sind:

$$\downarrow \text{oben} \quad p_1 = \rho \cdot g \cdot h_1 \; [N/m^2] \quad \rightarrow \text{wird positiv angesetzt}$$
$$\uparrow \text{unten} \quad p_2 = \rho \cdot g \cdot h_2 \; [N/m^2] \quad \rightarrow \text{wird negativ angesetzt}$$

Die Kraft ist bekanntlich gleich Druck mal gedrückte Fläche (A_H); also gilt für die resultierende vertikale Kraft

$$F = -\rho \cdot g \cdot h_2 \cdot A_H + \rho \cdot g\, h_1 \cdot A_H = -\rho \cdot g \cdot A_H \cdot (h_2 - h_1) \; [N]$$

und

$$A_H \cdot (h_2 - h_1) = A_H \cdot h = V = Volumen\ des\ Körpers$$

Also kann man schreiben, wenn man das Vorzeichen außer Acht lässt

$$\uparrow F_A = \rho \cdot g \cdot V \; [N] \qquad (2.19)$$

d.h. Archimedes hat herausgefunden:

Bei einem eingetauchten Körper ist die Auftriebskraft (der Auftrieb) F_A gleich der Gewichtskraft (dem Gewicht) F_G des verdrängten Flüssigkeits- (Wasser-) Volumens V.

Nun ist es natürlich so, dass Körper im Allgemeinen nicht vollständig eingetaucht sind, sondern schwimmen, d.h. ein Teil ist unter dem Wasserspiegel, ein Teil darüber wie bei einem Schiff. Warum schwimmt ein Schiff, warum geht es nicht unter? Weil der Auftrieb im „Unterwasserbereich" so groß bzw. größer ist als das Eigengewicht plus Ladung des Schiffes!

Das kann man auch wie folgt nachweisen, wobei der Einfachheit halber wie zuvor ein quaderförmiger Körper mit der Fläche A_H betrachtet wird:

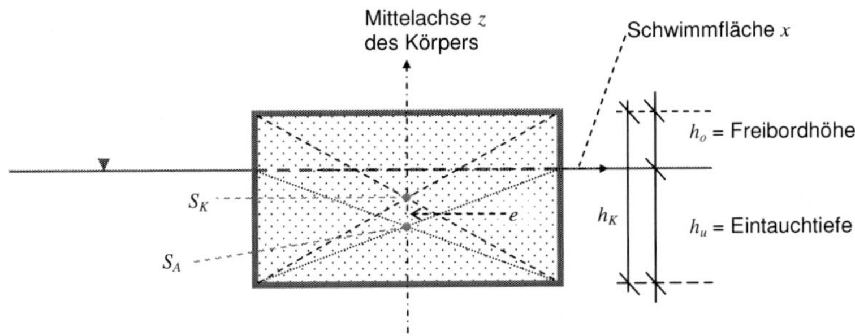

Eine Schwimmlage wie die dargestellte, bei der Eigengewicht und Auftrieb in Richtung der lotrechten Mittelachse wirken, nennt man „indifferent", was später noch eine Rolle spielt. Es sind 2 Schwerpunkte zu beachten, der Schwerpunkt des Körpers S_K und der Schwerpunkt des Auftriebs S_A. Der Abstand zwischen S_K und S_A wird als Exzentrizität e bezeichnet.

Das Eigengewicht des Körpers ist

$$F_{G,K} = \rho_K \cdot g \cdot V_K = \rho_K \cdot g \cdot (h_o + h_u) \cdot A_H \; [N] \text{ und greift in } S_K \text{ an}$$

Die Auftriebskraft ist

$$F_A = \rho \cdot g \cdot V_A = \rho \cdot g \cdot h_u \cdot A_H \; [N] \text{ und greift in } S_A \text{ an.}$$

Setzt man nun beide Kräfte gleich, also $F_{G,K} = F_A$, so gilt

$$\rho_K \cdot g \cdot (h_o + h_u) \cdot A_H = \rho \cdot g \cdot h_u \cdot A_H \text{ und nach Kürzung von } g \text{ und } A_H \text{ schließlich}$$

$$\rho_K \cdot (h_o + h_u) = \rho \cdot h_u \qquad (2.20)$$

und $h = h_o + h_u$

Bei bekannten Körperabmessungen und bekannter Dichte ρ_K des Körpers kann somit die Eintauchtiefe h_u bestimmt werden.

Wichtig: die Herleitung erfolgte für einen quaderförmigen, also rechteckigen Körper (= sehr einfach). Wenn ein anders gestalteter Körper vorliegt, müssen die Volumina V_K und V_A entsprechend (= anders) berechnet werden.

Beispiel quaderförmige Körper

gegeben: $\rho_W = 999{,}65\ kg/m^3$ $\quad \rho_K = 715{,}0\ kg/m^3$ $\quad h_K = 4{,}20\ m$

gesucht: h_u und h_o

Lösung: $\rho_K \cdot h_K = 715{,}0 \cdot 4{,}20 = \rho \cdot h_u = 999{,}65 \cdot h_u$ nach Gl. (2.20)

$h_u = 3{,}004 \approx 3{,}0\ m$

$h_o = 4{,}20 - 3{,}0 = 1{,}20\ m$

Die Aufgabe ist gelöst.

2.5.2 Schwimmstabilität

Wir beginnen mit einer Überlegung, welche die Thematik erläutern soll. Betrachtet wird ein zylindrischer Körper, z.B. ein Rohr, das innen hohl ist und im Wasser schwimmt. Das Eigengewicht ist absolut gleichmäßig und symmetrisch verteilt. Sie können sich auch einen Ball auf ruhigem Wasser vorstellen. Auf diesen Körper wirkt die Kraft F (z.B. durch Wind) ein.

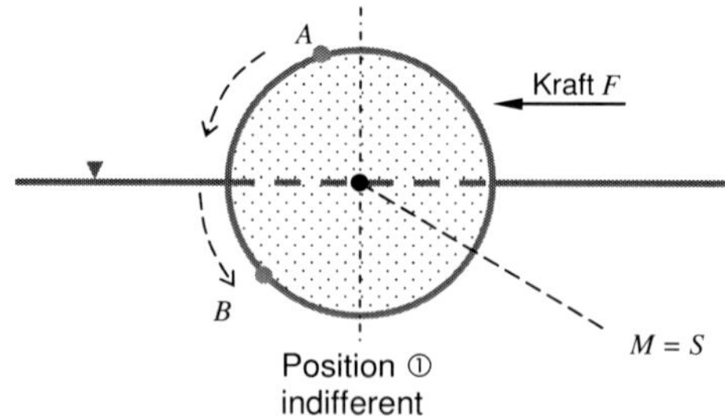

Durch eine Krafteinwirkung dreht sich der Körper um seinen Schwerpunkt (Kreismittelpunkt), d.h. der Punkt A wird sich z.B. nach B bewegen, der Körper verharrt also nach der Krafteinwirkung in einer neuen, qualitativ identischen Position. Bei andauernder Krafteinwirkung würde der Zylinder rotieren. Eine solche Schwimmlage bezeichnet man als indifferent.

Nun wird ein Körper betrachtet, in dessen Innern eine exzentrische Last befestigt ist.

Ist die Gewichtsverteilung wie in Pos. ②, d.h. das Gewicht und damit der Schwerpunkt der Körpers liegen weit oben, dreht sich der Körper bei Krafteinwirkung in Position ③ - der Körper hat Übergewicht, weshalb ② als schwimmlabile oder instabile Lage bezeichnet wird. Anders ausgedrückt: Durch das Kentern verschafft sich der Körper eine stabile Schwimmlage.

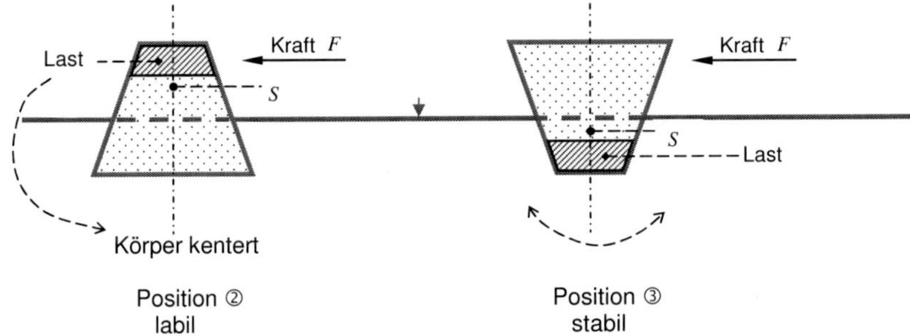

Position ②
labil

Position ③
stabil

Liegt der Schwerpunkt weit unten wie in Pos. ③, bewegt sich der Körper in der stabilen Lage nach der Krafteinwirkung eine Weile hin- und her (siehe Doppelpfeil) und kehrt am Ende der Krafteinwirkung in eine indifferente Ausgangsposition zurück.

Wie zuvor ausgeführt, bezeichnet man eine Schwimmlage, bei der das Eigengewicht und der Auftrieb in Richtung der lotrechten Mittelachse wirken, als <u>indifferent</u> [unbestimmt]. Falls der Schwimmkörper (z.B. ein Schiff) durch Windeinwirkung verdreht wird, verschiebt sich der Schwerpunkt der Auftriebskraft, so dass die stabile Lage verlassen wird. In einem solchen Fall gibt es demnach 2 Möglichkeiten:

a) das Schiff richtet sich wieder auf, da seine Schwimmlage <u>stabil</u> ist, oder
b) das Schiff kentert, da seine Schwimmlage instabil oder <u>labil</u> ist.

Manche Fachbücher sprechen auch von „schwimmstabiler" und „schwimmlabiler" Lage.

Wir betrachten einen um den Winkel α verdrehten Körper und tragen die ursprünglichen Schwerpunkte S_A und S_K in die Zeichnung ein (nächste Seite). Der unter Auftrieb stehende Teil des Körpers hat nicht mehr die Fläche eines Rechtecks, sondern die eines Trapezes, wodurch der Schwerpunkt des Auftriebs horizontal nach rechts (= vereinfachte Annahme) zu S_{A*} wandert, während $F_{G,K}$ in S_K verbleibt.

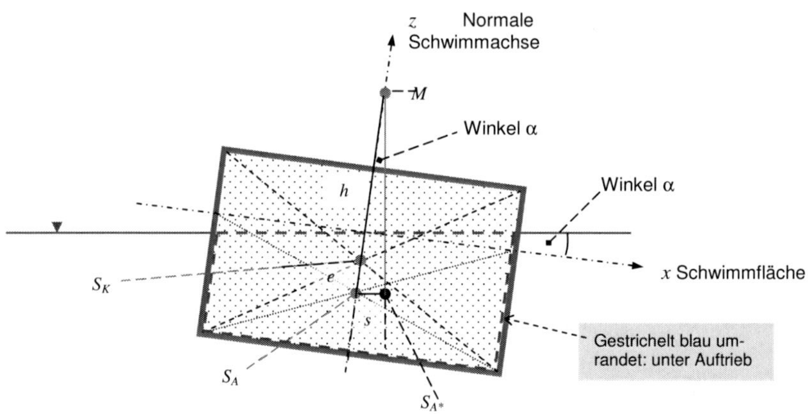

Der Schnittpunkt zwischen der normalen Schwimmachse z und der Lotrechten durch den Schwerpunkt des Auftriebs S_{A*} wird als Metazentrum M bezeichnet.

Den Abstand zwischen M und S_K auf der normalen Schwimmachse ist die

h = metazentrische Höhe $[m]$,

während der Abstand zwischen S_K und S_A (siehe Seite 61) als

e = Exzentrizität $[m]$

bezeichnet wird. Mit diesen Bezeichnungen gilt nun

$$\sin\alpha = \frac{s}{h+e} \quad \text{bzw.} \quad s = (h+e)\cdot\sin\alpha = \widehat{\alpha}\cdot\frac{I_y}{V_A}\,[m]. \tag{2.21}$$

Darin sind

$\widehat{\alpha}$ = Verdrehungswinkel im Bogenmaß
I_y = Flächenmoment 2. Grades der Schwimmfläche des Körpers, bezogen auf dessen Längsachse $[m^4]$
V_A = unter Auftrieb stehendes Volumen des Körpers $[m^3]$

Für kleine Winkel α kann man annehmen

$$\widehat{\alpha} \approx \sin\alpha\,,$$

so dass sich, umgestellt auf die metazentrische Höhe h, ergibt aus Gleichung

$$h = \frac{I_y}{V_A} - e\;[m]\,. \tag{2.22}$$

Zur Abwechslung soll in einer perspektivischen Darstellung die Schwimmfläche eines Körpers betrachtet werden, der im Querschnitt trapezförmig ist:

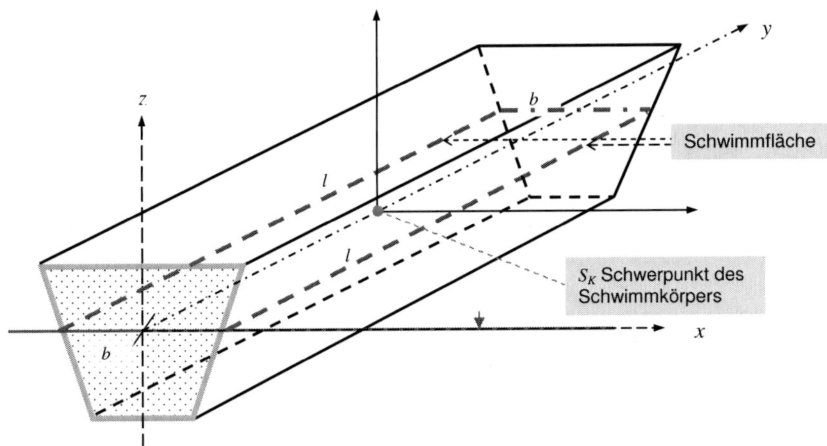

Ist die Schwimmfläche des Schwimmkörpers - wie dargestellt - rechteckig, also mit der Breite b und der Länge l, so gilt für das Flächenmoment 2. Grades um die y-Achse

$$I_y = \frac{l \cdot b^3}{12} \; [m^4]$$

- vergleiche Tafel Seite 59.

Kuriosum bei der Herleitung:
Durch die Vereinfachung (Bogenmaß $\alpha \approx \sin \alpha$) ist in der Gleichung (2.22) der Verdrehungswinkel α nicht mehr enthalten bzw. h ist unabhängig vom Verdrehungswinkel α; der Ansatz gilt nur für „kleine" Winkel α.

Was bedeutet nun diese Gleichung?

$h > 0$ bzw. $e < \frac{I_y}{V_A}$ stabile Schwimmlage, M oberhalb S_K, der Schwerpunkt S_K liegt tief; je größer h ist, desto schneller richtet sich der Schwimmkörper wieder auf - desto größer ist das aufrichtende Moment.

$h = 0$ bzw. $e = \frac{I_y}{V_A}$ indifferente Lage, $\alpha = 0$, Ausgangslage

$h < 0$ bzw. $e > \frac{I_y}{V_A}$ labile (instabile) Schwimmlage, S_K zu hoch, „Übergewicht" Schwimmkörper kentert bei Verdrehung

Ein Beispiel für die Anwendung der Schwimmstabilität in der Bautechnik sind sog. Pontons. Dabei handelt es sich um flache, quaderförmige Schwimmkörper, die als Träger von Pontonbrücken (schwimmende Behelfsbrücken für militärische Zwecke, für Baustellen an oder im Wasser) verwendet werden, aber auch für Schwimmkräne, als Arbeitsbühnen für wasserbauliche Anlagen oder Anleger in Flüssen, an denen der Wasserstand sich ständig ändert. Pontons müssen an die Stelle ihres Einsatzes eingeschwommen werden.

Beispiel Schwimmstabilität

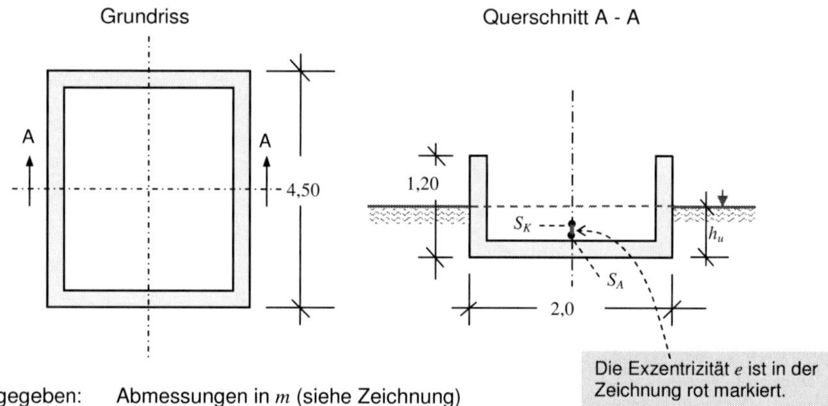

gegeben: Abmessungen in m (siehe Zeichnung)
Eigengewicht des Pontons $F_{G,K} = 36\ kN$
Lage des Schwerpunkts S_K:
$z_S = 0{,}30\ m$ über Pontonunterkante auf der Mittelachse

gesucht: Eintauchtiefe h_u und Nachweis der Schwimmstabilität

Lösung: Mit der Annahme $\gamma = \rho\ g = 10000\ N/m^3$ für Wasser gilt

$$F_{G,K} = 36\ kN = 36000\ N = \rho \cdot g \cdot V_A = 10000 \cdot 4{,}50 \cdot 2{,}0 \cdot h_u$$

Daraus folgt $h_u = 0{,}40\ m$

Der Schwerpunkt des Auftriebs S_A liegt somit $0{,}20\ m$ über der Pontonunterkante:

$$e = 0{,}30 - 0{,}20 = 0{,}10\ m.$$

Nach Abschnitt 2.4, Tabelle Seite 59, ist

$$I_y = \frac{l \cdot b^3}{12} = \frac{4{,}50 \cdot 2{,}0^3}{12} = 3{,}0\ \left[m^4\right]$$

$$V_A = 4{,}50 \cdot 2{,}0 \cdot 0{,}4 = 3{,}6\ m^3$$

Somit ist

$$e = 0{,}10 < \frac{I_y}{V_A} = \frac{3{,}0}{3{,}6} = 0{,}833\ [m],$$ also stabile Schwimmlage.

Die Aufgabe ist gelöst.

Ein weiteres Beispiel für die Anwendung der Hydrostatik und der Schwimmstabilität im Bauwesen sind die sog. Caissons (Senkkästen) aus Stahl oder Beton, die man für Unterwasserarbeiten verwenden kann. Eine notwendige Unterwasserarbeit könnte z.B. das Fundament eines im Fluss oder im Meer stehenden Brückenpfeilers sein.

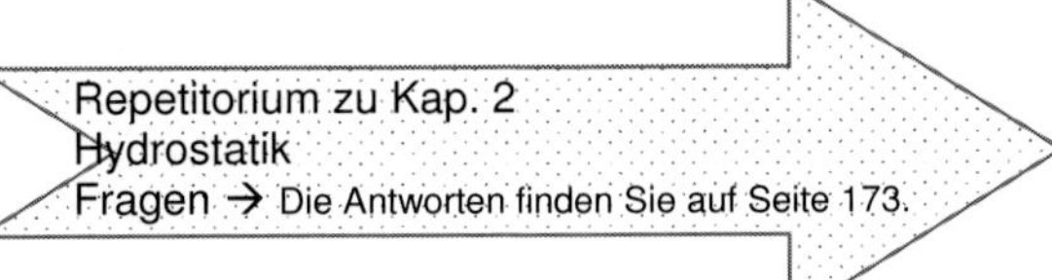

1. Berechnung des (Wasser-)Drucks p in der Tiefe z unter dem Wasserspiegel?

Beispiel A Beispiel B

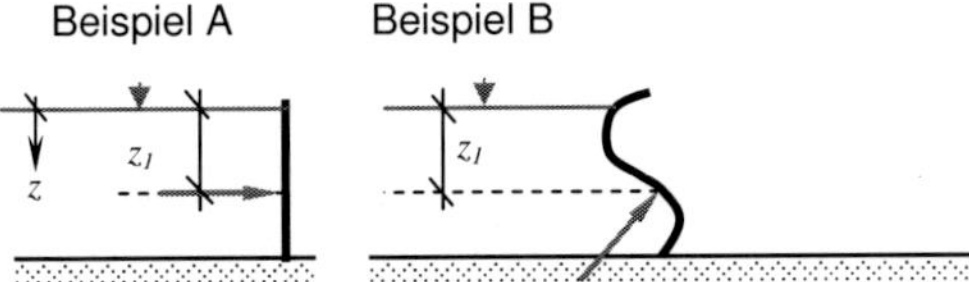

2. Wirkungsrichtung des (Wasser-)Drucks p?
3. Welche gedrückten Flächen wurden behandelt?
4. (Wasserdruck-)Kraft bei ebenen Flächen konstanter Breite?
   Antwort in Worten, wie F ermittelt wird; Druck grafisch darstellen; Formel für F

   Beispiel

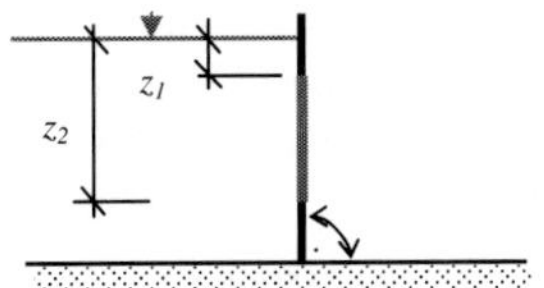

5. (Wasserdruck-)Kraft bei ebenen Flächen nicht konstanter Breite?
6. (Wasserdruck-)Kraft bei gekrümmten Flächen konstanter Breite?
7. Varianten bei der Darstellung und Berechnung des Drucks und der Kraft?
8. Bestimmung des Druckmittelpunkts D?
9. Formelzeichen und Einheit der Flächenmomente?
10. Flächenmoment 2. Grades Quadrat, Deviationsmoment ¼-Ellipse?
11. Auflast und Auftrieb? Formel für den Auftrieb?
12. Begriffe„Schwimmstabilität“? Metazentrische Höhe?

3. Hydrodynamik

3.1 Grundlagen

Die Hydromechanik ist die Lehre von den Gleichgewichts- und Strömungszuständen des Wassers. Innerhalb der Hydromechanik ist die Hydrodynamik die Lehre von der Bewegung des Wassers und den dabei auftretenden Kräften. In Kapitel 3.1 werden grundlegende Themen behandelt, die in den nachfolgenden Abschnitten immer wieder benötigt werden.

3.1.1 Ideale und wirkliche Flüssigkeiten

In der Strömungslehre unterscheidet man zwischen

- idealen und realen (wirklichen) Flüssigkeiten.

Wirkliche Fluide sind dadurch gekennzeichnet, dass sie kompressibel und reibungsbehaftet sind, eine ideale Flüssigkeit wäre demnach reibungsfrei und inkompressibel. Betrachtet man die „klassischen" Fluide Wasser und Luft, so gilt:

- Wasser ist reibungsbehaftet, aber relativ wenig kompressibel,
- Luft ist stark kompressibel, aber relativ wenig reibungsbehaftet.

Wie das Wort „ideal" schon ausdrückt, gibt es letztlich keine „ideale" Flüssigkeit, und der Leser wird sich die Frage stellen, warum man in der Hydromechanik überhaupt darüber spricht. Dafür gibt es mehrere Gründe:

1. Die „Klassiker" der Strömungsmechanik wie Torricelli oder Bernoulli und Andere haben ihre Überlegungen ohne Berücksichtigung der Reibung und Kompressiblität, angestellt, d.h. für eine ideale Flüssigkeit. Sie kamen zu wertvollen Ergebnissen, die später gewissermaßen der Wirklichkeit angepasst werden mussten. Theoretische Ansätze sind bei der Annahme einer idealen Flüssigkeit einfacher als bei der Annahme einer realen Flüssigkeit.

2. Es gibt Strömungsvorgänge, bei der die Reibung eine relativ geringe Rolle spielt, z.B. weil der betrachtete Strömungsvorgang kurz ist - buchstäblich kurz in Metern, so dass man in solchen - wenigen - Fällen Wasser annähernd als ideal betrachten kann. Ganz klar: Richtig ist das auf keinen Fall, Reibung tritt immer auf, aber sie ist in diesen Fällen eben so gering, dass man trotz Vernachlässigung zu einem guten (brauchbaren) Ergebnis kommt.

3.1.2 Stromlinien und Stromröhre

Eine wichtige Grundlage der Hydrodynamik ist die Stromlinien- und Stromröhren-Theorie. Das Wasser, das durch eine Rohrleitung fließt, ist nicht ein „einheitlichen Körper", der sich durch die Rohrleitung bewegt, sondern ein aus unendlich vielen Wasserteilchen bestehender Körper, bei dem jedes Wasserteilchen auf einer eigenen Bahn dahin fließt, ohne dass die Bahnen sich kreuzen - das entspricht der Theorie einer idealen Flüssigkeit. Wenn diese Bahnen (= Stromlinien) gebündelt werden, z.B. in einem Rohr, ergibt sich eine Stromröhre. Also:

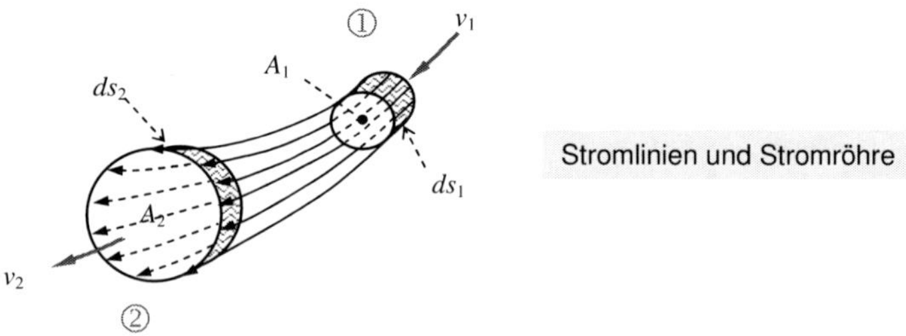

Stromlinien und Stromröhre

Stromlinien sind Linien, auf denen die Wasserteilchen in Richtung der jeweiligen Geschwindigkeit dahin fließen, ohne sich zu kreuzen. Strömröhren sind ein Bündel von Stromlinien.

3.1.3 Kontinuitätsbedingung

Die Kontinuitäts<u>bedingung</u>, auch Kontinuitäts<u>gesetz</u> oder Kontinuitäts<u>gleichung</u> genannt, folgt aus der Annahme der Inkompressibilität des Wassers (→ wieder ideale Flüssigkeit!) und der Stromlinientheorie. Nimmt man an, dass die Masse m = konstant ist, so bedeutet die Annahme der Inkompressibiliät, dass auch die Dichte ρ = konstant ist, so dass man vereinfacht Volumina betrachten kann.

$$\rho = \frac{m}{V}\left[\frac{kg}{m^3}\right] \quad bzw. \quad V = \frac{m}{\rho}\left[m^3\right]$$

An der Stelle ① einer Stromröhre, also „oben" in der Zeichnung S. 68, schneiden wir ein „Stück" mit der Querschnittsfläche A_1 und der Länge ds_1 heraus, das sich - angenommen - mit der Geschwindigkeit v_1 bewegt. Das Volumen dieses „Stücks" ist $dV_1 = A_1 \cdot ds_1$.

Nun „hoppelt" Wasser nicht durch die Rohrleitung, es fließt kontinuierlich. Wenn von oben das Volumen dV_1 kommt, muss „unten", also an der Stelle ②, das gleiche Volumen $dV_2 = A_2 \cdot ds_2$ wegfließen. Korrekterweise: Umgekehrt - was unten weggeht, muss von oben nachströmen. Es gilt also: $dV_1 = dV_2$.

Die Geschwindigkeit ist „Weg pro Zeit", demnach

$$v_1 = \frac{ds_1}{dt_1} \quad \text{oder} \quad ds_1 = v_1 \cdot dt_1 .$$

Analog gilt $$ds_2 = v_2 \cdot dt_2$$

und somit $$dV_1 = A_1 \cdot v_1 \cdot dt_1 = dV_2 = A_2 \cdot v_2 \cdot dt_2 .$$

Weiter folgt - wegen der „Nicht-Hoppel"-Theorie -, dass sich die Volumina dV_1 und dV_2 in dem gleichen Zeitraum dt weiter bewegen müssen, d.h. $dt_1 = dt_2 = dt$, so dass sich dt kürzen lässt und folgende Gleichung übrig bleibt:

$$A_1 \cdot v_1 = A_2 \cdot v_2 \left[m^2 \cdot \frac{m}{s}\right] = Q\left[\frac{m^3}{s}\right]$$

Das Produkt aus der Fläche A $[m^2]$ und der Geschwindigkeit v $[m/s]$ hat die Einheit $[m^3/s]$. Wir haben somit einen Parameter hergeleitet, der im Wasserbau möglicherweise der wichtigste überhaupt ist, nämlich der Volumenstrom pro Sekunde, der nach DIN 4044 das Formelzeichen Q erhält und als „Durchfluss" oder auch „Abfluss" oder „Zufluss" bezeichnet wird. Hätte man in der Überlegung nicht nur 2 Stellen, sondern 3 oder beliebig viele Stellen i entlang der Röhre betrachtet, so folgt wie zuvor, dass das Produkt aus v und A an jeder Stelle konstant ist, so dass die Kontinuitätsbedingung üblicherweise geschrieben wird:

$$\text{Durchfluss } Q = v \cdot A = \text{konstant } [m^3/s] \tag{3.1}$$

<u>Satz</u> Der Durchfluss Q ist in allen Querschnitten einer Stromröhre (... einer Rohrleitung oder eines Gerinnes) konstant.

Dieses einfache aber fundamentale Gesetz wird in der Hydrodynamik ständig angewendet, häufig so selbstverständlich, dass man es sich - zumindest als Anfänger - nicht bewusst ist. Gängige Aufgabenstellung wie z.B. die Anwendung der Bernoulli-Gleichung (vgl. Kap. 3.3) führen zu einem Ansatz mit mehreren Geschwindigkeiten v, so dass man bei bekannten Querschnitten A wie folgt substituieren kann:

$v_i \cdot A_i = v_n \cdot A_n$, also gilt $\quad v_i = v_n \cdot \frac{A_n}{A_i} \quad$ bzw. $\quad v_n = v_i \cdot \frac{A_i}{A_n}$

Beispiel Rohrleitung mit wechselnden Querschnitten (Kreisrohre)

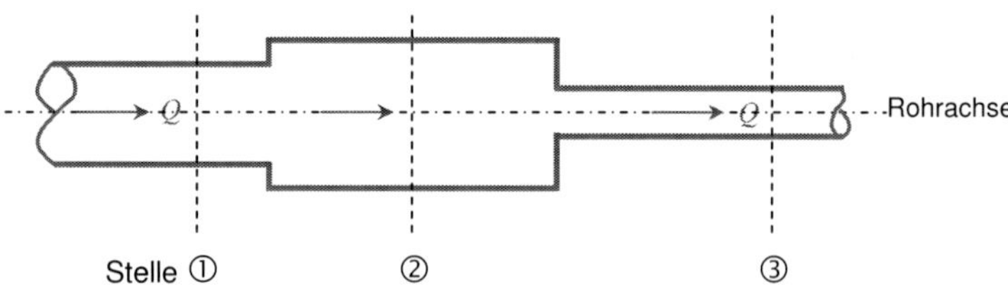

gegeben: $\varnothing_1$ 150 mm, $v_1 = 1{,}75\ m/s$; $\varnothing_2$ 225 mm, v_2 ?, $Q = ?$; $\varnothing_3$?, $v_3 = 2{,}5\ m/s$

gesucht: Q, v_2 und $\varnothing_3$ - die Ergebnisse werden wie immer gerundet!

Lösung:

Stelle ①

$$A_1 = \frac{\pi \cdot d_1^2}{4} = \frac{\pi \cdot 0{,}15^2}{4} = 0{,}0177\ [m^2]$$

$$Q = v_1 \cdot A_1 = 1{,}75 \cdot 0{,}0177 = 0{,}0309 \left[\frac{m^3}{s}\right] = 30{,}9\ [l/s]$$

Stelle ②

$$A_2 = \frac{\pi \cdot d_2^2}{4} = \frac{\pi \cdot 0{,}225^2}{4} = 0{,}0398\ [m^2]$$

$$v_2 = \frac{Q}{A_2} = \frac{0{,}0309}{0{,}0398} = 0{,}776 \left[\frac{m}{s}\right]$$

Stelle ③

$$A_3 = \frac{Q}{v_3} = \frac{0{,}0309}{2{,}5} = 0{,}01236\ [m^2]$$

$$A_3 = \frac{\pi \cdot d_3^2}{4} \quad \rightarrow \quad d_3 = \sqrt{\frac{4 \cdot A_3}{\pi}} = \sqrt{\frac{4 \cdot 0{,}01236}{\pi}} = 0{,}125\ [m] = 125\ [mm]$$

3.1.4 Bewegungsarten

Zu diesem Thema wird ein Fluss im Längsschnitt betrachtet. Zur Unterstützung des Vorstellungsvermögens denken Sie an den Rhein zwischen Worms (WO) und Mainz (MZ), der ca. 250 m entfernt an der Fachhochschule Mainz vorbeifließt.

Längsschnitt eines Flusses, z.B. des Rheins

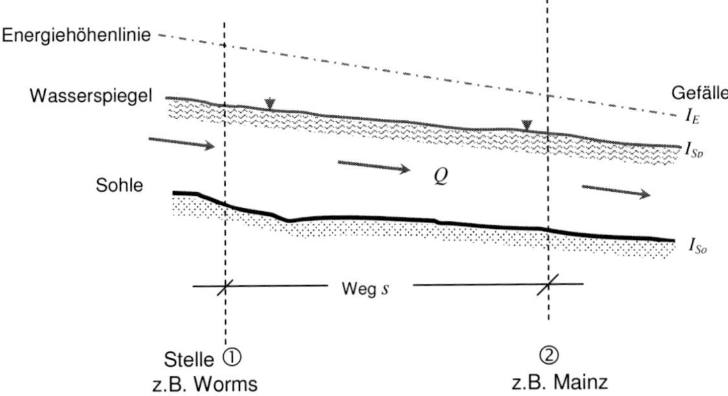

Zunächst wird der Fluss an der Stelle ① betrachtet, also an 1 Ort. Stellen Sie sich vor, Sie stehen am Ufer, blicken auf den Fluss und fragen sich nun, ganz theoretisch: Ändert sich der Volumenstrom, also Q, mit der Zeit oder nicht? Sie werden vielleicht spontan „ja" sagen, denn der Abfluss eines Flusses bleibt über die Zeit nicht konstant, aber wie gesagt: Es geht um eine theoretische Betrachtung!

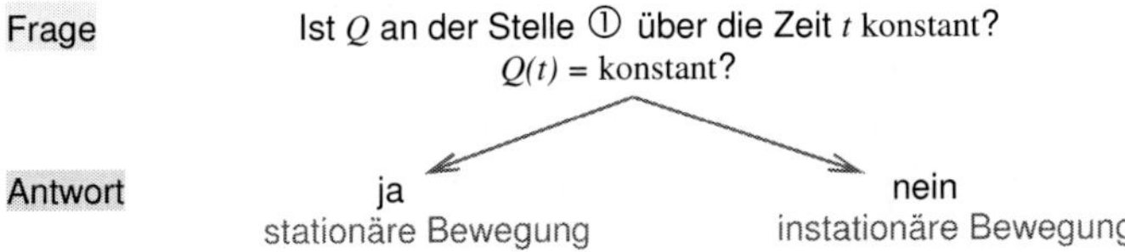

In der nächsten Überlegung gehen wir von einer stationären Bewegung aus, also von $Q(t)$ = konstant, betrachten den Fließweg s des Wassers von ① nach ② und fragen uns: Bleibt entlang dieses Weges s, in unserem Beispiel also von WO nach MZ, die Fließgeschwindigkeit v konstant? Sie sagen sicher wieder spontan „nein": Q ist nach der Kontinuitätsbedingung gleich v mal A, d.h. wenn die Fließgeschwindigkeit v konstant wäre, dann müsste auch der Querschnitt A zwischen ① und ② konstant sein. Das ist am Rhein und entlang jedes Flusses unwahrscheinlich, da Flüsse mal breiter, mal schmäler sind. Aber wieder: Es geht um eine theoretische Überlegung!

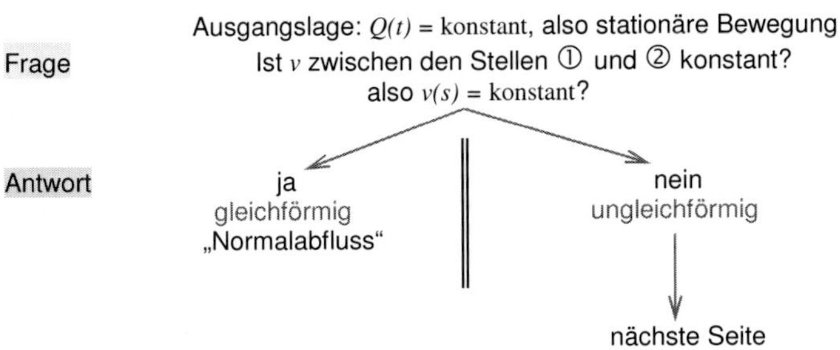

Zur Schwierigkeit der Berechnung kann man sagen, das „konstant“ immer leichter zu berechnen ist als „nicht konstant“. Das heißt, instationär ist schwieriger als stationär, und innerhalb der stationären Bewegung ist eine ungleichförmige Bewegung schwieriger (aufwändiger) zu berechnen als eine gleichförmige.

Man hilft sich allerdings gelegentlich mit „Tricks“ aus der Klemme: Betrachtet man den Rhein nur einen sehr kurzen Zeitabschnitt, macht also gewissermaßen eine Momentaufnahme, dann kann man annähernd stationäre Bewegung annehmen. Und: Betrachtet man nicht einen großen Abschnitt wie z.B. von Mainz nach Worms (≈ 55 Strom - km), sondern einen kleinen von z.B. $100\ m$ oder auch $500\ m$, dann kann man näherungsweise auch „gleichförmig“ annehmen. Aber: Im professionellen Bereich, also im Beruf, berechnet man eine Wasserspiegellinie nicht mehr „zu Fuß“, sondern mit entsprechender Software. Dann sind auch instationäre und stationär ungleichförmige Bewegung kein echtes Problem mehr - wenn man die erforderlichen Ausgangsdaten hat!

Die Bewegungsarten sind in der folgenden Tabelle noch einmal zusammengestellt:

Zusammenfassung 3.1.4: Bewegungsarten

stationäre Bewegung $\frac{dv}{dt}=0\ bzw.\ Q(t)=konst.$			**instationäre Bewegung** $\frac{dv}{dt}\neq 0\ bzw.\ Q(t)\neq konst.$
gleichförmig $\frac{dv}{ds}=0\ bzw.\ v(s)=konst.$	ungleichförmig $\frac{dv}{ds}\neq 0\ bzw.\ v(s)\neq konst.$		
„Normalabfluss“	verzögert $I_E > I_{Sp} < I_{So}$	beschleunigt $I_E < I_{Sp} > I_{So}$	
$I_E = I_{Sp} = I_{So}$ $A = konst.$ $I_{So} = konst.$ $k = konst.$	$I_E \neq I_{Sp} \neq I_{So}$ $A \neq konst.$ oder $I_{So} \neq konst.$ oder $k \neq konst.$		

Nebenbei: „Gefälle“
Was ist ein „Gefälle“? Antwort: Das Verhältnis des Höhenunterschieds zur horizontalen Entfernung zweier Punkte. Oder: Die Neigung gegen die Horizontale = Tangens des Winkels gegen die Horizontale.

Betrachten wir den Längsschnitt eines Flusses

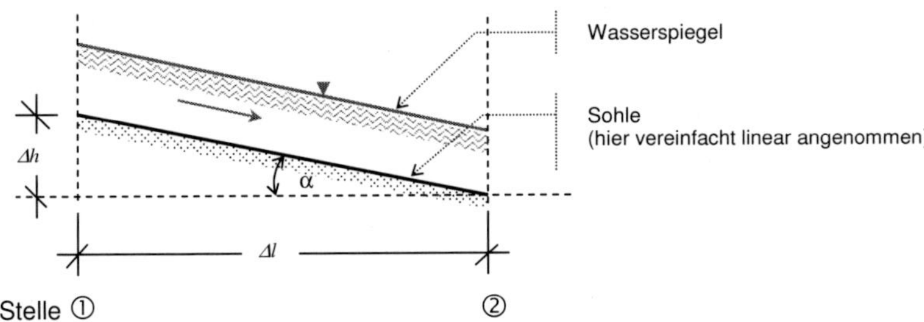

Das Sohlengefälle ist

$$I = \tan\alpha = \frac{\Delta h}{\Delta l}\ [-]$$, also eine dimensionslose Größe.

Das Gefälle wird auch häufig mit $1{:}m$ (m hat hier nichts mit Meter zu tun!) angegeben, also z.B. $1{:}20$ oder $1{:}100$. Schwierig? Nein, ganz einfach:

Mit der Bezeichnung $\frac{\Delta l}{\Delta h} = m$ kann man auch schreiben $I = \tan\alpha = \frac{\Delta h}{\Delta l} = \frac{1}{m}\ [-]$

Also: Ist der Höhenunterschied zwischen den betrachteten Stellen ① und ② gleich Δh, so ist ihre horizontale Entfernung $\Delta l = m \cdot \Delta h$!

Ebenfalls gängig ist die Angabe des Gefälles I in Prozent (%) oder Promille (‰). Das ist ganz einfach: Das Gefälle I als Dezimalzahl (z.B. 0,00215 mal 100 = 0,215) bzw. (mal 1000 = 2,15) ergibt das Gefälle in Prozent bzw. Promille.

In die in diesem Buch enthaltenen Gleichungen muss I als Dezimalzahl eingegeben werden.

Vor allem bei Gerinnequerschnitten wird bei der Böschungsneigung (siehe Kap. 3.5) häufig mit $1{:}m$ gearbeitet:

Querschnitt eines trapezförmigen Gerinnes:

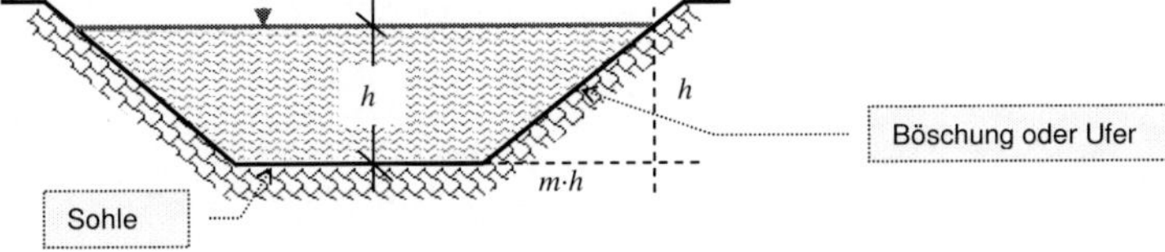

3.1.5 Fließarten und Reynolds-Zahl

Wie in 3.1.1 ausgeführt, ist Wasser ein Fluid, bei dem man in vielen Fällen von Inkompressibilität ausgehen kann, ohne dass man einen nennenswerten Fehler macht, aber es ist reibungsbehaftet, d.h. es entstehen Verluste infolge Reibung und örtliche Störungen, durch die Strömungsenergie in andere Energieformen umgewandelt wird.

Bei den Fließarten müssen unterschieden werden:

- laminares Fließen:

d.h. die Wasserteilchen folgen bei sehr geringen Fließgeschwindigkeiten parallelen Bahnen, es treten keine Querimpulse auf, und

- turbulentes Fließen:

d.h. die Wasserteilchen verlassen bei größeren Fließgeschwindigkeiten infolge von Querimpulsen sowie Stoß- und Mischverlusten die parallelen Bahnen.

In beiden Fällen treten charakteristische Geschwindigkeitsprofile auf. Beim laminaren Fließen stellt sich eine parabelförmige Geschwindigkeitsverteilung ein, während beim turbulenten Fließen die Geschwindigkeit gleichmäßiger über den Rohrquerschnitt verteilt ist (aber größer ist!) und zur Rohrwandung hin steil abfällt:

Pfeile = Bahnen der Wasserteilchen

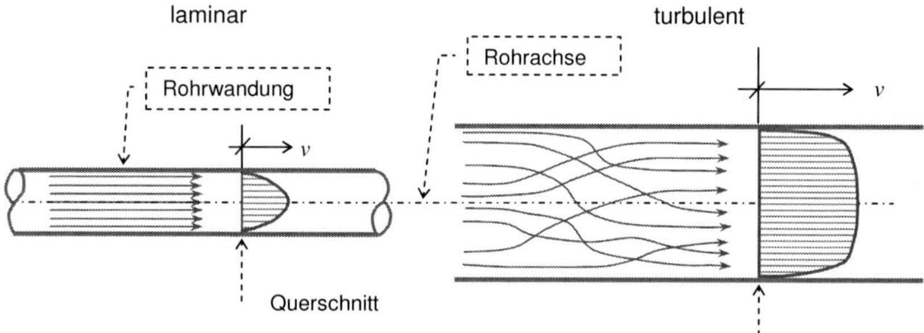

Wie schon angedeutet, sind die meisten Fließbewegungen turbulent, dennoch muss dies im Einzelfall nachgewiesen werden. Der Nachweis erfolgt über die

Reynolds-Zahl[11] Re (auch Reynoldszahl Re)

$$\mathrm{Re} = \frac{v_m \cdot d}{\nu} \; [-] \quad \text{mit} \qquad (3.2)$$

v_m = mittlere Fließgeschwindigkeit $[m/s]$
d = Rohrdurchmesser (Innendurchmesser!) $[m]$
ν = kinematische Viskosität (vgl. Kap. 1.3) $[m^2/s]$

[11] Osborne Reynolds, 1842 – 1912, englischer Physiker (Manchester)

Die Reynoldszahl ist also eine dimensionslose Zahl, die Grundlage für das Reynolds'sche Ähnlichkeitsgesetz ist, das im Versuchswesen (vgl. Kap. 4) eine große Rolle spielt. Es gilt:

Laminares Fließen $\mathrm{Re} \leq 2300$
Turbulentes Fließen $\mathrm{Re} > 2300$

In manchen Fachbüchern wird als Grenzwert $Re = 2320$ nach Schiller (... aber nicht der Dichter Friedrich Schiller mit den „Räubern" ☺!) angegeben, aber das muss in der Praxis nicht überbewertet werden: Hat man einen optimalen Versuchsaufbau, d.h. beginnt bei niedrigen Re-Zahlen, die man durch langsame Erhöhung von v steigert, so kann man den Grenzwert „etwas hoch kitzeln" - umgekehrt, bei einem nicht optimalen Versuchsaufbau kann die Strömung schon bei etwas niedrigeren Re-Zahlen von laminar nach turbulent umschlagen.

An dieser Stelle sollte man noch darauf hinweisen, dass, wenn Sie mit der Kontinuitätsbedingung arbeiten, also mit $Q = v \cdot A$, man immer mit der mittleren Geschwindigkeit im Querschnitt rechnet, wobei man den Index „m" bei v aber meistens weglässt.

Nun ist es so, dass man es im praktischen Wasserbau mit Rohrleitungen und Gerinnen zu tun hat. Das sind gewissermaßen die Hauptkapitel. Rohrleitungen haben meistens einen Kreisquerschnitt, so das der Durchmesser d klar ist - und an Kreisrohren hat Reynolds seine Untersuchungen durchgeführt -, aber es gibt Rohrleitungen ohne Kreisquerschnitt und Gerinne - diese haben keinen Durchmesser d. Hier hilft man sich wie folgt:

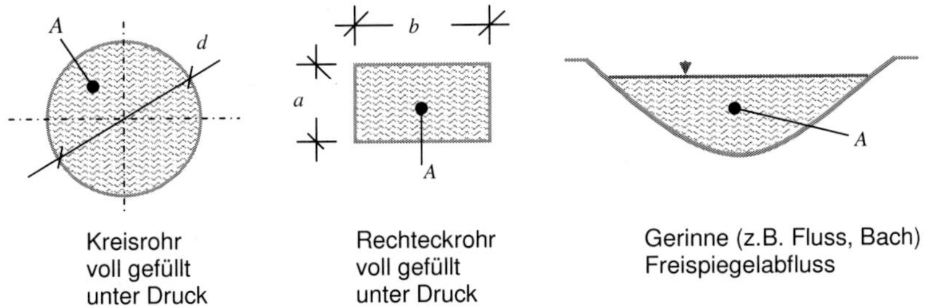

Kreisrohr voll gefüllt unter Druck | Rechteckrohr voll gefüllt unter Druck | Gerinne (z.B. Fluss, Bach) Freispiegelabfluss

Voll gefüllte Rohre sind meistens Druckrohre, also Rohre, die unter Druck stehen wie z.B. in den Rohrleitungen der Wasserversorgung. In Kapitel 1.2.2 wurde unter „Formelzeichen" schon der hydraulische Radius r_{hy} behandelt, der wie folgt definiert ist:

$$Hydraulischer\ Radius\ r_{hy} = \frac{durchflossener\ Querschnitt\ A}{benetzter\ Umfang\ l_U}$$

Frage: Was ist der „benetzte Umfang"?
Antwort: Die Länge einer Rohr- oder Gerinnewandung, die mit Wasser „benetzt" ist, die vom Wasser „berührt" wird.

Für das gefüllte Kreisrohr gilt also:

Mit $A = \frac{\pi \cdot d^2}{4}\ [m^2]$ (Kreisfläche) und $l_U = \pi \cdot d\ [m]$ (Kreisumfang)

wird $r_{hy} = \frac{A}{l_U} = \frac{\pi \cdot d^2}{4 \cdot (\pi \cdot d)} = \frac{d}{4}\ [m]$ und durch Umstellung $d = 4 \cdot r_{hy}\ [m]$ = Ersatzdurchmesser.

Nach DIN 4044 wird $d = 4 \cdot r_{hy}$ auch als d_{hy} = hydraulischer Durchmesser bezeichnet. Bei allen „Nicht-Kreisquerschnitten" wird also d durch $d_{hy} = 4 \cdot r_{hy}$ ersetzt, so dass sich ergibt:

$$\mathrm{Re} = \frac{v_m \cdot d_{hy}}{\nu} = \frac{v_m \cdot 4 \cdot r_{hy}}{\nu} \; [-] \tag{3.3}$$

Bei dem voll gefüllten Rechteckrohr von Seite 75 muss man somit für r_{hy} setzen:

$$r_{hy} = \frac{A}{l_U} = \frac{a \cdot b}{2a + 2b} = \frac{a \cdot b}{2 \cdot (a + b)} \; [m]$$

Bei dem Gerinne (rechts) auf Seite 75 kann man keine Formel für A und l_U bzw. r_{hy} angeben, da es sich nicht um eine geometrisch definierte Figur handelt.

Noch ein Hinweis auf einen Irrtum, dem Anfänger oft unterliegen. In der Abwassertechnik hat man es mit Rohren zu tun, die ganz überwiegend teilgefüllt sind, also nicht unter Druck stehen. Solche Rohre sind also „Freispiegelrohre" wie das dargestellte Kreisrohr:

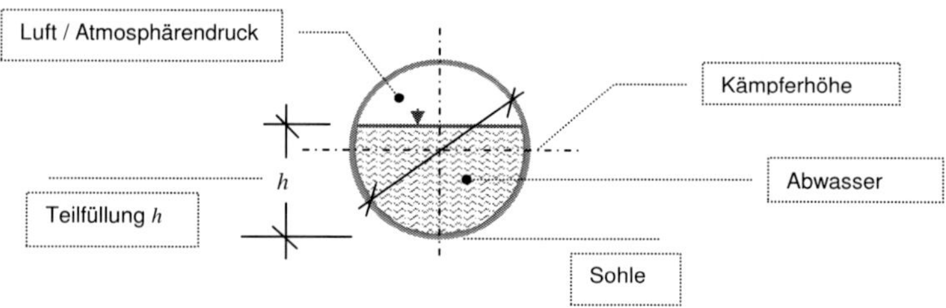

Die Situation entspricht im Prinzip dem zuvor angesprochenen Gerinne, die Größen A und l_U kann man allerdings analytisch bestimmen, da es sich beim Kreisquerschnitt - im Gegensatz zu dem Gerinne - um eine geometrisch definierte Figur handelt.

Zu dieser Thematik sollen 2 kleine Beispiele durchgerechnet werden:

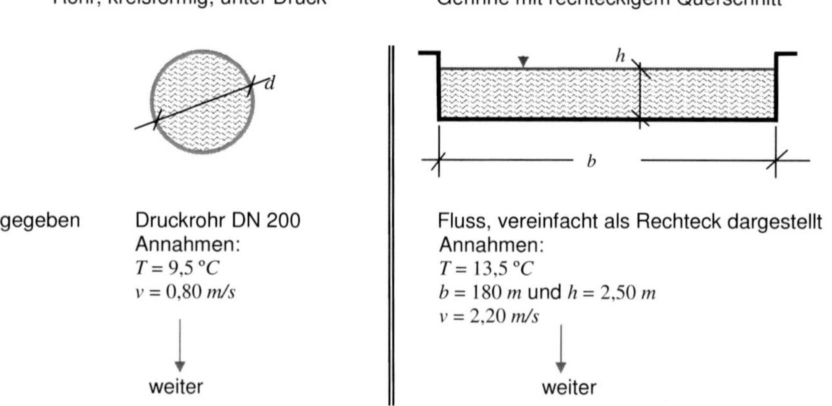

gesucht	Abfluss Q Reynoldszahl Re	Abfluss Q Reynoldszahl Re

Lösung

$$Q = v \cdot A = 0{,}80 \cdot \frac{\pi \cdot 0{,}2^2}{4} = 0{,}025 \, \frac{m^3}{s} = 25 \, \frac{l}{s}$$

$$\mathrm{Re} = \frac{v \cdot d}{\nu} = \frac{0{,}8 \cdot 0{,}2}{1{,}3225 \cdot 10^{-6}} = 1{,}21 \cdot 10^5$$

$$Q = v \cdot A = 2{,}20 \cdot 180 \cdot 2{,}50 = 990 \, \frac{m^3}{s}$$

$$r_{hy} = \frac{A}{l_U} = \frac{180 \cdot 2{,}50}{180 + 2 \cdot 2{,}50} = 2{,}43 \, m$$

$$\mathrm{Re} = \frac{v \cdot 4 \cdot r_{hy}}{\nu} = \frac{2{,}2 \cdot 4 \cdot 2{,}43}{1{,}195 \cdot 10^{-6}} = 17{,}895 \cdot 10^6$$

Die kinematische Viskosität ν bei $T = 9{,}5\ °C$ und $T = 13{,}5\ °C$ wurde aus der Tabelle Seite 23 durch lineare Interpolation gefunden. Zur Erinnerung: Re hat keine Einheit! In beiden Fällen handelt es sich also um turbulentes Fließen, weit von dem Grenzwert Re = 2300 entfernt.

3.1.6 Fließwechsel und Froude-Zahl

Der Fließwechsel ist ein Begriff aus der turbulenten Gerinneströmung. Zur Wiederholung: eine Gerinneströmung ist ein Abfluss „mit freiem Wasserspiegel", auch Freispiegelabfluss genannt, wie z.B. in Bächen und Flüssen. Auf dem Wasser ruht der Luftdruck, der Atmosphärendruck. Der Gegensatz dazu ist der Abfluss unter Druck in einer Rohrleitung, durch die z.B. Wasser gepumpt wird. In ihr herrscht ein Überdruck über dem Atmosphärendruck.

Zum Freispiegelabfluss wird ein Gerinne mit rechteckigem Querschnitt betrachtet. Einen rechteckigen Querschnitt wählt man üblicherweise deshalb, weil dies eine einfache geometrische Figur ist, an der die Herleitung leicht erläutert werden kann.

Durch diesen Querschnitt soll Wasser mit der Geschwindigkeit v fließen.

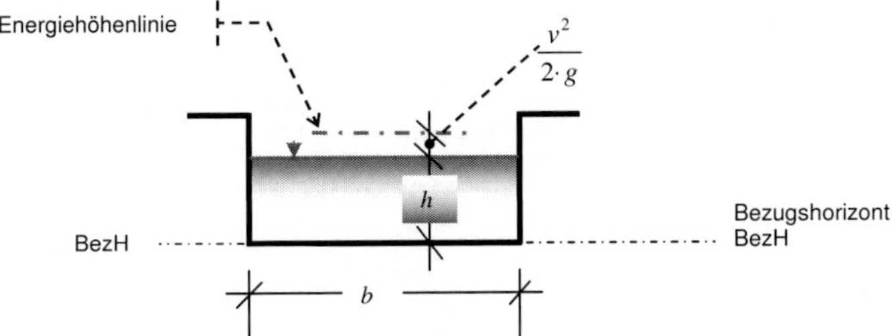

Die Breite des Gerinnes ist b, die Wassertiefe ist h, die Fließgeschwindigkeit - wie vorne erwähnt - ist v. Aus der Physik kennen Sie die potenzielle Energie (→ Energie der Lage) und die kinetische Energie (→ Bewegungsenergie). Erforderlich ist eine Energiebetrachtung, bezogen auf die Sohle des Gerinnes, durch die entsprechend ein Bezugshorizont (BezH) gelegt wird. Die Energie des Wassers ist nun - bezogen auf den BezH -

$$h_E = h + \frac{v^2}{2 \cdot g} \tag{3.4}$$

Gesamt-Energie

Geschwindigkeitshöhe = Bewegungsenergie

Wassertiefe = potenzielle Energie

Möglicherweise gibt Gl. 3.4 spontan Rätsel auf: Die Wassertiefe in einem Fluss hat die Einheit Meter $[m]$. Da man bekanntlich Äpfel und Birnen nicht addieren darf, müssen h_E und $v^2/2 \cdot g$ dieselbe Einheit haben. Weiterhin: die Energie hat nach Kap. 1.2.6, Seite 16 die Einheit Joule oder Kilowattstunden - hier ist von Meter die Rede. Das scheint zunächst seltsam, wird aber in Kapitel 3.3, S. 94 (Energiegleichung) geklärt.

Nun gilt nach Gleichung (3.1)

$$Q = v \cdot A \; \left[m^3 / s\right] \text{ und somit } \quad v = \frac{Q}{A} = \frac{Q}{b \cdot h} \text{ (Rechteckquerschnitt!)}$$

Somit kann Gl. 3.4 auch

$$h_E = h + \frac{Q^2}{b^2 \cdot h^2 \cdot 2 \cdot g} \tag{3.5}$$

geschrieben werden. In Gleichung 3.5 ist die Wassertiefe h in Abhängigkeit von der Energiehöhe h_E dargestellt. Nehmen Sie an, Q und b seien, ebenso wie 2 und g, als Konstante vorgegeben, dann sieht die Gleichung mit $h_E = y$ und $h = x$ mathematisch wie folgt aus:

$$h_E = h + \frac{\text{Konstante}}{h^2} \qquad \left(\text{oder} \quad y = x + \frac{\text{Konstante}}{x^2}\right)$$

Wie ist der mathematische Zusammenhang zwischen diesen beiden Variablen, welche Wassertiefen h sind bei welchem h_E möglich? Die Gleichung 3.5 wird umgeformt, in dem wir sie mit h^2 multiplizieren und alles auf die linke Seite bringen. Dann gilt:

$$h_E \cdot h^2 - h^3 - \frac{Q^2}{b^2 \cdot 2 \cdot g} = 0 \qquad \left(\text{oder} \quad y \cdot x^2 - x^3 - \frac{Q^2}{b^2 \cdot 2 \cdot g} = 0\right) \tag{3.6}$$

Gl. (3.6) ist eine Gleichung 3. Grades, d.h. für 1 y (bzw. h_E) sind 3 Lösungen x (bzw. h) möglich, wovon eine imaginär ist, also hier nicht interessiert.

Zur grafischen Darstellung von (3.6) auf der nächsten Seite wird darauf hingewiesen, dass in einigen Fachbüchern die Wassertiefe h an der y-Achse und die Energiehöhe h_E an der x-Achse dargestellt wird. Das ist durchaus logisch, denn h ist eine „vertikale“ Größe, was dafür spricht. Die Zeichnung auf der folgenden Seite ist also die „traditionelle Darstellung“, die den Vorteil hat, dass der Extremwert - optisch - leichter zu erkennen ist.

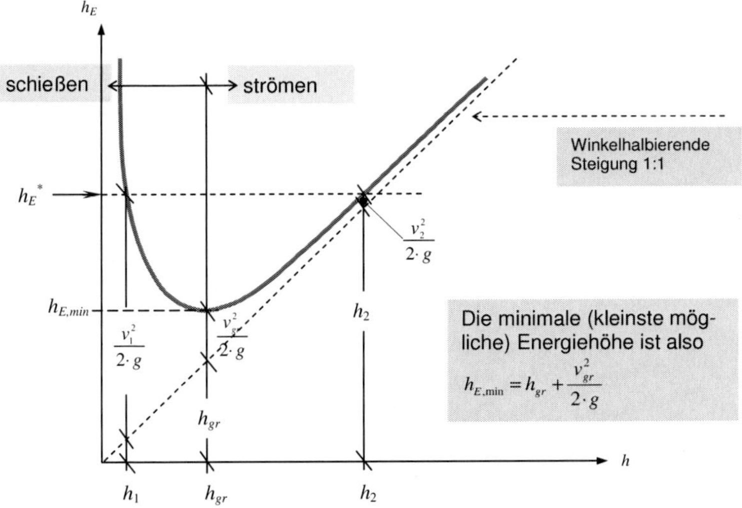

Sie erkennen, dass für ein beliebiges h_E^* (siehe Pfeil an der Ordinate!) 2 Wassertiefen h_1 und h_2 möglich sind. Die eine ist klein bei hoher Fließgeschwindigkeit (bei großer Geschwindigkeitshöhe), die andere groß bei geringer Fließgeschwindigkeit - aber so, dass die Summe aus Wassertiefe und Geschwindigkeitshöhe gleich ist. Weiterhin hat die Kurve einen Tiefpunkt (ein Minimum), und Sie erinnern sich aus der Mathematik, dass man Extremwerte findet, in dem man die 1. Ableitung bildet und gleich null setzt. Die Entscheidung über Maximum oder Minimum fällt dann über die 2. Ableitung. So weit wollen wir hier aber nicht gehen, wir begenügen uns mit der 1. Ableitung der Gleichung 3.5

$$\frac{dh_E}{dh} = 0 = 1 - 2\,\frac{Q^2}{b^2 \cdot h^3 \cdot 2 \cdot g} \qquad (3.7)$$

Daraus folgt:

$$h_{gr} = \sqrt[3]{\frac{Q^2}{b^2 \cdot g}} \quad = \text{ die Grenztiefe } h_{gr} \qquad (3.8)$$

Die Grenztiefe h_{gr} (englisch: critical depth) wird in der Fachliteratur gelegentlich auch als h_{crit} oder h_{krit} bezeichnet.

Schauen wir uns noch einmal die Gleichung (3.5) an:

$$h_E = h + \frac{Q^2}{b^2 \cdot h^2 \cdot 2 \cdot g}$$

Sie kann auch geschrieben werden:

$$h_E = h + \frac{Q^2}{b^2 \cdot g} \cdot \frac{1}{h^2 \cdot 2}$$

Wenn wir in diese Gleichung die Wassertiefe h_{gr} einsetzen, so entspricht der linke Teil des rechten Summanden (gestrichelter Kreis) gleich $h_{gr}{}^3$, so dass man schreiben kann

$$h_{E,\min} = h_{gr} + \frac{h_{gr}^3}{h_{gr}^2 \cdot 2} = h_{gr} + \frac{h_{gr}}{2} = \frac{3}{2} \cdot h_{gr} \tag{3.9}$$

Selbstverständlich gilt nach Gl. 3.4 auch

$$h_{E,\min} = h_{gr} + \frac{v_{gr}^2}{2 \cdot g} = h_{gr} + \frac{h_{gr}}{2} \quad \text{und daraus} \quad \frac{v_{gr}^2}{2 \cdot g} = \frac{h_{gr}}{2}$$

und umgestellt somit

$$v_{gr} = \sqrt{g \cdot h_{gr}} \tag{3.10}$$

Aus der Herleitung und der grafischen Darstellung wird noch einmal zusammengefasst:

- Zu jeder Energiehöhe h_E sind 2 Wassertiefen h möglich: ein kleines h (h_1 bezeichnet) mit einer großen Geschwindigkeit v (v_1 bezeichnet, schießender Abfluss) und ein großes h (h_2 bezeichnet) mit einer kleinen Geschwindigkeit v (v_2 bezeichnet, strömender Abfluss), so dass die Summe aus Wassertiefe und Geschwindigkeitshöhe in beiden Fällen die gleiche Energiehöhe h_E ergibt.
- Den Fließvorgang mit geringer Wassertiefe, aber hoher Geschwindigkeit bezeichnet man als Schießen, den mit großer Wassertiefe und geringer Geschwindigkeit als Strömen.
- Einen Übergang von dem einen Bereich zu dem anderen bezeichnet man als Fließwechsel, also einen Übergang vom „STRÖMEN" zum „SCHIEßEN" oder vom „SCHIEßEN" zum „STRÖMEN". Wie der sich einstellt, wird weiter unten behandelt.

Grafische Darstellung
Längsschnitt eines Gerinnes

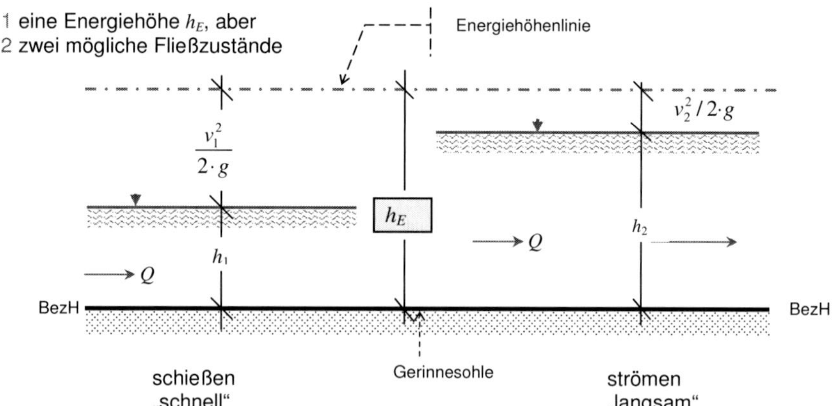

- $h_{E,min}$ ist die geringste oder Mindest - Energiehöhe, mit der ein vorgegebenes Q durch einen Querschnitt der Breite b abgeführt werden kann. Bei $h_{E,min}$ stellt sich die Grenztiefe h_{gr} ein, die die beiden Bereiche „Schießen" und „Strömen" von einander trennt.

Die Herleitung der Grenztiefe h_{gr} ist für einen rechteckigen Gerinnequerschnitt erfolgt. Anlog kann man die Herleitung für andere, mathematisch definierte Querschnitte durchführen. Dies geschieht hier nicht, sondern es werden in der auf Seite 83 folgenden Tabelle die Ergebnisse zusammengestellt. Bei mathematisch nicht definierten, also unregelmäßigen Querschnitten kann man die Lösung nur durch Iteration („Probieren") herausfinden.

Eine große Bedeutung in der Hydromechanik haben Schießen und Strömen auch aus folgendem Grund: Bei schießender Bewegung breitet sich eine Störung nur stromabwärts, also nicht nach Oberwasser aus, bei strömender Bewegung breitet sich eine Störung stromaufwärts aus, z.B. in Form eines Aufstaus. Eine schießende Bewegung ist schneller als die Wellengeschwindigkeit, eine strömende langsamer. Auf Englisch spricht man von „überkritischer" (super-critical = schießender) und „unterkritischer" (sub-critical = strömender) Bewegung.

Kommen wir noch einmal auf Gl. (3.5) und (3.6) zurück. Sie waren der Ausgangspunkt zur Ermittlung der Grenztiefe h_{gr}, falls h_E als variabel, Q und b als konstant angenommen werden. Umgekehrt kann man die Überlegung anstellen, ob sich ein Extremwert ergibt, falls Q als variabel, und h_E und b als konstant angenommen werden. Die Herleitung erfolgt an dieser Stelle nicht, es wird nur das Ergebnis angegeben. Man kann den maximalen Abfluss Q_{max} nach folgender Gleichung errechnen:

$$Q_{\max} = \frac{2 \cdot b}{3 \cdot \sqrt{3}} \cdot \sqrt{2 \cdot g} \cdot h_E^{3/2} = 1{,}705 \cdot b \cdot h_E^{3/2} \left[\frac{m^3}{s}\right] \qquad (3.11)$$

Wie beurteilt man nun, ob eine Bewegung strömend oder schießend ist:

- über den Vergleich der vorhandenen Wassertiefe mit der Grenztiefe: Ist die Wassertiefe größer als die Grenztiefe, handelt es sich um eine strömende Bewegung, ist die Wassertiefe kleiner als die Grenztiefe, handelt es sich um eine schießende Bewegung, oder
- über die Froudezahl Fr[12]: Falls $\mathrm{Fr} > 1$ ist die Bewegung schießend, falls $\mathrm{Fr} < 1$ ist sie strömend, bei $\mathrm{Fr} = 1$ stellt sich die Grenztiefe ein.

Die Froude-Zahl Fr (auch Froudezahl geschrieben) wird wie folgt berechnet:

allgemein $$Fr = \frac{v}{\sqrt{g \cdot \frac{A}{b_{Sp}}}} \rightarrow \text{ bei Rechteckquerschnitt } Fr = \frac{v}{\sqrt{g \cdot h}} [-] \qquad (3.12)$$

v = mittlere Fließgeschwindigkeit im Querschnitt $[m/s]$
A = durchflossener Querschnitt $[m^2]$
b_{Sp} = Wasserspiegelbreite $[m]$
b = Breite eines Rechteckquerschnitts $[m]$
g = Fallbeschleunigung = $9{,}81\ m/s^2$

[12] William Froude 1810 - 1879

Der Nachweis der Strömungsverhältnisse in einem Gerinne kann also verschieden erfolgen:

Nachweis über	Strömen	Schießen	Grenztiefe h_{gr}
h_{vorh} und h_{gr}	$h_{vorh} > h_{gr}$	$h_{vorh} < h_{gr}$	$h_{vorh} = h_{gr}$
Fr	Fr < 1	Fr > 1	Fr = 1

Standard ist aber der Nachweis über die Froudezahl Fr. Nun kann man sich fragen, wie ein solcher Fließwechsel an einem Fließgewässer oder Gerinne überhaupt zustande kommen kann. Antwort: falls sich die Faktoren ändern, die die Fließgeschwindigkeit in einem Gerinne (in einem Fluss) bestimmen. Diese Parameter sind:

das Sohlengefälle I (vor allem), die Rauheit k und Querschnittsfläche A.

In der Natur treten Fließwechsel in Flüssen nicht sehr häufig auf, am ehesten im Gebirge. Meistens sind sie durch Wasserbauwerke verursacht, also durch Bauwerke, die von Bauingenieuren errichtet wurden. An Wehren oder Abstürzen beispielsweise ist ein typisches Strömungsbild vorhanden, und es lautet fast immer

Strömen - Schießen - Strömen

d.h. das Wasserbauwerk verursacht einen Fließwechsel vom STRÖMEN zum SCHIEßEN und unterhalb des Bauwerks („unterstrom") wird - wasserbaulich - alles getan, dass der Abfluss zum Strömen zurückkehrt, da sonst die Gefahr der Erosion der Flusssohle besteht.

Betrachten wir einen sog. Absturz, eine örtliche Steilstrecke in Bächen, die in der Vergangenheit häufig eingebaut wurden und heute aus ökologischen Gründen beseitigt werden:

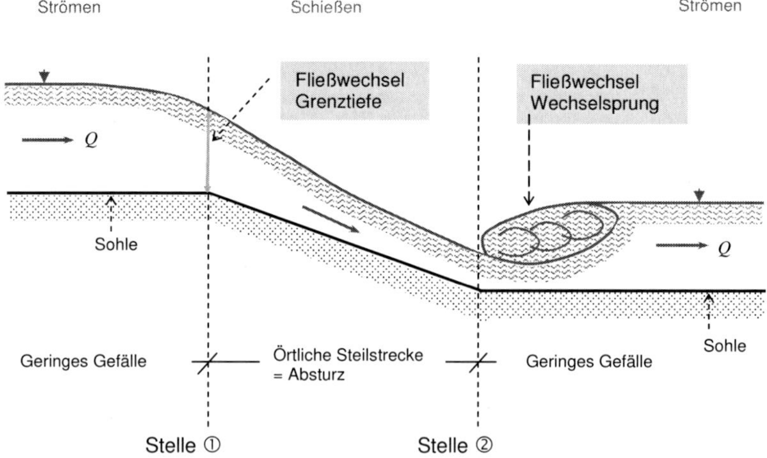

Oberhalb der Stelle ① herrscht, wegen des geringen Gefälles, strömender Abfluss, das Wasser wird zur Absturzkante ① hin bescheunigt, schießt dann die Wand zwischen ① und ② hinunter und wird anschließend, weil das Gefälle unterhalb von ② wieder gering ist, zum Strömen zurückkehren. Es treten also 2 Fließwechsel auf:

- An der Stelle ① tritt ein Fließwechsel vom STRÖMEN zum SCHIEßEN mit h_{gr} und einem kontinuierlichen (glatten) Wasserspiegelverlauf auf und
- unterhalb der Stelle ② ein Fließwechsel vom SCHIEßEN zum STRÖMEN mit dem Wechselsprung und einem diskontinuierlichen Wasserspiegelverlauf mit einer Deckwalze.

Diese „Erscheinung" am Ende des Absturzes mit einer Deckwalze, in der die Wassertiefe von h_1 auf h_2 „springt", bezeichnet man als Wechselsprung (englisch: water jump). In diesem Wechselsprung wird ein Teil der Strömungsenergie in Wärme und Schall umgewandelt.

Gerinne		**Grenztiefe** h_{gr}	**Grenz-geschwindigkeit** v_{gr}
Bezeichnung Fläche	**Gerinnequerschnitt**		
Rechteck $A = b \cdot h$	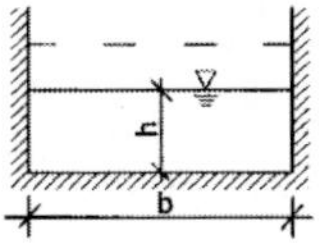 h, b	$\sqrt[3]{\frac{Q^2}{g \cdot b^2}}$	$\sqrt{g \cdot h_{gr}}$
Parabel $A = \frac{2}{3} \cdot \sqrt{\frac{h^3}{a}}$	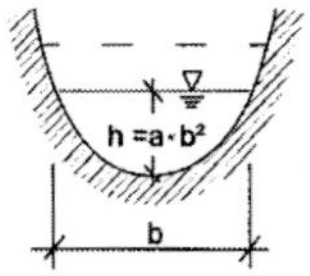 h = a·b², b	$\sqrt[4]{\frac{27 \cdot a \cdot Q^2}{8 \cdot g}}$	$\sqrt{\frac{2}{3} \cdot g \cdot h_{gr}}$
Dreieck $A = m \cdot h^3$	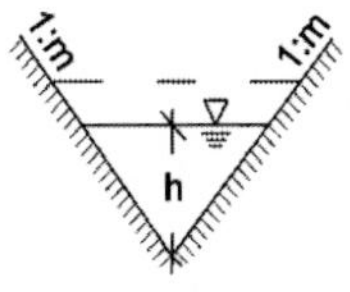 1:m, 1:m, h	$\sqrt[5]{\frac{2 \cdot Q^2}{m^2 \cdot g}}$	$\sqrt{\frac{1}{2} \cdot g \cdot h_{gr}}$
Trapez $A = b_{So} \cdot h + m \cdot h^2$	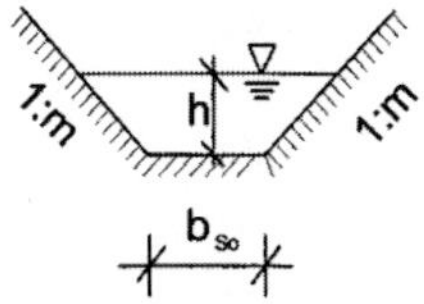 1:m, h, 1:m, b_{So}	$h_{gr} = \frac{\sqrt[3]{\frac{Q^2}{g} \cdot (b_{So} + 2 \cdot m \cdot h_{gr})}}{b_{So} + m \cdot h_{gr}}$	$v_{gr} = \sqrt{\frac{g \cdot h_{gr} \cdot \left(1 + m \cdot \frac{h_{gr}}{b_{So}}\right)}{1 + 2 \cdot m \cdot \frac{h_{gr}}{b_{So}}}}$
Kreisabschnitt $A = \frac{d^2}{8}(\hat{\varphi} - \sin \varphi)$ **Achtung:** $\hat{\varphi}$ im Bogenmaß	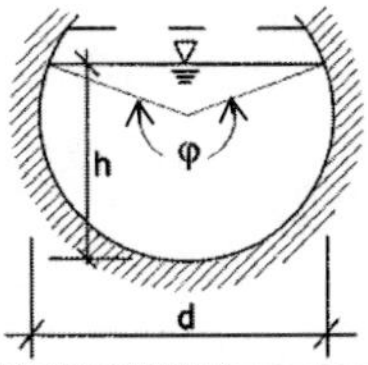 φ, h, d	$\frac{(\hat{\varphi}_{gr} - \sin \varphi_{gr})^3}{\sin\left(\frac{\varphi_{gr}}{2}\right)} = \frac{512 \cdot Q^3}{g \cdot d^5}$ $h_{gr} = d \cdot \sin^2\left(\frac{\varphi_{gr}}{4}\right)$	$\sqrt{\frac{g \cdot d \cdot (\hat{\varphi}_{gr} - \sin \varphi_{gr})}{8 \cdot \sin\left(\frac{\varphi_{gr}}{2}\right)}}$

Tabelle der Gerinnequerschnitte, Grenztiefen und Grenzgeschwindigkeiten
b = Breite (allgemein), b_{So} = Sohlenbreite, b_{Sp} = Wasserspiegelbreite, d = Durchmesser

Die in den Abschnitten 3.1.5 und 3.1.6 behandelten Grundlagen sind in der folgenden Tabelle noch einmal zusammengefasst.

<table>
<tr><th colspan="3">Zusammenfassung 3.1.5 und 3.1.6: Fließarten</th></tr>
<tr><td>laminar Re ≤ 2300
Teilchen bewegen sich auf parallelen Bahnen. Geschwindigkeitsverteilung parabelförmig</td><td colspan="2">turbulent Re > 2300
Teilchen durchmischen sich. Geschwindigkeitsverteilung „ausgeglichen"</td></tr>
<tr><td>Beurteilung
Fließgeschwindigkeit „ganz, ganz langsam" = selten</td><td colspan="2">Beurteilung
Fließgeschwindigkeit „normal" = meistens
Beispiele: Wasserrohr, Abwasserkanal, Bach</td></tr>
<tr><td></td><td colspan="2">Bei turbulentem Fließen in Gerinnen:</td></tr>
<tr><td></td><td>strömender Durchfluss
$Fr < 1$</td><td>schießender Durchfluss
$Fr > 1$</td></tr>
<tr><td></td><td colspan="2">Den Übergang vom Strömen zum Schießen oder vom Schießen zum Strömen nennt man Fließwechsel</td></tr>
<tr><td></td><td>Strömen → Schießen
Grenztiefe h_{gr} ($Fr = 1$)</td><td>Schießen → Strömen
Wechselsprung
konjugierte Wassertiefen</td></tr>
</table>

Wie eingangs in Kap. 3.1 erwähnt, wird Alles, was bisher behandelt wurde, je nach Situation in den folgenden Kapiteln wieder verwendet bzw. man muss es kennen, wenn Problemstellungen aus den folgenden Kapiteln bearbeiten werden sollen.

Repetitorium zu Kap. 3.1
Grundlagen Hydrodynamik
Fragen → Die Antworten finden Sie auf Seite 175.

1. Kontinuitätsgleichung?
2. Gefälle?
   $I = 1{:}256$ - als Dezimalzahl bzw. in Prozent angeben.
   $I = 0{,}00368$ [-] - in ‰ und in $1{:}m$ angeben.
3. Unterschied zwischen stationär und instationär?
4. Normalabfluss? Voraussetzungen?
5. Nachweis: laminar oder turbulent?
   gegeben: Dreieckförmiges Rohr unter Druck, gleichseitiges Dreieck

Seitenlänge des Dreiecks $a = 5\ cm$
Fließgeschwindigkeit $v = 1{,}2\ m/s$ bei Wassertemperatur $T = 16\ °C$

6. Unterschied SCHIEßEN und STRÖMEN?
7. Ideale und reale Flüssigkeit?
8. Formel für die Froudezahl Fr?
9. Definition und Nachweis Fließwechsel?
10. Stromlinie, Stromröhre?
11. Grenztiefe - wie ermitteln?
12. Beschleunigte Bewegung? Gegenteil?

3.2 Impulskraft und Stützkraft

Die Impulskraft ist „ganz einfach". Betrachten Sie einen Wasserstrahl, der aus einem Schlauch austritt; Sie richten diesen Strahl gegen eine Wand, so übt der Strahl eine Kraft auf diese Wand aus - die Impulskraft. Wenn Sie den Strahl gegen eine starre Wand richten, z.B. eine - starre - Betonmauer, wird nicht viel passieren, es spritzt auf ... das war's. Richten Sie den Strahl gegen eine bewegliche Wand, z.B. ein Garagentor, so wird die Wand auf Grund der Krafteinwirkung „wackeln".

Die Impulskraft ist also eine Kraft „aus der Bewegung" des Wassers heraus. Zur Erinnerung: In Kap. 2 (Hydrostatik) wurde die Wasserdruckkraft behandelt, also eine Kraft „aus dem Druck des ruhenden Wassers" heraus. In der Praxis muss man selbstverständlich beide berücksichtigen.

Nach Newton[3] ist die Kraft gleich Masse mal Beschleunigung (vgl. Kap. 1.1.6), also

$$F = m \cdot a$$

Die Impulskraft ist analog

$$F = m \cdot \frac{v}{t} = \frac{d(m \cdot v)}{dt} \qquad \text{(A)}$$

Dabei ist der „Impuls" als Bewegungsgröße definiert:

$$Impuls\ I = m\ v.$$

Bei einer stationären Strömung ist

$$\frac{dv}{dt} = 0,\ d.h.\ v = \text{konstant.}$$

Damit wird Gleichung (A) bei zeitlich veränderlicher Masse m zu

$$F = v \cdot \frac{dm}{dt} \qquad \text{(B)}$$

Nach Kapitel 2. ist die Dichte wie folgt definiert:

$$\rho = \frac{Masse}{Volumen} = \frac{m}{V} \quad bzw. \quad \rho = \frac{dm}{dV} \quad \text{und somit}$$

$$dm = \rho\, dV \qquad \text{(C)}$$

Weiterhin gilt

$$Q = \frac{Volumen}{Zeit} = \frac{dV}{dt} \quad bzw.\ dV = Q \cdot dt$$

Also wird Gl. (C) zu

$$dm = \rho \cdot Q \cdot dt \qquad \text{(D)}$$

Gleichung (D) in Gl. (B) eingesetzt ergibt die Gleichung für die Impulskraft

$$F_I = v \cdot \frac{\rho \cdot Q \cdot dt}{dt} = \rho \cdot Q \cdot v \;\; [N] .$$

Nach der Kontinuitätsgleichung gilt

$$Q = v \cdot A \quad oder \quad v = \frac{Q}{A} ,$$

so dass die Gleichung der Impulskraft unterschiedlich geschrieben werden kann:

$$F_I = \rho \cdot Q \cdot v = \rho \cdot v^2 \cdot A = \rho \cdot \frac{Q^2}{A} \;\; [N] \tag{3.13}$$

Nebenbei zur Erinnerung:
Bei der Berechnung von Drücken p und Kräften F muss die Dichte des Wassers ρ eingesetzt werden. Üblicherweise verwendet man dafür eine glatte Zahl, nur bei Angabe einer Wassertemperatur muss nach Kap. 1.3 in seltenen Fällen die exakte Dichte ermittelt werden:

Setzt man $\rho = 1000 \; kg/m^3$ (= glatte Zahl) ein, so erhält man p in N/m^2 bzw. F in N, setzt man $\rho = 1 \; Mg/m^3$ ($1 \; t/m^3$), so erhält man p in kN/m^2 und F in kN.

3.2.1 Freier Wasserstrahl

Wir betrachten nun als Erstes die schon oben angesprochene, unter einem Winkel α gegen die Horizontale geneigte <u>starre</u> Wand (... also $u = 0 \; m/s$ - siehe Zeichnung), auf die ein freier Wasserstrahl trifft, d.h. es ist kein Überdruck p vorhanden.

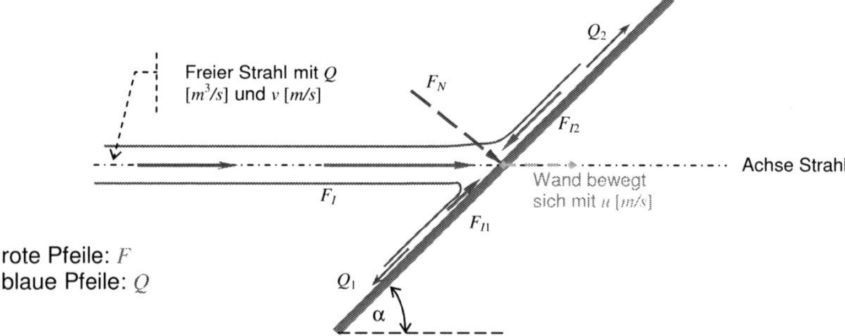

Ein Teil des Volumenstromes fließt - der Wand folgend - nach unten (Q_1), der andere Teil nach oben (Q_2), so dass gilt

$$Q = Q_1 + Q_2 \; .$$

Bei Problemstellungen dieser Art nimmt man in der Regel an, dass die Fließgeschwindigkeit „überall", also auch bei der Bewegung nach unten und nach oben, gleich groß ist. Das ist eine Vereinfachung, da die vorhandenen Verluste vernachlässigt werden (Annahme einer idealen Flüssigkeit!). Es wirken also die Kräfte

$F_I = \rho \cdot Q \cdot v$ in Achsrichtung des Strahls
$F_{I1} = \rho \cdot Q_1 \cdot v$ schräg nach „oben" entgegen der Austrittsrichtung
$F_{I2} = \rho \cdot Q_2 \cdot v$ schräg nach „unten" entgegen der Austrittsrichtung.

F_{I1} und F_{I2} haben die gleiche Wirkungslinie bei entgegen gesetzter Wirkungsrichtung. Die Vektoraddition ergibt nun:

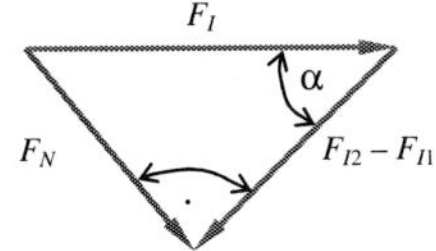

$\sin\alpha = \dfrac{F_N}{F_I}$ und somit $F_N = F_I \cdot \sin\alpha$. Demnach ist

$$F_N = \rho \cdot Q \cdot v \cdot \sin\alpha$$

F_N (Normalkraft) ist die Kraft, die lotrecht auf die unter α geneigte starre Wand wirkt. Angenommen, die Wand würde - wie oben dargestellt - mit der Relativgeschwindigkeit u nach rechts bewegt, also vom Strahl wegbewegt, so gilt

$$F_N = \rho \cdot Q \cdot (v - u) \cdot \sin\alpha$$

d.h. bei $u = 0$ (starre Wand!) und $\alpha = 90$ Grad ergibt sich die Gleichung (3.13). Bei $u = v$, d.h. wenn sich die Wand nach rechts mit der gleichen Geschwindigkeit bewegt, mit der der Strahl im Bild von links ankommt, wird die Kraft gleich null - die Wand läuft vor dem Wasserstrahl davon!

3.2.2 Umlenkung eines Wasserstrahls

Ein weiteres Fallbeispiel für die Impulskraft ist die Umlenkung eines freien Wasserstrahls in einer Halbkugel, die ihre praktische Anwendung in den Freistrahlturbinen, z.B. der Peltonturbine, findet:

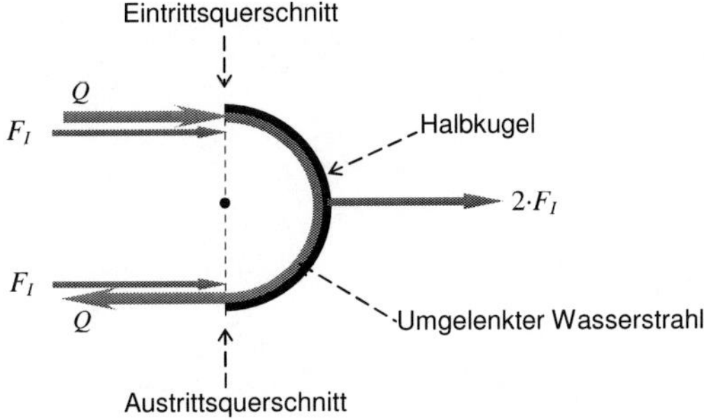

Wieder wird eine verlustfreie, ideale Flüssigkeit angenommen. Der freie Wasserstrahl wird in der Halbkugel um 180° umgelenkt, so dass folgende Kräfte wirksam sind: Am Eintrittsquerschnitt $F_I = \rho \cdot Q \cdot v$ und am Austrittsquerschnitt entgegen der Fließrichtung, d.h. in der gleichen Wirkungsrichtung ebenfalls $F_I = \rho \cdot Q \cdot v$, so dass auf die Halbschale die Kraft

$$F_{res.} = 2 \cdot F_I = 2 \cdot \rho \cdot Q \cdot v$$

wirkt. Tatsächlich kann aufgrund der Verluste der Faktor 2 in der Praxis nicht erreicht werden. Bei dem Versuchsaufbau im Wasserbaulabor werden Werte von 1,5 bis 1,8 erreicht.

Nebenbei:
Sie kennen doch das alte Volkslied: „Es klappert die Mühle am rauschenden Bach ..." Auch der Mühlenbetreiber, der Müller, hat sich die Impulskraft zu Nutze gemacht!

3.2.3 Stützkraft in einem Gerinne

In diesem Abschnitt wird am Beispiel eines Gerinne die Impulskraft und die Stützkraft betrachtet und dabei wiederholt, dass es außer der Kraft „aus der Bewegung", der Impulskraft, auch die Kraft „aus dem Wasserdruck", die Wasserdruckkraft, gibt. Die letztere ist auch im fließenden Wasser vorhanden! Wird aus einem sich bewegenden Wasserkörper mit freiem Wasserspiegel (Gerinne) ein Ausschnitt herausgeschnitten, so herrscht zwischen den betrachteten Schnittstellen ① und ② ein Kräftegleichgewicht:

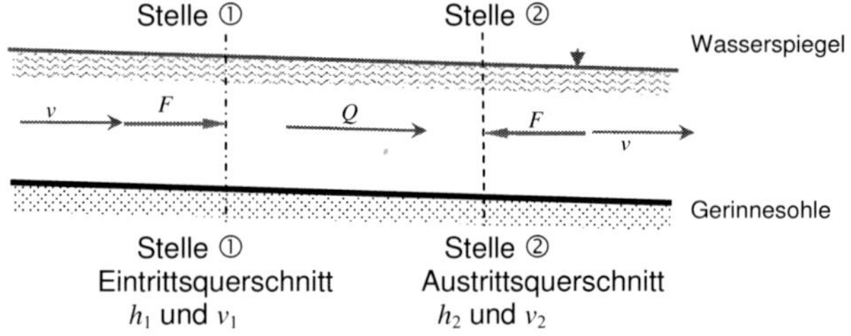

An beiden Stellen wirken

die Wasserdruckkraft $F_W = \rho \cdot g \cdot \frac{h^2}{2} \cdot b$ (vgl. Kap. 2, Hydrostatik) und

die Impulskraft $F_I = \rho \cdot Q \cdot v$ (vgl. Kap. 3.2), Impulskraft

wobei die Formeln im Weiteren mit den Indizes 1 und 2 versehen werden. Die Stützkraft, die üblicherweise mit S, hier aber mit F_S bezeichnet wird, ist dann

$$F_S = F_I + F_W = \rho \cdot Q \cdot v_1 + \rho \cdot g \cdot \frac{h_1^2}{2} \cdot b_1 = \rho \cdot Q \cdot v_2 + \rho \cdot g \cdot \frac{h_2^2}{2} \cdot b_2 \tag{3.14}$$

bzw. allgemein

$$F_S = \underline{\rho \cdot Q \cdot v} + \underline{\rho \cdot g \cdot \frac{h^2}{2} \cdot b} = \text{konstant.} \tag{3.15}$$

Druckanteil
Wasserdruckkraft

Die „berühmteste“ Anwendung findet die Stützkraftüberlegung im Wechselsprung, der schon unter 3.1.7 (Fließwechsel) behandelt wurde, hier aber noch einmal skizziert wird:

Stelle

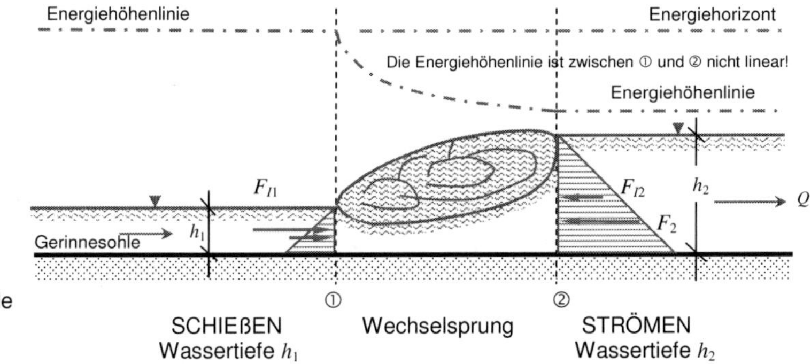

In der Zeichnung sind jeweils 2 Kräfte an den Stellen ① und ② dargestellt: an ① im schießenden Bereich die größere Impulskraft F_{I1} (weil höhere Fließgeschwindigkeit) und kleinere Wasserdruckkraft F_2 (weil geringere Wassertiefe); an ② im strömenden Bereich die kleinere Impulskraft F_{I2} (weil geringere Fließgeschwindigkeit) und größere Wasserdruckkraft F_2 (weil höhere Wassertiefe). Die Impulskräfte werden „in der Mitte des Wasserstrahls“, also bei jeweils $h/2$ angesetzt, die Wasserdruckkräfte in $h/3$ von der Gerinnesohle aus (dreieckförmige Druckverteilung!) gemessen.

Es gilt nun Gl. 3.14

$$\rho \cdot Q \cdot v_1 + \rho \cdot g \cdot \frac{h_1^2}{2} \cdot b_1 = \rho \cdot Q \cdot v_2 + \rho \cdot g \cdot \frac{h_2^2}{2} \cdot b_2 \ .$$

Wird der Ansatz umgestellt, gekürzt und die Gleichung für die Froudezahl Fr berücksichtigt, kommt man zu den Gleichungen der konjugierten Wassertiefen:

$$\frac{h_2}{h_1} = \frac{1}{2} \cdot \left(\sqrt{8 \cdot Fr_1^2 + 1} - 1 \right) \qquad (3.16)$$

bzw.

$$\frac{h_1}{h_2} = \frac{1}{2} \cdot \left(\sqrt{8 \cdot Fr_2^2 + 1} - 1 \right) \qquad (3.17)$$

Was sind die „konjugierten Wassertiefen“? Die schießende Wassertiefe h_1 und die strömende Wassertiefe h_2 an einem Wechselsprung, die mathematisch durch die formelmäßige Beziehung (3.16) oder (3.17) miteinander verknüpft sind, also „zusammengehören“.

Bild links:
Wechselsprung an einer Wehranlage

Foto: Verfasser

3.2.4 Rohrleitungsabschnitte

Bislang wurden der freie Wasserstrahl und der Freispiegelabfluss behandelt. Nun betrachten wir an einem Ausschnitt einer Stromröhre (einer Rohrleitung!), welche Kräfte bei einer stationären Strömung an dieser Stromröhre wirksam sind:

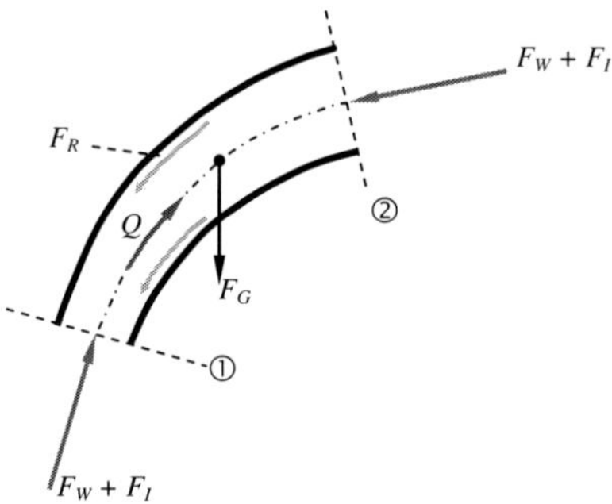

Es wirken

- im Schwerpunkt das Eigengewicht F_G aus Wasser und Rohrabschnitt,
- an der Rohrwandung die Reibungskräfte F_R und
- an den Schnittflächen ① und ② die Wasserdruckkräfte $F_W = p \cdot A$ und die Impulskräfte F_I der in den Körper ein- und austretenden Wassermengen.

Dieser Sachverhalt kommt in der Rohrhydraulik häufig zur Anwendung, wobei die Kräfte F_G und F_R - im Unterricht, nicht in der Praxis - meistens außer Acht gelassen werden.

Zunächst wird ein Rohrkrümmer zwecks Richtungsänderung der Rohrleitung behandelt:

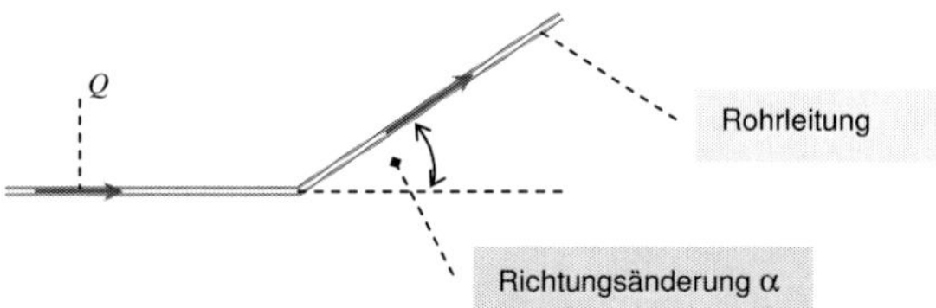

Die Rohrleitung kann technisch nicht einfach abgeknickt werden, sondern es wird ein „Formstück“ eingebaut: ein Rohrkrümmer (oder ein Kniestück).

Horizontaler Rohrkrümmer

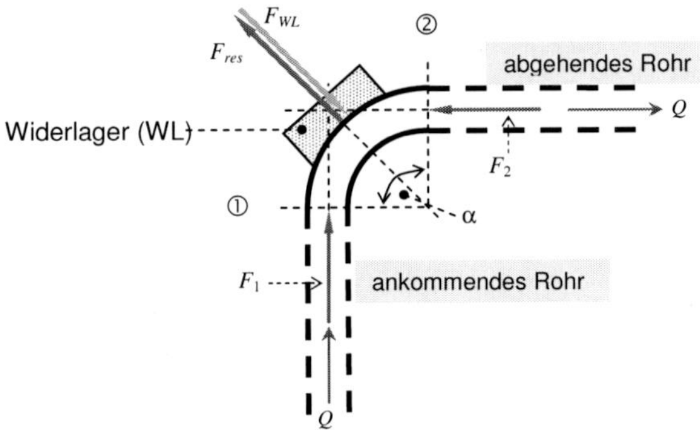

Am Eintrittsquerschnitt ① und Austrittsquerschnitt ② wirken lotrecht zur Schnittfläche die Wasserdruckkraft F_W und die Impulskraft F_I, bei ① also

$$F_1 = F_{W1} + F_{I1} = p_1 \cdot A_1 + \rho \cdot Q \cdot v_1 \,.$$

Für den Austrittsquerschnitt ② gilt die gleiche Gleichung mit dem Index 2. Weiterhin werden einige Vereinfachungen getroffen:

- Der Querschnitt im Krümmer ist konstant, was in der Praxis meistens (nicht immer!) der Fall ist, also $A_1 = A_2 = A$
- Diese Annahme hat $v_1 = v_2 = v$ zur Folge ($Q = \text{konstant}$, Kontinuitätsbedingung!).
- Der Druck p ist am Eintritts- und Austrittsquerschnitt gleich groß, also $p_1 = p_2 = p$.

Somit folgt:

$$F_1 = F_2 = F_W + F_I = \underbrace{p \cdot A}_{\text{Wasserdruckkraft}} + \underbrace{\rho \cdot Q \cdot v}_{\text{Impulskraft}}$$

Beide Kräfte F_1 und F_2 werden durch Verlängerung der Wirkungslinie zum Schnitt gebracht; mit dem Umlenkwinkel α erhält man durch Vektoraddition - wie gehabt - die resultierende Kraft F_{res} über die Gleichung

$$\sin\frac{\alpha}{2} = \frac{\frac{F_{res}}{2}}{F_W + F_I} \,;$$

nach Umstellung ist

$$F_{res} = 2 \cdot \sin\frac{\alpha}{2} \cdot (p \cdot A + \rho \cdot Q \cdot v) \quad [N]. \tag{3.18}$$

Diese Kraft F_{res} wirkt also in der Krümmung nach außen, was zur Folge hat, dass bei großen Kräften F_{res} an der Außenseite des Bogens ein Widerlager angebracht werden muss, das diese Kraft aufnimmt, um Auslenkungen zu vermeiden. Wichtig bei Druckrohrleitungen!

Beispiel Rohrleitungsabschnitt

gegeben:

Durchmesser	$d = 25\ cm$	$[= 0{,}25\ m]$
Durchfluss	$Q = 0{,}10\ m^3/s$	
Druck	$p = 300\ kN/m^2$	$[= 300000\ N/m^2]$
Dichte	$\rho = 1000\ kg/m^3$	$[= 1\ Mg/m^3]$[13]
Winkel	$\alpha = 45°$	

gesucht: resultierende Kraft F_{res} $[N]$

Lösung

$$A = \frac{\pi \cdot d^2}{4} = \frac{\pi \cdot 0{,}25^2}{4} = 0{,}0491\ [m^2]$$

$v = \frac{Q}{A}$, somit kann Gl. (3.18) auch geschrieben werden

$$F_{res} = 2 \cdot \sin\frac{\alpha}{2} \cdot \left(p \cdot A + \rho \cdot \frac{Q^2}{A} \right) \quad [N]$$

$$F_{res} = 2 \cdot \sin\frac{45}{2} \cdot \left(300000 \cdot 0{,}0491 + 1000 \cdot \frac{0{,}10^2}{0{,}0491} \right) = 11429{,}7\ N \text{ oder}$$

$$= 11{,}43\ kN$$

Die Aufgabe ist gelöst.

Wie erhält man F_{res} sofort in $[kN]$?

- Indem man p in $[kN/m^2]$ und ρ in $[Mg/m^3]$ einsetzt!

Noch eine Anmerkung zu den Vereinfachungen: Wenn im Krümmer der Querschnitt A konstant ist, was meistens der Fall ist, dann ist die Vereinfachung $p_1 = p_2$ kein großer Fehler, da ein Krümmer eine relativ geringe (kurze) Achslänge aufweist.

Eine weitere Anwendung zu den Formstücken im Rohrleitungsbau ist ein sog. Reduzierstück, das zur Verringerung des Rohrdurchmessers („Rohrverengung") dient:

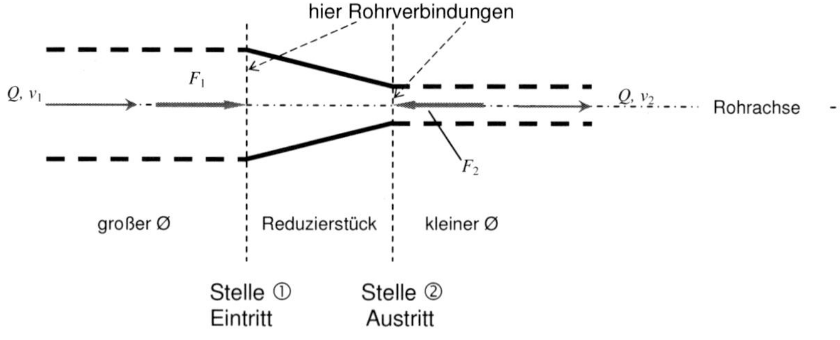

[13] Vgl. Kap. 1, Einheiten: $\rho = 1000\ kg/m^3 = 1$ *Megagramm/m³* $[Mg/m^3]$, früher 1 *Tonne/m³* $[1\ t/m^3]$

Die in Längsrichtungen wirksamen Kräfte sind wie zuvor

$$F_{res} = F_1 - F_2 = F_{W1} + F_{I1} - (F_{w2} + F_{I2}) = p_1 \cdot A_1 + \rho \cdot Q \cdot v_1 - (p_2 \cdot A_2 + \rho \cdot Q \cdot v_2).$$

Bei der Annahme $p_1 = p_2 = p$ folgt schließlich

$$F_{res} = p \cdot (A_1 - A_2) + \rho \cdot Q \cdot (v_1 - v_2)\ [N]. \qquad (3.19)$$

Setzt man nach der Kontinuitätsbedingung

$$v_1 = \frac{Q}{A_1} \quad und \quad v_2 = \frac{Q}{A_2},$$

dann kann man auch schreiben

$$F_{res} = p \cdot (A_1 - A_2) + \rho \cdot Q^2 \cdot \left(\frac{1}{A_1} - \frac{1}{A_2}\right)\ [N].$$

Die Kraft F_{res} ist die Längskraft in Achsrichtung, die von der Rohrverbindung (Flansch, Schweißnaht) aufgenommen werden muss. Auch hier wurden das Eigengewicht des Formstücks und des Wassers nicht berücksichtigt.

Beispiel Rohrleitungsabschnitt

gegeben: Durchmesser $d_1 = 0{,}50\ m$, $d_2 = 0{,}30\ m$
Durchfluss $Q = 0{,}40\ m^3/s$
Druck $p = 500\ kN/m^2$
Dichte $\rho = 1000\ kg/m^3$ $[= 1\ Mg/m^3]$

gesucht: resultierende Längskraft F_{res}

Lösung: $A_1 = \frac{\pi \cdot d_1^2}{4} = \frac{\pi \cdot 0{,}50^2}{4} = 0{,}196\ [m^2]$ $\qquad A_2 = 0{,}0707\ [m^2]$

$$F_{res} = 500 \cdot (0{,}196 - 0{,}0707) + 1 \cdot 0{,}40^2 \cdot \left(\frac{1}{0{,}196} - \frac{1}{0{,}0707}\right)\ [kN]$$
$$= 61{,}203\ [kN] = 61203\ [N]$$

Die Aufgabe ist gelöst.

Nebenbei
Der Durchmesser wird im Rohrleitungsbau in Millimeter mit dem Vorsatz DN für Nenndurchmesser angegeben. Also: ein Rohr DN 500 ist ein Rohr mit einem Nenndurchmesser (= Innendurchmesser) von 500 mm. Die Einheit wird nicht angegeben - sie ist immer $[mm]$.

Daneben ist es üblich, den Durchmesser mit d zu bezeichnen oder - wie oben - mit einem Kreis mit Schrägstrich darzustellen, also Ø. Die Einheit ist dann im Einzelfall zu beachten!

3.3 Energiegleichung nach Bernoulli[14]

3.3.1 Gleichung für ideale und wirkliche Flüssigkeiten

Bei jeder Energiebetrachtung muss ein Bezugshorizont (ein Nullhorizont) gewählt werden. Vom Grundsatz her kann dies beliebig erfolgen, obwohl sich in der praktischen Anwendung bestimmte Lösungen anbieten.

Lesen Sie dazu in Kap. 1 nach:
Kraft ist gleich Masse mal Beschleunigung
Energie ist gleich Kraft mal Weg

----

somit ist *Energie gleich Masse mal Beschleunigung mal Weg*

Ein ruhender Gegenstand unterliegt nur der Schwerkraft:

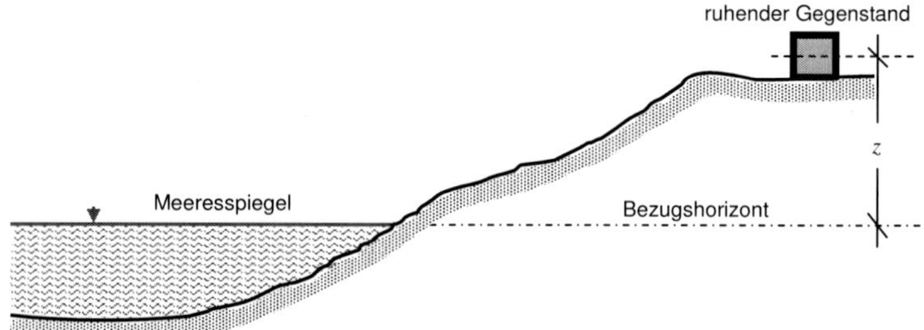

Bekanntlich ist zu unterscheiden zwischen der

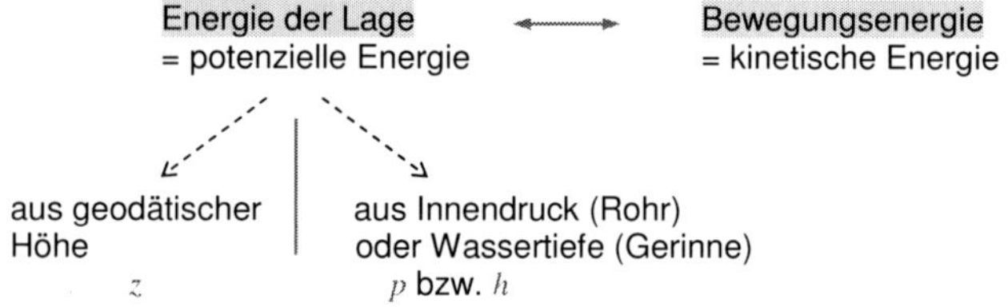

Die Energie aus der geodätischen Höhe z ist bei dem gewählten Bezugshorizont demnach

$$E_{geod} = m \cdot g \cdot z \ .$$

Nebenbei
Die Geodäsie ist die Vermessungskunde, geodätisch heißt entsprechend „vermessungskundlich. Eine geodätische Höhe ist eine auf einen Bezugshorizont eingemessene Höhe, z.B. auf den Meeresspiegel oder einen sonstigen (gewählten) Horizont.

Rechnet man den Innendruck p in dem Gegenstand (in der Hydromechanik z.B. in einem Rohr) von kN/m^2 in mWS (Meter Wassersäule) um, wie es in Kap. 1 erläutert wurde, so ist die Druckenergie

---

[14] Daniel Bernoulli, Universalgelehrter, geb. am 29.01.1700 in Groningen (NL), gest. am 17.03.1782 in Basel (CH), Spross einer schweizerischen Gelehrtenfamilie, die in Basel/Schweiz ansässig war.

$$E_{Druck} = m \cdot g \cdot \frac{p}{\rho \cdot g} \ .$$

Die potenzielle Energie ist somit

$$E_{pot} = E_{geod} + E_{Druck} = m \cdot g \cdot z + m \cdot g \cdot \frac{p}{\rho \cdot g} \ .$$

Die kinetische Energie beträgt bei der Geschwindigkeit v (vgl. Physik!)

$$E_{kin} = m \cdot \frac{v^2}{2} \ .$$

Daraus folgt die Gesamtenergie $m \cdot g \cdot h_E$ mit h_E = Energiehöhe

$$E_{ges} = E_{pot} + E_{kin} = m \cdot g \cdot z + m \cdot g \cdot \frac{p}{\rho \cdot g} + m \cdot \frac{v^2}{2} = m \cdot g \cdot h_E \ \ [Nm]$$

Die Energie ist nun „klassisch" in $[Nm]$ oder $[J]$ dargestellt. Dividiert man die Gleichung durch $\{m \cdot g\}$, so erhält man die Energiegleichung nach Bernoulli für eine ideale Flüssigkeit in Meter bzw. „Meter Wassersäule":

$$h_E = z + \frac{p}{\rho \cdot g} + \frac{v^2}{2 \cdot g} \ [m] = \text{konstant} \qquad (3.20)$$

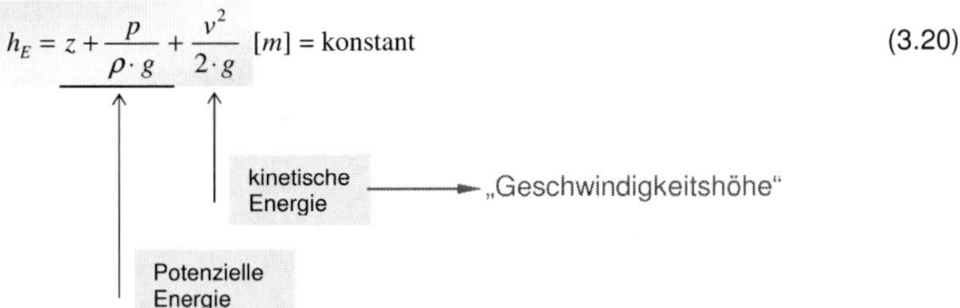

Da die Energie nun in der Einheit Meter angegeben ist, kann der Energieverlauf sehr einfach grafisch im Längsschnitt eines Gerinnes oder eines Rohres dargestellt werden.

Die Gleichung (3.20) beschreibt den Energiesatz der Mechanik, wonach in einem abgeschlossenen System die Summe aus kinetischer und potenzieller Energie konstant ist.

Bernoulli - Lehrsatz

Entlang der Stromlinie einer idealen Flüssigkeit ist der Gehalt an Strömungsenergie konstant. Der Anteil der einzelnen Glieder, also der potenzielle oder kinetische Energieanteil, kann sich ändern.

Dieser letzte Satz hat eine Bedeutung, die man als „Neuling" kaum glauben kann:

Wird der Querschnitt eines Rohres kleiner, dann werden die Fließgeschwindigkeit v (siehe Kontinuitätsgleichung) und damit der kinetische Energieanteil $v^2/2 \cdot g$ größer. Da die Summe der Energie aber konstant bleibt, sinkt die potenzielle Energie $p/\rho \cdot g$ (also der Innendruck) ab. Umgekehrt: Bei größerem Durchmesser werden die Fließgeschwindigkeit und der Anteil der Bewegungsenergie kleiner, der Innendruck steigt an. Im Internet wird der Bernoulli-Lehrsatz unter http://home.earthlink.net/~mmc1919/venturi.html in einer bewegten Darstellung sehr gut verdeutlicht.

Nebenbei
Die kinetische Energie des fließenden Wassers wird durch die Geschwindigkeitshöhe $v^2/2 \cdot g$ [siehe Gl. (3.20)] ausgedrückt. In der Fachliteratur werden für die Geschwindigkeitshöhe auch die Bezeichnungen h_k oder h_{kin} im Sinne $h_{kinetisch}$ verwendet.

Schifffahrtsschleuse am Main[15]

Theoretisch kann die Energiegleichung aus der Euler'schen Bewegungsgleichung[5] abgeleitet werden. [Vgl. Seite 26, Euler'sche Gleichung (2.2) der Hydrostatik], was vielleicht Mathematik-Experten interessiert. Auf ein Wasserteilchen wirken demnach Massenkräfte und Oberflächenkräfte. Falls nur die Massenkraft wirkt - das ist meistens der Fall! -, kann das Kräftegleichgewicht an einem bewegten Wasserteilchen mit einer partiellen Differenzialgleichung dargestellt werden:

$$-g\frac{\partial}{\partial s}\left(\frac{p}{\rho \cdot g}+z\right)=\frac{\partial v}{\partial t}+\frac{\partial}{\partial s}\left(\frac{v^2}{2}\right)$$

Dabei sind s der Fließweg und z - wie zuvor - die geodätische Höhe. Die Herleitung dieser komplexen Gleichung kann z.B. in [5] oder [9] nachgelesen werden. Hier wurde der Publikation [8] gefolgt. Durch Umstellung erhält man zunächst

$$\frac{\partial v}{\partial t}+g\cdot\frac{\partial}{\partial s}\left(\frac{v^2}{2\cdot g}+\frac{p}{\rho\cdot g}+z\right)=0 .$$

Die Division durch die Konstante g und die Integration über s, die gut nachvollziehbar sind, führt zu der allgemeinen Bernoulli'schen Gleichung für eine ideale Flüssigkeit

$$\frac{1}{g}\cdot\int\frac{\partial v}{\partial t}\cdot ds+\frac{v^2}{2\cdot g}+\frac{p}{\rho\cdot g}+z=\text{konstant} .$$

Bei einer stationären Strömung gilt $\partial v/\partial t=0$, so dass sich schließlich wie zuvor

$$\frac{v^2}{2\cdot g}+\frac{p}{\rho\cdot g}+z=h_E=\text{konstant}$$ mit h_E = Energiehöhe $[m]$

ergibt.

[15] Foto Daniel Riedel, 2005

Bei einem Strömungsvorgang betrachtet man, wie die Gleichung erkennen lässt, nicht die Energie nur an einer Stelle, sondern entlang des Fließwegs an zwei oder mehreren Stellen, also entlang einer Rohrleitung oder entlang eines Gerinnes.

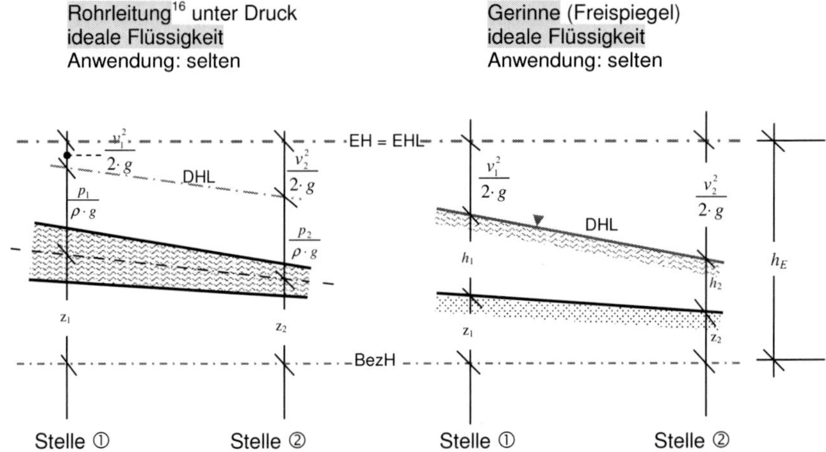

Legende
EH = Energiehorizont
EHL = Energiehöhenlinie
DHL = Druckhöhenlinie (bei Freispiegelabfluss gleich Wasserspiegellinie)
BezH = Bezugshorizont

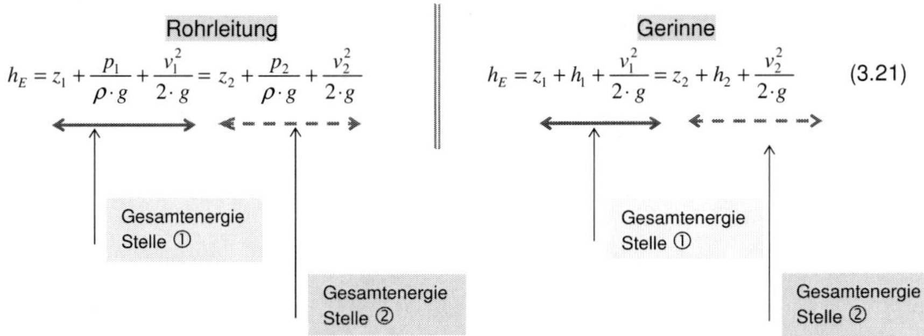

Nebenbei: Geodätische Höhe z
Bei einem Rohr ist die geodätische Höhe gleich der Differenz zwischen Bezugshorizont und Rohrachse, bei einem Gerinne die Differenz zwischen Bezughorizont und Gerinnesohle.

[16] In dieser Zeichnung ist eine Rohrleitung mit sich stetig änderndem Querschnitt (= allgemeiner Fall) dargestellt. Der Verlauf der EHL und DHL ist in einem solchen - etwas theoretischen - Fall gekrümmt, also nicht linear.

Nun ist Wasser - wie besprochen - keine „ideale“ Flüssigkeit, sie ist vor allem nicht reibungsfrei (vgl. Kap. 3.1.1). Bei einer wirklichen Flüssigkeit geht Energie unter anderem durch Reibung „verloren“, eine gängige Formulierung, die aber nicht ganz korrekt ist: Ein Teil der Strömungsenergie wird in Wärme und Schall umgewandelt. Um diese (und andere) Verluste muss die Bernoulli-Gleichung erweitert werden; man spricht entsprechend von der „erweiterten Bernoulli – Gleichung“.

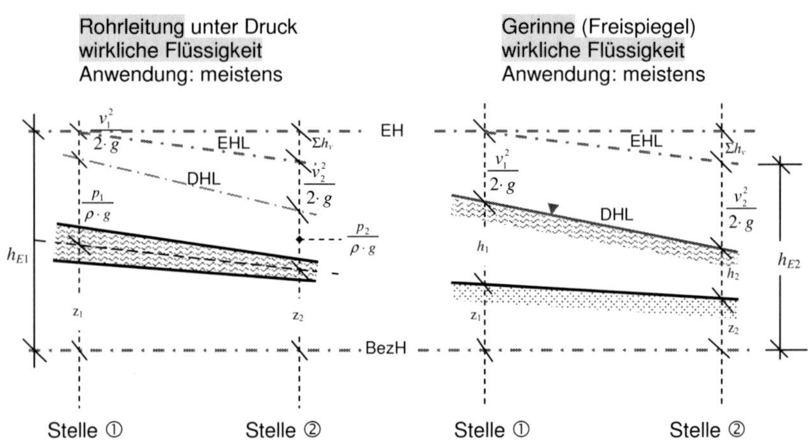

Legende
EH = Energiehorizont
EHL = Energiehöhenlinie
DHL = Druckhöhenlinie (bei Freispiegelabfluss gleich Wasserspiegellinie)
BezH = Bezugshorizont
Σh_V = Summe aller Verluste (Energieverluste)

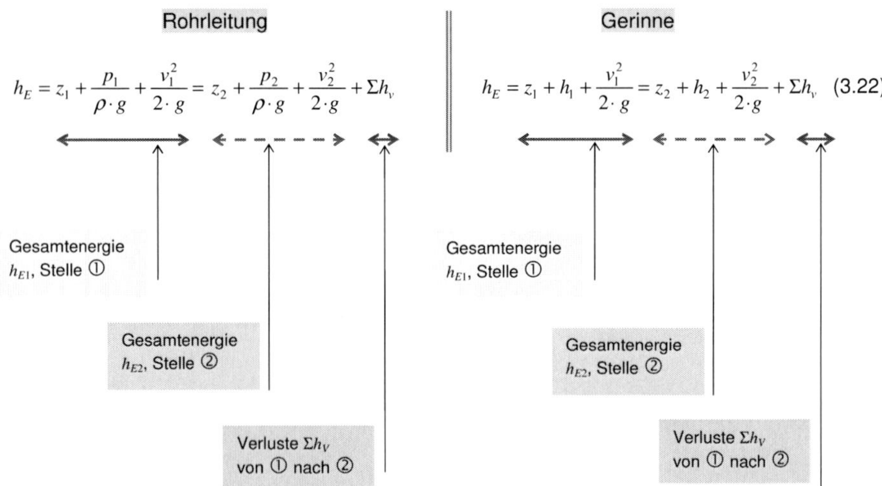

Sie erkennen aus der Darstellung, dass entlang des Fließweges, also von der Stelle ① zur Stelle ②, die Gesamtenergie geringer wird. An der Stelle ② müssen entsprechend die zwischen ① und ② entstandenen Verluste berücksichtigt werden. Eine weitere Erkenntnis ist, dass die Gleichungen für Druckrohre und offene Gerinne identisch sind: statt der Druckhöhe $p/\rho \cdot g$ steht die Wassertiefe h in der Gleichung und umgekehrt - das ist der einzige formale, aber nicht inhaltliche Unterschied.

Weshalb wird die Bernoulli - Gleichung für eine ideale Flüssigkeit behandelt, obwohl Wasser keine ideale Flüssigkeit ist? Die Begründung ist in Kap. 3.1, Seite 68 gegeben worden. Zum Verständnis noch einmal in Kürze:

- aus historischen Gründen,
- da die Gleichung für theoretische Überlegungen hilfreich ist,
- da es einige Anwendungen gibt, bei denen Wasser - vereinfacht - als ideale Flüssigkeit betrachtet werden kann.

Die Bernoulli - Gleichung ist als Grundlage der Berechnung von Strömungsvorgängen in idealen und wirklichen Flüssigkeiten von außerordentlicher Bedeutung. Einfache Anwendungsbeispiele folgen in dem nächsten Abschnitt 3.3.2.

3.3.2 Anwendungsbeispiele - Ideale Flüssigkeit

Venturi[17]-Rohr

Das Venturi-Rohr ist eine einfache Vorrichtung - das Wort „Gerät" ist ungeeignet -, mit welcher der Durchfluss Q in einer Rohrleitung bestimmt werden kann. Angenommen wird eine verlustfreie Strömung (= ideale Flüssigkeit).

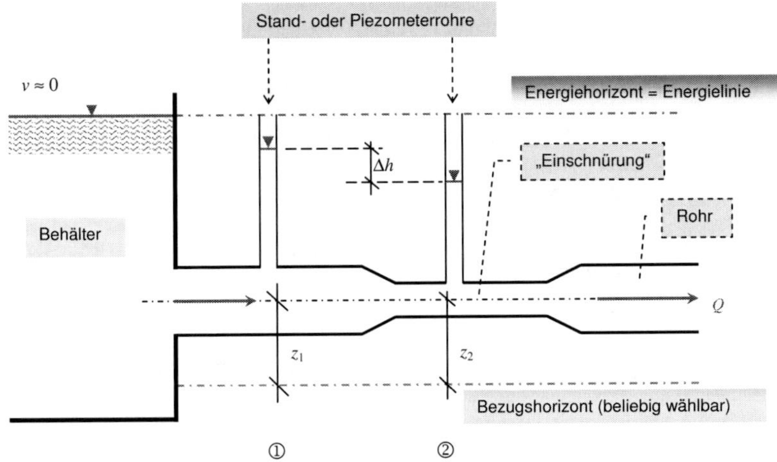

[17] Giovanni Battista Venturi, italienischer Physiker; geb. 1746, gest. 1822, berühmt ist sein Standardwerk „Recherches experimentales ..." von 1797, eines der Grundlagen der modernen Strömungslehre.

Sie erinnern sich bei der Energie:

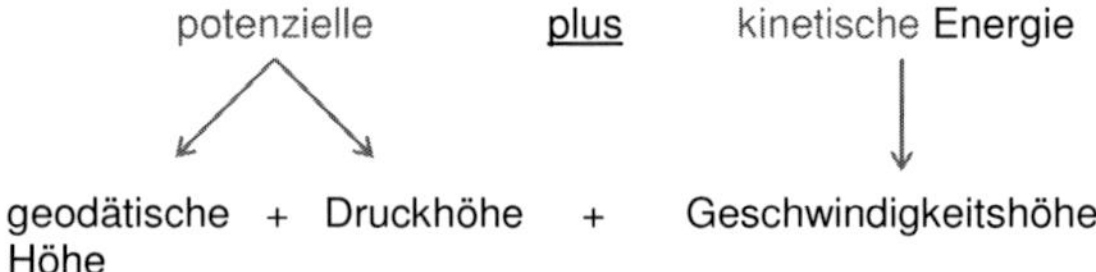

Also ist (Annahme: keine Verluste von ① nach ②!)

$$h_E = z_1 + \frac{p_1}{\rho \cdot g} + \frac{v_1^2}{2 \cdot g} = z_2 + \frac{p_2}{\rho \cdot g} + \frac{v_2^2}{2 \cdot g} \quad [m]$$

Die statische Druckhöhe $p/\rho\ g$ bildet sich in den Standrohren als Wasserstandshöhe h ab. Unter der Annahme $z_1 = z_2$ gilt

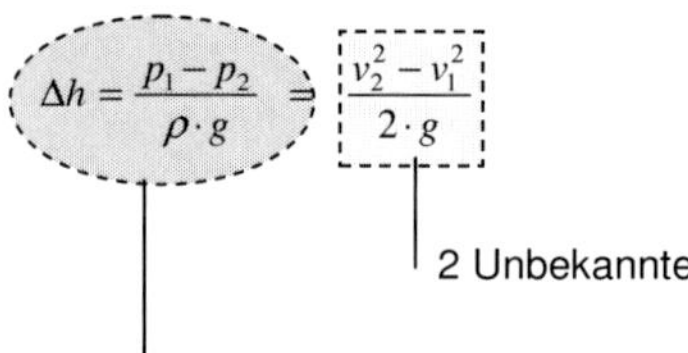

2 Unbekannte

wird gemessen als Wasserspiegeldifferenz in den Standrohren

Durch die nun hinreichend bekannte Kontinuitätsgleichung kann man eine Unbekannte substituieren:

$Q = v_1 \cdot A_1 = v_2 \cdot A_2$, also

$v_2 = v_1 \cdot \frac{A_1}{A_2}$ oder, wenn man v_1 substituieren will, $v_1 = v_2 \cdot \frac{A_2}{A_1}$

Somit wird v_1 oder v_2 errechnet und der Durchfluss Q über die Kontinuitätsgleichung bestimmt. Viele Verfahren der Abflussbestimmung in der Hydrometrie („Wassermessung") messen nicht den Durchfluss Q, sondern die Fließgeschwindigkeit v, aus der dann über die Kontinuitätsbedingung Q errechnet wird.

Der Vorteil des Venturi-Rohrs liegt darin, dass keine mechanisch beweglichen Teile vorhanden sind und keine Energie benötigt wird - und: es kann eigentlich nichts kaputt gehen. Das ist der Grund, dass es auch heute noch eingesetzt wird. Da die Verluste vernachlässigt werden, können an die Genauigkeit nicht die höchsten Ansprüche gestellt werden.

Beispiel

gegeben: Venturi-Rohr, bei dem folgende Werte bekannt sind bzw. gemessen wurden:

$A_1 = 0{,}2\ m^2 \qquad A_2 = 0{,}07\ m^2$

$\frac{p_1}{\rho \cdot g} = 0{,}654\ m \qquad \frac{p_2}{\rho \cdot g} = 0{,}317\ m$

$z_1 = z_2$

gesucht: Durchmesser d_1 und d_2 in m und mm
Drücke p_1 und p_2 in N/m^2
Durchfluss Q in m^3/s und l/s

Lösung: Kreisquerschnitt $A = \frac{\pi \cdot d^2}{4}$, demnach ist $d = \sqrt{\frac{4 \cdot A}{\pi}}$

$d_1 = 0{,}505 \approx 0{,}50\ m = 500\ mm$ und $d_2 = 0{,}299 \approx 0{,}30\ m = 300\ mm$

vgl. Kap.1, Abschnitt 1.1.6: $1\ mWS = 10^4\ N/m^2$, also gilt „$mal\ 10^4 = mal\ 10000$"
somit sind $p_1 = 6540\ [N/m^2]$ und $p_2 = 3170\ [N/m^2]$

Alternativ hätte man auch sagen können ....

$$\rho \cdot g = 1000 \cdot 9{,}81\ \frac{kg \cdot m}{m^3 \cdot s^2} \approx 10000\ \frac{kg \cdot m}{s^2} \cdot \frac{1}{m^3} = 10000\ \frac{N}{m^3}$$

..... und wäre für p_1 und p_2 zu demselben Ergebnis gekommen!

$$\Delta h = \frac{p_1 - p_2}{\rho \cdot g} = 0{,}654 - 0{,}307 = 0{,}347 = \frac{v_2^2 - v_1^2}{2 \cdot g} = \frac{v_1^2 \cdot \frac{A_1^2}{A_2^2} - v_1^2}{2 \cdot g}$$

$$\frac{v_1^2}{2 \cdot g} \cdot \left(\frac{A_1^2}{A_2^2} - 1 \right) = 0{,}347 \qquad \text{und somit} \quad v_1 = \sqrt{\frac{0{,}347 \cdot 2 \cdot g}{\frac{A_1^2}{A_2^2} - 1}} = 0{,}975 \left[\frac{m}{s} \right]$$

$$Q = v_1 \cdot A_1 = 0{,}975 \cdot 0{,}2 = 0{,}195\ [m^3/s] = 195\ [l/s]$$

Die Aufgabe ist gelöst.

Talsperre in Portugal Foto: Verfasser

Venturi-Gerinne

Das Venturi-Gerinne ist analog zum Venturi-Rohr eine einfache Vorrichtung zur Abflussbestimmung in Gerinnen, also bei Freispiegelabfluss z.B. in kleinen Gewässern oder Abwasserkanälen auf einer Kläranlage. Das Gerinne wird an den Seiten und evtl. an der Sohle „eingeschnürt“ (verengt), und zwar so stark, dass Fließwechsel auftritt.

Grundriss

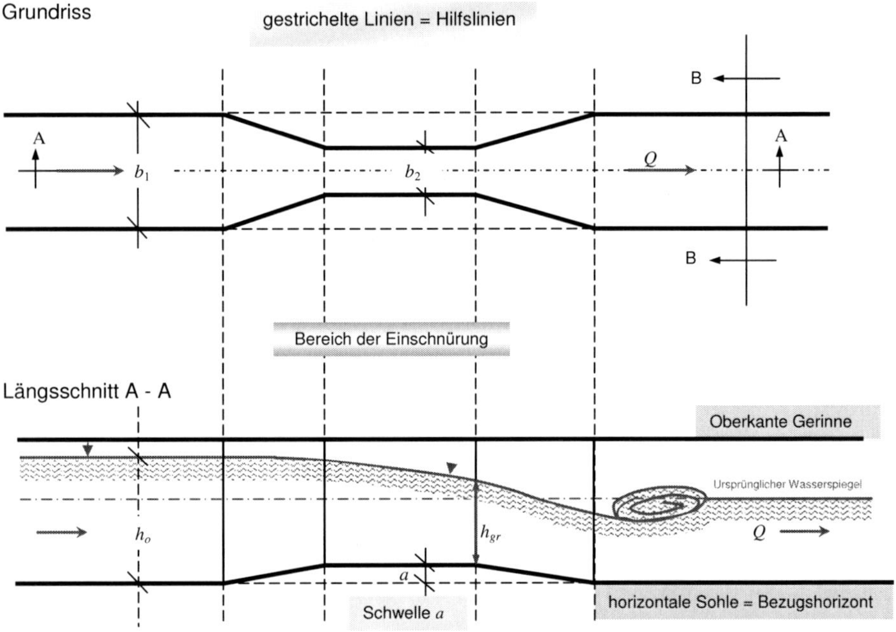

gestrichelte Linien = Hilfslinien
B
A
b1
b2
Q
A
B
Bereich der Einschnürung
Längsschnitt A - A
Oberkante Gerinne
Ursprünglicher Wasserspiegel
ho
hgr
Q
a
Schwelle a
horizontale Sohle = Bezugshorizont

Stelle ① ②

Querschnitt B - B

Oberkante Gerinne
Mittelachse

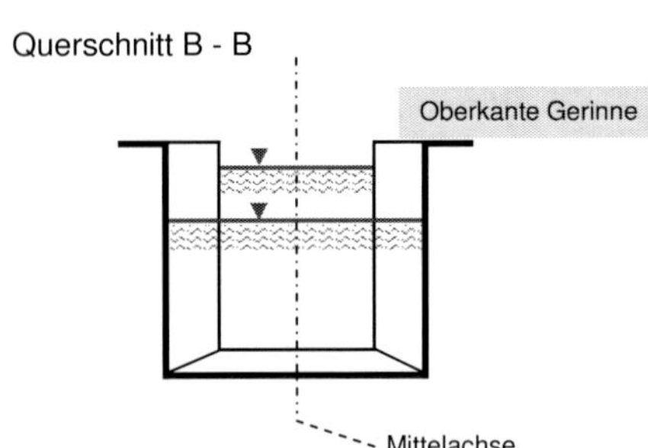

Bei einem Fließwechsel stellt sich die Grenztiefe an der „engsten, am weitesten unten gelegenen Stelle“, also an der Stelle ②, ein. Bei Vernachlässigung von Verlusten gilt demnach:

$$h_E = h_o + \frac{v_o^2}{2 \cdot g} = a + h_{gr} + \frac{v_{gr}^2}{2 \cdot g} = a + \frac{3}{2} \cdot h_{gr} = a + \frac{3}{2} \cdot \sqrt[3]{\frac{Q^2}{b_2^2 \cdot g}} \quad [m]$$

Durch den Fließwechsel (Übergang vom Strömen zum Schießen) wird die Strömung von Unterwasser her nicht beeinflusst, d.h. es genügt, die Wassertiefe h_o im Oberwasser zu messen. Dann ergibt sich nach Substitution über die Kontinuitätsgleichung

$$v_o = \frac{Q}{b_1 \cdot h_o}$$

eine Gleichung mit nur 1 Unbekannten:

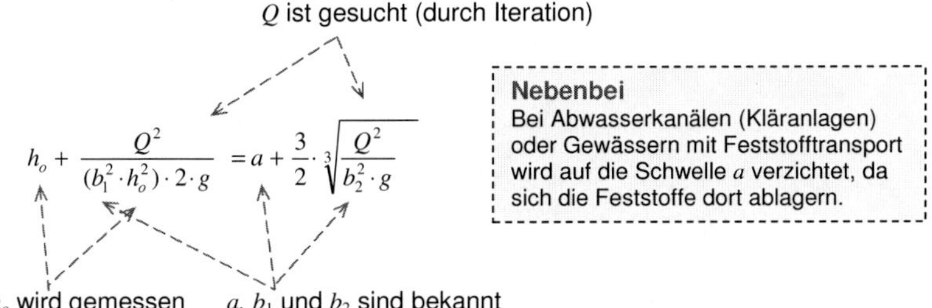

Frage: Wie lautet die Gleichung, wenn Sohlengefälle vorhanden ist und hydraulische Verluste Σh_V zu berücksichtigen sind?

Antwort: Links vom Gleichheitszeichen müssen der geodätische Höhenunterschied z, rechts davon die Verluste Σh_V angesetzt werden, also:

$$z + h_o + \frac{Q^2}{(b_1^2 \cdot h_o^2) \cdot 2 \cdot g} = a + \frac{3}{2} \cdot \sqrt[3]{\frac{Q^2}{b_2^2 \cdot g}} + \Sigma h_V$$

Wichtig beim Venturi-Gerinne: Bei schwankenden Abflüssen Q ist es nahezu unmöglich, immer einen Wechselsprung zu erzwingen, d.h. der Einsatzbereich des Geräts ist begrenzt. Ein Verlustansatz Σh_v wird hier fast immer verwendet.

Torricelli

Zu den Klassikern der Strömungsmechanik zählt der in Kap. 1.1.6 erwähnte Physiker Torricelli, dem die folgende Gleichung zugeschrieben wird, obwohl deren Grundlagen auf Galileo Galilei zurückgehen. Es wird von einem mit Wasser gefüllten Behälter ausgegangen, in dessen Boden eine Öffnung vorhanden wird. Im Behälter sei die Wassertiefe h vorhanden, die Fließgeschwindigkeit im Behälter sei $v_B \approx 0$.

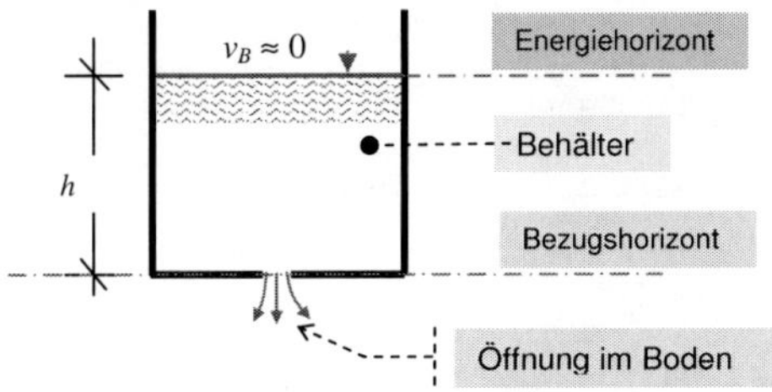

An der Ausflussöffnung (freier Strahl, kein Überdruck!) gilt

potenzielle Energie = kinetische Energie, d.h.

$$E_{pot} = m \cdot g \cdot h = E_{kin} = m \cdot \frac{v^2}{2}$$

und somit nach Kürzung und Umstellung

$v = \sqrt{2 \cdot g \cdot h}$ für eine ideale Flüssigkeit.

Tatsächlich gilt bei einer realen Flüssigkeit

$v \approx \sqrt{2 \cdot g \cdot h}$ und somit $v = \mu \cdot \sqrt{2 \cdot g \cdot h}$ nach Torricelli

mit einem Beiwert μ [-] als Proportionalitätsfaktor. Im Kap. 3.7 (S. 154) wird der „Ausfluss" gesondert behandelt und auf diese Gleichung Bezug genommen.

Repetitorium zu Kap. 3.2 und 3.3
Impulskraft, Energie-Gleichung
Fragen → Die Antworten finden Sie auf Seite 177.

1. Gleichung der Impulskraft F_I? Einheit?
2. Einheiten der Faktoren in der zuvor verlangten Gleichung?
3. Summanden bei der Stützkraft F_S?
4. Gleichung für die Wasserdruckkraft F_W?
5. Anwendungsbeispiele für die Impulskraft F_I?
6. Anwendungsbeispiele für die Stützkraft F_S?
7. Energiearten?
8. Einheit der Energie?
9. Darstellung der Bewegungsenergie?
10. Bernoulli-Gleichung für eine Druckrohrleitung?
11. Änderung der Bernoulli-Gleichung bei Freispiegelabfluss (Gerinne)?
12. Wie ist z in der Bernoulli-Gleichung definiert?

3.4 Rohrströmung

3.4.1 Allgemeines

Die Rohrhydraulik, unter der man „Rohre mit Abfluss Q unter Druck" versteht, ist neben der Gerinnehydraulik das wichtigste Kapitel der Hydrodynamik, das hier beschränkt auf die stationäre Rohrströmung behandelt wird. Bei einer Rohrströmung wird Wasser - abgesehen von den zuvor genannten Beispielen - als reale Flüssigkeit betrachtet, d.h. die erweiterte Bernoulli - Gleichung (3.22) aus Kap. 3.3 kommt zur Anwendung:

$$h_E = z_1 + \frac{p_1}{\rho \cdot g} + \frac{v_1^2}{2 \cdot g} = z_2 + \frac{p_2}{\rho \cdot g} + \frac{v_2^2}{2 \cdot g} + \Sigma h_v$$

Im Mittelpunkt stehen die Verluste Σh_V bzw. ihre Berechnung, die dazu führen, dass der

Druck in der Rohrleitung in Fließrichtung absinkt. Am Ende einer zu langen Wasserleitung kann es passieren, dass beim Öffnen des Wasserhahns das Wasser nur heraus tröpfelt - eigentlich sollte es doch mit ordentlichem Druck herausschießen -, weil die Drucklinie (der statische Druck) stark abgesunken ist, bis das Wasser an der betreffenden Stelle ankommt.

„Schuld" sind zwei Arten von Fließwiderständen:

- der Fließwiderstand entlang der Rohrwandung infolge Reibung und
- die Störung infolge örtlicher Einbauten wie z.B. durch einen Rohrkrümmer.

Entsprechend spricht man in der Fachsprache von

- kontinuierlichen Verlusten = Reibungsverlusten und
- diskontinuierlichen Verlusten = örtlichen Verlusten.

Um es vorweg zu sagen: die Reibungsverluste sind die wichtigeren Verluste, sie zu „vergessen" wäre eine hydromechanische „Todsünde". Die örtlichen Verluste sind deshalb nicht unwichtig, aber man erfasst sie gelegentlich über die Rauheit k bzw. den Widerstandsbeiwert λ (vgl. weiter unten) oder über Zuschläge zu den Reibungsverlusten, d.h. man schlägt auf die Reibungsverluste z.B. $10\ \%$ drauf - das war's. Da Studierende Alles genau wissen wollen - dafür sind Studierende bekannt ;-))) -, werden die „Örtlichen" ebenfalls genau analysiert. Zunächst werden aber die Reibung und die Reibungsverluste behandelt.

3.4.2 Reibung und Reibungsverluste

Die Reibungsverluste $h_{V,R}$ werden nach Darcy-Weisbach[18] wie folgt errechnet:

$$h_{V,R} = \lambda \cdot \frac{l}{d} \cdot \frac{v^2}{2g} \ [m] \text{ mit} \qquad (3.23)$$

λ = Widerstandsbeiwert [-]
l = Länge der Rohrleitung in m
d = Durchmesser des Rohres in m
v = Fließgeschwindigkeit in m/s

Übrigens gibt es Fachbücher, die in Assoziation zu den örtlichen Verlusten (vgl. weiter unten)

$$\varsigma_R = \lambda \cdot \frac{l}{d} \text{ und entsprechend } h_{V,R} = \zeta_R \cdot \frac{v^2}{2g} \ [m]$$

schreiben. Das ist zwar nachvollziehbar, aus der Sicht des Verfassers aber überflüssig. In Gleichung (3.23) ist zu erkennen, dass die Verluste mit dem Quadrat der Geschwindigkeit zunehmen, d.h. bei hohen Geschwindigkeiten fallen die Druckhöhen- und Energiehöhenlinie stark ab.

Der Widerstandsbeiwert λ ist der komplexeste Teil dieser mathematisch einfachen Gleichung. Zwei Stichwörter sind dabei wichtig: Viskosität und Rauheit. Im Folgenden wird versucht, eine einfache, nicht sonderlich wissenschaftliche Erklärung zu geben. Bei Bedarf kann die Theorie in der Fachliteratur (→ Literaturverzeichnis) nachgelesen werden.

Nahe der Rohrwandung hängen Teile des Strömungsmediums an der Rohrwandung fest, was zu einer Verminderung der Strömungsgeschwindigkeit führt. Bei (sehr) geringen Geschwindigkeiten bildet sich entlang der Wandung zunächst eine laminare Grenzschicht,

[18] Julius Weisbach, deutscher Ingenieur und Mathematiker, geb. 18.8.1806, gest. 24.2.1871, Henry Philibert Darcy, französischer Ingenieur geb. 10.6.1803, gest. 3.1.1858

die mit Zunahme der Geschwindigkeit in eine turbulente Grenzschicht umschlägt, die im Verlauf auch dicker wird. In der turbulenten Grenzschicht bildet sich entlang der Wandung eine dünne viskose Unterschicht aus, deren Dicke im Folgenden mit δ_0 bezeichnet wird.

Andererseits hat jedes Material eine bestimmte Rauheit. Stellen Sie sich vor, Sie berühren mit der Hand eine Glasscheibe und ein Betonrohr und den Stamm eines Baumes. Das Glas fühlt sich glatt an, der Beton rau und der Baumstamm „ganz rau". Genauso kann es bei Wandungen eines Rohres (oder eine Gerinnes) sein. Bezogen auf eine Wand bedeutet dies, dass sich Rauheitselemente über eine „virtuelle glatte" Wand mit dem Maß k $[mm]$ in den Bereich der Flüssigkeit hinein erheben.

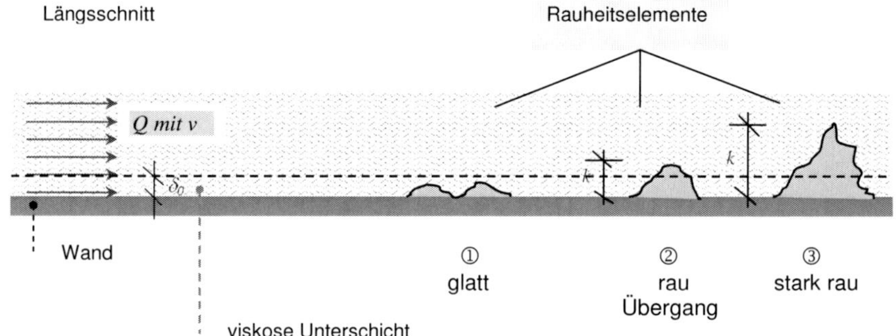

Die Unterschicht ist selbstverständlich viel dünner, ebenso sind die Rauheitselemente bei industriell gefertigten Rohren wesentlich kleiner als in der Zeichnung dargestellt. Und: Was behandelt wird, gilt auch für die Sohle eines Gerinnes, z.B. eines Betonkanals (siehe Kap. 3.5), der Begriff „Wand" oder „Wandung" muss also umfassend verstanden werden.

Was sind nun die Unterschiede zwischen glatt, rau und stark rau? Bei ① ist die Rauheit k sehr gering, sie wird von der viskosen Unterschicht δ_0 überdeckt. Die Folge: Die Viskosität ist für den Strömungsvorgang bestimmend, die Rauheit selbst spielt eine vernachlässigbare Rolle, man spricht von „hydraulisch glatt".

Bei ③ ist die Rauheit k sehr groß, sie ragt stark über die viskose Unterschicht hinaus deutlich in die Flüssigkeit hinein, die Viskosität spielt keine oder eine nur sehr geringe Rolle, man spricht von „stark rau" oder „vollkommen rau".

Bei ② ragen die Rauheitselemente ebenfalls über die Grenzschicht hinaus in die Flüssigkeit hinein, aber nicht so stark wie zuvor. Beide, Viskosität und Rauheit, spielen eine Rolle, man spricht nicht von „rau", sondern vom „Übergangsbereich" (zwischen hydraulisch glatt und stark rau).

Gibt es ein Problem damit? Eigentlich nicht, außer dass man den Widerstandsbeiwert λ „je nach dem" aus 4 unterschiedlichen Gleichungen berechnen muss: 1 Gleichung im laminaren Bereich, bei der die Rauheit keine Rolle spielt und die man in der Praxis eher selten benötigt, und 3 Gleichungen im turbulenten Strömungsbereich. Diese in der folgenden Tabelle zusammengestellten Gleichungen sind verbunden mit berühmten Namen aus der Strömungsmechanik wie Prandtl[19], Nikuradse, Colebrook und White.

[19] Ludwig Prandtl, geb. 1875, gest. 1953, Professor an der TU Hannover und der Universität Göttingen, gilt als einer der Begründer der modernen Strömungsmechanik; er hat die Grenzschichttheorie entwickelt.

Bezeichnung	**Gleichung**	**Anmerkung**	**Gl.**
Reibungsverluste	$h_{V,R} = \lambda \cdot \frac{l}{d} \cdot \frac{v^2}{2g}\ [m]$	Annahme: linearer Verlauf der EHL	(3.23)
Fließformel	$v = \sqrt{\frac{2 \cdot g \cdot I_E \cdot d}{\lambda}}\ [m/s]$	mit $I_E = \frac{h_{V,R}}{l}$	(3.24)
Örtliche Verluste	$h_{V,ö} = \varsigma_ö \cdot \frac{v^2}{2g}\ [m]$		(3.25)
Örtliche Verluste gesamt	$h_{V,öges} = \left(\varsigma_ö + \lambda \cdot \frac{l_{Form}}{d}\right) \cdot \frac{v^2}{2 \cdot g} [m]$	Wird in den Beispielen nicht verwendet.	
Gesamtverluste	$\Sigma h_V = h_{V,R} + \Sigma h_{V,ö} \cdot [m]$		

laminar Widerstandsbeiwert	$\lambda = \frac{64}{Re}$	Reynoldszahl $Re \leq 2300$	(3.26)

turbulent Widerstandsbeiwert		Reynoldszahl $Re > 2300$	
hydraulisch glatt	$\frac{1}{\sqrt{\lambda}} = 2 \cdot \lg(Re \cdot \sqrt{\lambda}) - 0{,}8$	λ implizit	(3.27)
stark rau	$\frac{1}{\sqrt{\lambda}} = -2 \cdot \lg\left(\frac{k}{d}\right) + 1{,}14$	λ explizit	(3.28)
Übergangsbereich	$\frac{1}{\sqrt{\lambda}} = -2 \cdot \lg\left(\frac{k/d}{3{,}71} + \frac{2{,}51}{Re \cdot \sqrt{\lambda}}\right)$	λ implizit	(3.29)

Die Gleichung (3.29) wird auch als „universelles Widerstandsgesetz" bezeichnet. Sie ist theoretisch hergeleitet; die Konstanten (also 3,71 und 2,51) wurden über Laborversuche ermittelt. „Universell" ist deshalb richtig, weil die Gleichungen (3.27) und (3.28) keine eigenständige Gleichungen sind, sondern aus Gl. (3.29) hergeleitet werden können: Setzt man für die Rauheit $k = 0$, so wird Gl. (3.29) in Gl. (3.27) für den glatten Bereich überführt. Nimmt man $Re = \infty$ an, so geht Gl. (3.29) in die Gleichung (3.28) für den rauen Bereich über. Sie glauben es nicht? Prüfen Sie es nach!

In Gl. (3.27) bis (3.29) steckt der Logarithmus drin, über den man Gleichungen - wie Sie aus der Mathematik wissen - unterschiedlich darstellen kann. Es kann also sein, dass die Formeln in einer anderen Veröffentlichung anders aussehen oder andere Vorzeichen aufweisen, inhaltlich sind sie aber sicher gleich. Eine implizite Gleichung ist eine Gleichung, die nach dem gesuchten Parameter (hier λ) nicht aufgelöst werden kann → Iterative Lösung! Entsprechend bedeutet „explizit", dass die Gleichung nach λ umgestellt werden kann.

Die Rauheit $k\ [mm]$ wird auch als „absolute Rauheit" bezeichnet, das Verhältnis

$$\varepsilon = \frac{k}{d}\ [-]$$

entsprechend als „relative Rauheit".

Nebenbei
Frage: d ist der Durchmesser eines Kreisrohres. Was tun, wenn eine andere geometrische Form vorliegt, z.B. ein Rechteckquerschnitt? Antwort: Das, was bei der Reynoldszahl Re im entsprechenden Fall erforderlich ist! Vergessen? → Kap. 3.1.5, Seite 75/76.

Die Rauheiten k von Rohrmaterialien und von Baustoffen sind in der Fachliteratur in Tabellen ähnlich der folgenden aus [8] angegeben.

Werkstoff	Art, Form, Zustand	k in mm	
Kupfer, Messing	technisch glatte Rohre	0,00135	bis 0,00152
Stahl	aus Blech geschweißte Rohre, neu	0,04	bis 0,10
	aus Blech genietete Rohre, neu	1	bis 9
	Rohre, mäßig verrostet	0,15	bis 0,4
	Rohre, mittelstarke bis starke Verkrustung	1,5	bis 4
	Rohre, bituminiert, gebraucht	0,1	bis 1,5
	Rohre mit Zementmörtelauskleidung	0,03	
	Druckleitung bei Wasserkraftanlagen, gemessen	0,011	bis 0,021
	Stahlspundwand je nach Profiltiefe	20	bis 100
Gußeisen	Rohre, neu	0,2	bis 0,6
	Rohre, gebraucht	1,0	bis 1,5
	Rohre, verkrustet	1,5	bis 4
	Kanalisation (Mittelwert)	1,2	
Kunststoff	Rohre und Gerinne aus Plexiglas, neu	0,0015	
	Polyethylen, weich und hart, neu; PVC, neu	0,0015	bis 0,01
	gewellte Dränrohre (Richtwert nach DIN 1185)	2,0	
Asbestzement	Rohre, Gerinne, neu	0,025	bis 0,1
Ton	Dränrohre (Richtwert nach DIN 1185)	0,7	
Steinzeug	Abwasserkanäle	0,25	bis 1,5
Holz	gehobelte Bretterwand	0,3	
	hölzerner Kanal	2,3	
Asphalt	Kanäle mit Asphaltbeton oder Gußasphalt	1,5	bis 2,2
Beton	glatt	1	bis 6
	rauh	6	bis 20
	Rohre aus Stahlbeton	0,1	bis 0,15
	Rohrleitung mit Stößen (Mittelwert)	2	
	Schleuderbetonrohre	0,1	bis 0,8
	Spannbetonrohre	0,04	bis 0,25
	Druckstollen	0,5	bis 1,5
	Stahlschalung	1,0	
Stein	Mauerwerk, Ziegel	2	bis 8
	Mauerwerk, Bruchstein	15	bis 40*)
	Felswände oder Stollen, gute Bearbeitung	7,5	bis 75*)
	Fels, torkretiert; Stollen, gebohrt	7	bis 30*)
	rauhe Natursteinmauer	80	bis 100*)
	Steinschüttung	200	bis 300*)
	Pflasterung	30	bis 50
	Rasengittersteine	15	bis 30
Erde	Sand oder Kies, eben	d_{90} (Korn)	
	Schotter, Grobkies	60	bis 200
	Ackerboden	20	bis 250*)
	Acker mit Kulturen	250	bis 800*)
	Waldboden	160	bis 320*)
	Rasen	60	bis 400*)
	Fließgewässersohle mit Riffeln	Riffelhöhe	
	Fließgewässersohle mit Dünen (h = Fließtiefe)	$h/6$ bis $h/3$	
	Fließgewässersohle mit mittl. Unregelmäßigk.	150*)	bis 350*)
	Fließgewässersohle mit erhebl. Unregelmäßigkeit	350*)	bis 500*)

*) Der k-Wert enthält Unregelmäßigkeitseinflüsse (siehe Abschnitt 2.5.3).

Absolute Rauheit k $[mm]$ verschiedener Rohrmaterialien und Baustoffe nach [8]

Beachten Sie auch die Tabelle mit k-Werten auf S. 127

Die Tabelle auf Seite 108 ist eine „allgemeine“ Tabelle als Ergebnis z.B. wissenschaftlicher Untersuchungen. Wenn Sie in Deutschland in der Wasserversorgung oder in der Abwassertechnik arbeiten, werden Sie sich an die Vorgaben der technisch-wissenschaftlichen Verbände halten, z.B. der DVGW - Deutsche Vereinigung des Gas- und Wasserfachs e.V. - oder der DWA - Deutsche Vereinigung für Wasserwirtschaft, Abwasser und Abfall e.V. Diese Organisationen geben Regelwerke heraus, denen man entnehmen kann, in welcher Situation mit welchem k-Wert gerechnet werden soll. Diese Regelwerke gelten als „Stand der Technik“ und werden grundsätzlich befolgt. Trotzdem ist die obige Tabelle natürlich richtig!

Die impliziten Gleichungen für den Übergangsbereich und den glatten Bereich der turbulenten Strömung waren früher „der Schrecken“ der Studierenden, weil man sie mit einfachen Hilfsmitteln iterativ lösen musste. Mit den heutigen Hilfen (Taschenrechner, PC) ist das kein echtes Problem mehr, obwohl es immer noch Studierende geben soll, denen es Schwierigkeiten bereitet ☺! Nach neueren Untersuchungen können die impliziten Gleichungen (3.27) und (3.29) in guter Annäherung explizit dargestellt werden, z.B. nach Zanke in [10, 8. Auflage], allerdings sind iterative Lösungen über eine Zielwertsuche mit Excel kein Problem.

Zu den Gleichungen (3.26) bis (3.29) gibt es auch grafische Darstellungen, von denen die berühmteste das sog. Moody-Diagramm ist. In ihm ist der Widerstandsbeiwert λ für den laminaren und für den turbulenten Bereich in Abhängigkeit von k/d und Re dargestellt.

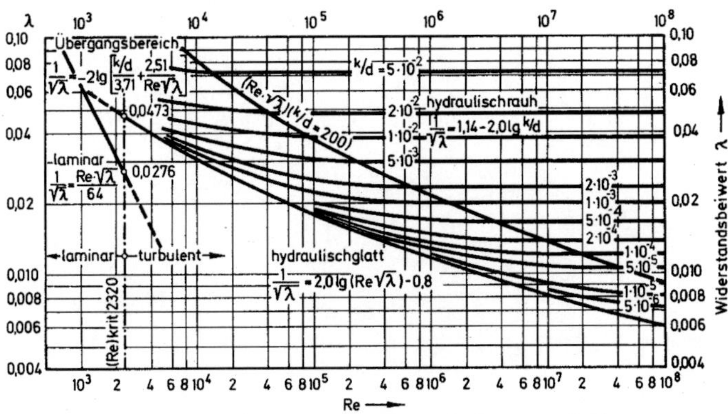

MOODY-Diagramm, aus der 7. Auflage von [10]

Das Diagramm ist vielleicht etwas gewöhnungsbedürftig, es stellt aber den Gesamtkomplex umfassend auf sehr schöne Weise dar. In jedem Fachbuch gibt es eine solche Grafik, zum Teil in der Darstellung - nicht im Inhalt - etwas verändert, z.B. um 90º gedreht, aber diese ältere Grafik von Schmidt [10, 7. Auflage] ist nach wie vor die beste. Auf die logarithmische Teilung der Achsen wird verwiesen, die die Ablesung etwas erschwert.

Sie mögen jetzt vielleicht fragen „So weit so gut, aber wie finde ich heraus, welche der Gleichungen ich verwenden muss? Woher weiß ich, ob das Rohr im glatten, rauen oder Übergangsbereich ist? Dazu folgende Hilfestellungen:

- In der Prüfung werden in der Regel Angaben gemacht, aus denen die entsprechenden Schlüsse gezogen werden können.
- Für die Praxis gilt Folgendes:
  - Industriell gefertigte Rohre liegen im Allgemeinen im Übergangsbereich.
  - Natürliche Gerinne (Bäche und Flüsse) liegen im rauen Bereich.
  - Im klassischen Bauingenieurbereich dürfte „glatt“ fast ausgeschlossen sein.

- Im Zweifelsfall errechnen Sie k/d und Re und stellen über das Moody-Diagramm fest, ob das Rohr oder Gerinne im glatten, rauen oder Übergangsbereich liegt.
- Mit dem universellen Widerstandsgesetz („Übergangsgleichung" 3.29) kann man nichts falsch machen.

Andere grafische Darstellungen sind sog. Nomogramme, wie sie z.B. in [7] oder [8] enthalten sind. Auch hier müssen k/d und Re errechnet werden. Sie suchen danach die beiden Werte an den Leisten links und rechts, verbinden diese linear und lesen λ an der mittleren Linie ab.

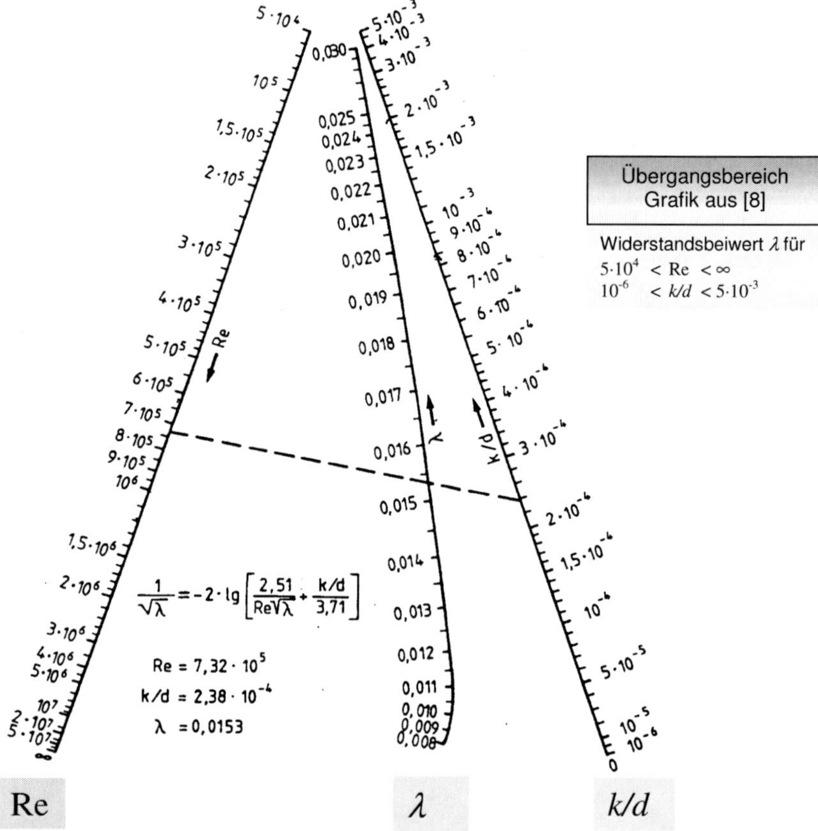

Diese Nomogramme gibt es für die 3 turbulenten Bereiche, aber man kann das obige Nomogramm näherungsweise auch für den glatten Bereich verwenden, wenn man für k/d den kleinsten Wert (10^{-6} bzw. 0) wählt, für den rauen Bereich, wenn man $Re = \infty$ annimmt.

Beide Grafiken, vor allem aber die Nomogramme, liefern bei entsprechender Sorgfalt bei der Ablesung im Allgemeinen recht exakte Werte, die bei Bedarf rechnerisch überprüft bzw. verbessert werden können. Mehr als 3 Stellen nach der letzten Null machen aber wirklich keinen Sinn, auch wenn es der Rechner liefert, d.h. Sie rechnen z.B. mit $\lambda = 0{,}0217$ oder im unteren Bereich $\lambda = 0{,}0094$.

3.4.3 Örtliche Verluste

Die örtlichen Verluste treten, wie schon erwähnt, infolge Störung der Strömung durch örtliche Einflüsse auf, z.B. durch Einbauten in eine Rohrleitung. Solche Einbauten sind hauptsächlich „Formstücke", die man bei Rohrleitungssystemen benötigt, um z.B. den Querschnitt des Rohres zu ändern, um die Richtung zu wechseln, um Rohre zusammenzuführen und vieles Andere mehr. Ein Rohrmaterial - z.B. Kunststoff oder Gusseisen oder Beton - kann noch so gut sein, seine Chancen auf dem Markt wären nichtig, wenn der Hersteller keine Formstücke anbieten könnte. Hinzu kommen Regulier- und Verschlussorgane wie z.B. der jedermann bekannte Wasserhahn, mit dem man eine Rohrleitung öffnen, die austretende Wassermenge regulieren und wieder schließen kann.

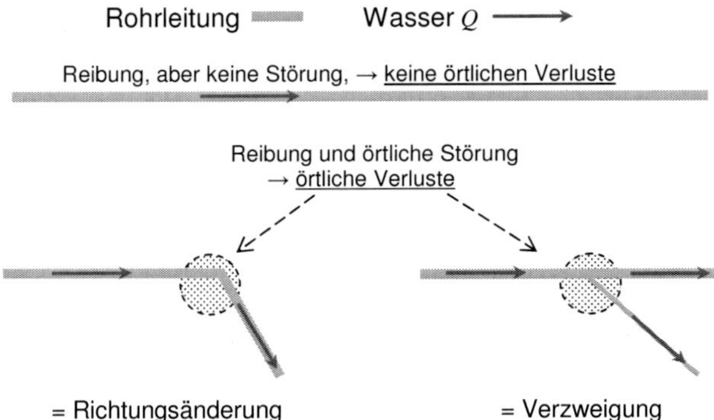

In der folgenden Skizze soll an Hand der sog. Einlaufverluste die Ursache erläutert werden.

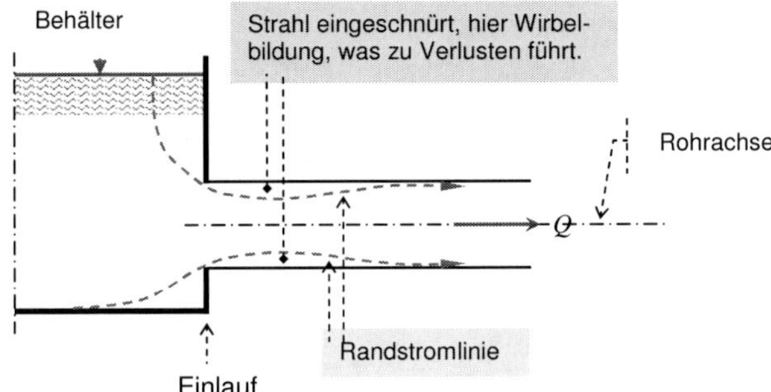

Die Randstromlinien führen rasch zu der Erklärung: Das aus dem Behälter in das Rohr einfließenden Wasser kann den „Ecken" am Einlauf nicht folgenden, die Randstromlinie löst sich von der Rohrwandung, es kommt zu Einschnürungen, hinter denen sich - zur Rohrwandung hin - Walzen und Wirbel bilden, die zu Energieverlusten führen. Bildet man den Einlauf strömungsmechanisch günstiger aus, indem man z.B. die Kanten ausrundet oder das Rohr trichterförmig aufweitet, kann die Randstromlinie besser folgen, die Einschnürung wird geringer und die Verluste (der Verlustbeiwert) werden kleiner.

In der Praxis ist es wichtig, dass man erkennt, an welcher Stelle ein örtlicher Verlust auftritt und um was für eine Art von örtlichem Verlust es sich handelt. Jedes Formstück hat eine bestimmte Länge l_{Form}, so dass im Formstück auch Reibungsverluste auftreten. Diese werden üblicherweise den örtlichen Verlusten zugeschlagen, so dass man sagen kann (vgl. Tabelle Seite 107):

Örtliche Verluste $$h_{V,ö} = \varsigma_ö \cdot \frac{v^2}{2g} \, [m] \qquad (3.25)$$

Örtliche Verluste gesamt $$h_{V,öges} = \left(\varsigma_ö + \lambda \cdot \frac{l_{Form}}{d} \right) \cdot \frac{v^2}{2 \cdot g} [m]$$

Die Achslänge der Formstücke ist im Allgemeinen relativ gering. Je größer der Rohrleitungsdurchmesser d ist, desto länger wird die Achslänge l_{Form} z.B. eines Rohrkrümmers, desto eher muss der Reibungsanteil berücksichtigt werden. In diesem Buch wird aber mit der oben angeführten Gleichung Gl. (3.25) - ohne Reibungsanteil – weiter gearbeitet.

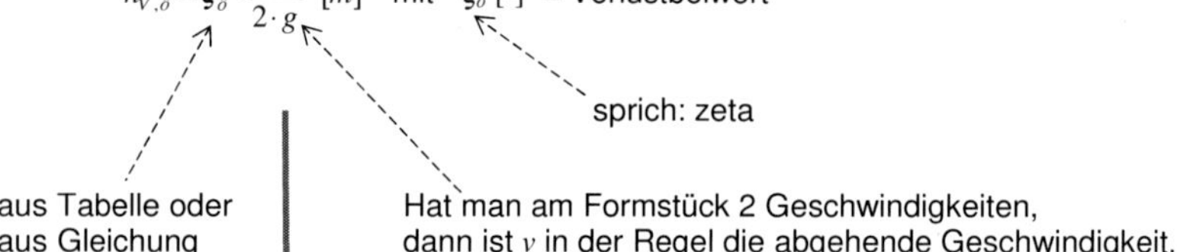

In der folgenden Tabelle sind die verschiedenen örtlichen Verluste und die Bezeichnungen, die im Folgenden verwendet werden, aufgeführt.

Bezeichnung	Verlustbeiwert [-]	Verlusthöhe [m]	Reibungsanteil berücksichtigen?
Örtliche Verluste (allgemein)	$\zeta_ö$	$h_{V,ö}$	-
Einlaufverlust	ζ_E	$h_{V,E}$	*nein*
Austrittsverlust	ζ_{Ex}	$h_{V,Ex}$	*nein*
Umlenkverlust	ζ_{Kr} *bei Krümmer* ζ_{Kn} *bei Kniestück*	$h_{V,Kr}$ $h_{V,Kn}$	*evtl.*
Querschnittsänderung	ζ_A	$h_{V,A}$	*evtl.*
Verzweigung Rohrtrennung und -vereinigung	ζ_{VZ}	$h_{V,VZ}$	*evtl.*
Verschlussorgane (Armaturen)	ζ_S	$h_{V,S}$	*nein*
Rechenverluste	ζ_R	$h_{V,R}$	*nein*
Summe der örtlichen Verluste	$\Sigma\zeta_ö$	$\Sigma h_{V,ö}$	-

Der Verlustbeiwert ζ wird nach Einschätzung aus Tabellen entnommen, gelegentlich auch über eine Gleichung errechnet.

Die Angaben zu den örtlichen Verlusten sind aus der Fachliteratur zusammen gestellt; sie sind teilweise gekürzt, aber für das Studium und den „Ingenieuralltag“ ausreichend aufgeführt. Die jeweilige Quelle ist angegeben. Zur Vertiefung studieren Sie die Fachliteratur → Literaturverzeichnis. Beachten Sie aber, dass die Angaben für die ζ- Werte in den Büchern nicht einheitlich sind; sie geben durchschnittliche Werte an. Die Reibungsanteile der Formstücke werden, wie zuvor besprochen, nicht berücksichtigt.

Einlaufverlust ζ_E nach [10]

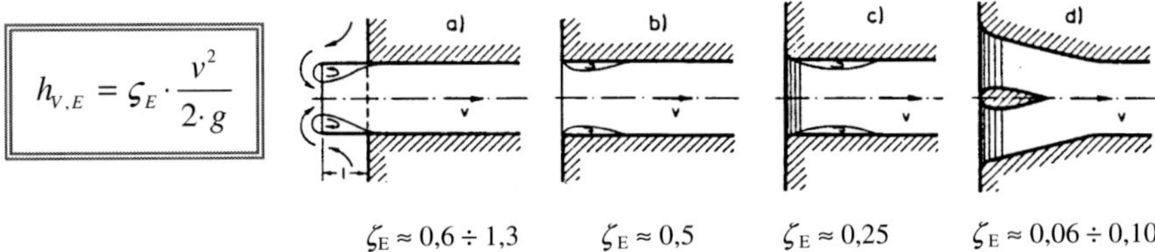

Austrittsverlust ζ_{Ex}

$$h_{V,Ex} = \varsigma_{Ex} \cdot \frac{v^2}{2 \cdot g}$$

Bei der Einmündung eines Rohres in einen Behälter wie in Beispiel 2 (Kap. 3.4.4, S. 119) liegt die Energiehöhenlinie um die Geschwindigkeitshöhe über dem Wasserspiegel und fällt dann auf den Wasserspiegel ab. Der Verlustbeiwert ist $\zeta_{Ex} \approx 1{,}0$. Einige Angaben in anderen Fachbüchern gehen davon aus, dass der Wert etwas höher bei $\zeta_{Ex} \approx 1{,}10$ liegt, aber $\zeta_{Ex} \approx 1{,}0$ ist „gut genug“.

Umlenkverlust (Richtungsänderung)

Krümmerverlust (Rohrbogen) ζ_{Kr}

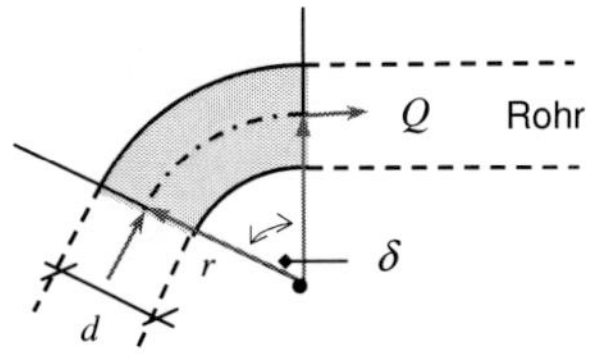

Krümmer mit Umlenkwinkel $\delta = 0°$ bis $90°$ [1]

$$\varsigma_{Kr} = \frac{0{,}21}{\sqrt{r/d}}(1 + 10^3 \cdot \frac{k}{d}) \cdot \left(\frac{\delta}{90°}\right)^{0{,}7}$$

Durchmesser d
Umlenkwinkel δ
Radius der Krümmerachse r

$$h_{V,Kr} = \varsigma_{Kr} \cdot \frac{v^2}{2 \cdot g}$$

k = absolute Rauheit $[mm]$
(bei $k/d > 10^{-3}$ wird $k/d = 10^{-3}$ eingesetzt)

Segmentkrümmer: Fachliteratur → Literaturverzeichnis

Kniestück-Verlust ζ_{Kn}

Bei Kniestücken sind die Verluste höher als bei Krümmern, da sie „eckig“, also nicht ausgerundet sind, allerdings ist ihre Baulänge kürzer, was im Rohrleitungsbau von Vorteil sein kann.

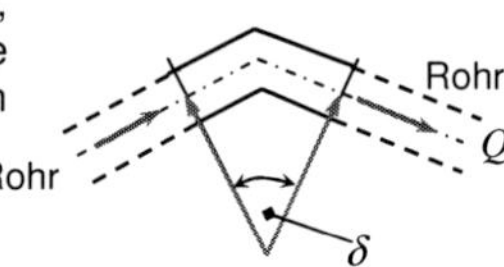

Durchmesser d
Umlenkwinkel δ

δ →		10°	15°	20°	22,5°	30°	45°	60°	90°
ζ_{Kn}	glatt →	0,029	0,044	0,065	0,075	0,12	0,245	0,47	1,15
	rau →	0,043	0,064	0,091	0,105	0,165	0,325	0,6	1,3

Querschnittsänderung ζ_A

plötzliche Erweiterung

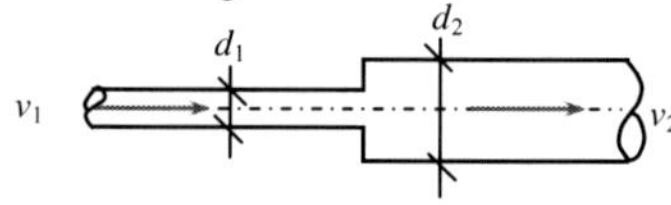

$$\zeta_A = 1{,}0 \; bis \; 1{,}2 \cdot \left(1 - \frac{A_2}{A_1}\right)^2$$

plötzliche Verengung

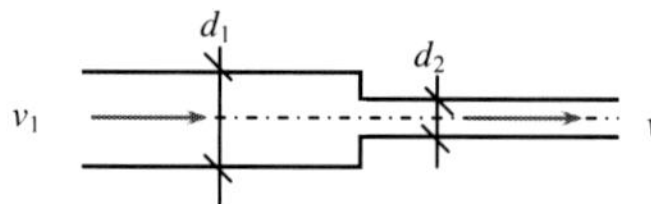

$$\zeta_A = 0{,}4 \; bis \; 0{,}5 \cdot \left(1 - \frac{A_2}{A_1}\right)^2$$

oder nach Idelcik [10]

$$\zeta_A = 0{,}5 - 0{,}4 \cdot \frac{A_2}{A_1} - 0{,}1 \cdot \left(\frac{A_2}{A_1}\right)^6$$

allmähliche konische Erweiterung und Verengung (hier dargestellt):

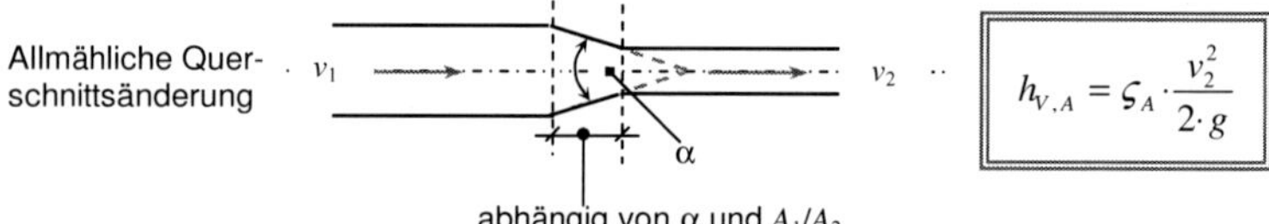

$$h_{V,A} = \zeta_A \cdot \frac{v_2^2}{2 \cdot g}$$

Bei allmählicher Verengung - wie dargestellt - mit Winkeln $\alpha \leq 60°$ ist nach Idelcik $\zeta_A \leq 0{,}1$ unabhängig vom Verhältnis A_1/A_2 [1]. Bei $\alpha \geq 60°$ steigt der Wert linear auf die Werte bei plötzlicher Verengung (s.o.) an.

Bei allmählicher Erweiterung nach Idelcik [10]....

$$\zeta_A = 3{,}2 \cdot \left(\tan\frac{\alpha}{2}\right)^{1{,}25} \cdot \left(1 - \frac{A_1}{A_2}\right)^2$$

Bei konischen Erweiterungen ist der Verlust $h_{V,A}$ grundsätzlich größer als bei Verengungen.

Verzweigungen

Rohrtrennung und -vereinigung

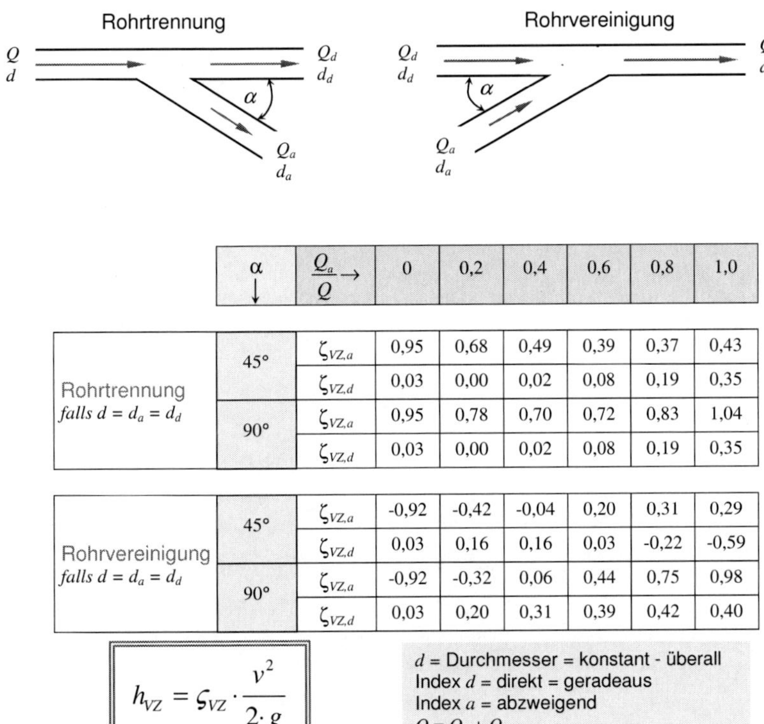

	α ↓	$\frac{Q_a}{Q}$ →	0	0,2	0,4	0,6	0,8	1,0
Rohrtrennung falls $d = d_a = d_d$	45°	$\zeta_{VZ,a}$	0,95	0,68	0,49	0,39	0,37	0,43
		$\zeta_{VZ,d}$	0,03	0,00	0,02	0,08	0,19	0,35
	90°	$\zeta_{VZ,a}$	0,95	0,78	0,70	0,72	0,83	1,04
		$\zeta_{VZ,d}$	0,03	0,00	0,02	0,08	0,19	0,35
Rohrvereinigung falls $d = d_a = d_d$	45°	$\zeta_{VZ,a}$	-0,92	-0,42	-0,04	0,20	0,31	0,29
		$\zeta_{VZ,d}$	0,03	0,16	0,16	0,03	-0,22	-0,59
	90°	$\zeta_{VZ,a}$	-0,92	-0,32	0,06	0,44	0,75	0,98
		$\zeta_{VZ,d}$	0,03	0,20	0,31	0,39	0,42	0,40

$$h_{VZ} = \zeta_{VZ} \cdot \frac{v^2}{2 \cdot g}$$

d = Durchmesser = konstant - überall
Index d = direkt = geradeaus
Index a = abzweigend
$Q = Q_d + Q_a$

Je nach dem, ob in Richtung geradeaus (Index → d) oder abzweigend (Index → a) gerechnet wird, entnehmen Sie die entsprechenden Werte aus der Tabelle. Für die Fließgeschwindigkeit wird v (also nicht v_a oder v_d!), eingesetzt.

Die Tabellenwerte für ζ_{VZ} stammen aus [2] und gelten bei einer Ausrundung der Verschnittkanten mit $0{,}1 \cdot d$. Die Angaben in [8] und [9] für scharfkantige Verschnitte weichen deutlich davon ab. Ein theoretischer Ansatz, der in einigen Fachbüchern angeführt wird, auch für den Fall $d = d_a \neq d_d$, ergibt nach [1] zu hohe ζ_{VZ} - Werte.

Die Tabellenwerte für Y - förmige Rohrverzweigungen („Hosenrohre") können in der Fachliteratur nachgeschlagen werden, siehe Literaturverzeichnis → z.B. [1] oder [2].

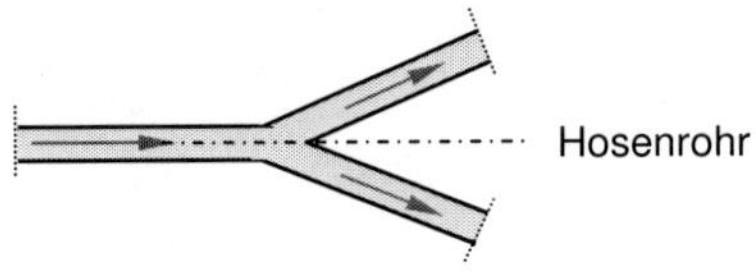

Verluste an Armaturen (Verschluss- und Regelorgane, siehe DIN 4048-2)
Großrohrleitungen, nach [1] und [8]

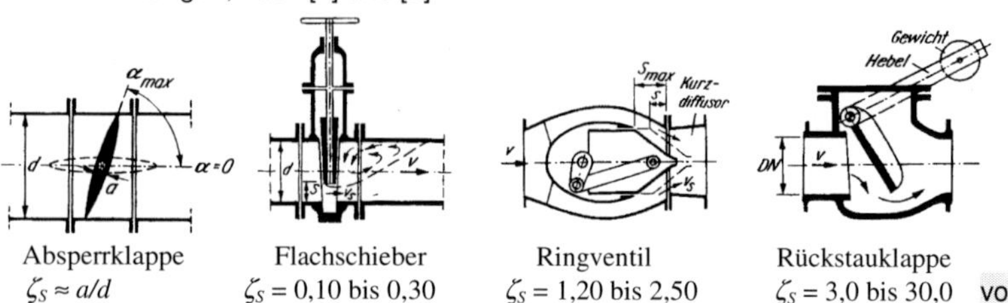

Absperrklappe	Flachschieber	Ringventil	Rückstauklappe	
$\zeta_S \approx a/d$	$\zeta_S = 0{,}10$ bis $0{,}30$	$\zeta_S = 1{,}20$ bis $2{,}50$	$\zeta_S = 3{,}0$ bis $30{,}0$	voll geöffnet

Die ζ_S - Werte bei Teilöffnungen hängen ab von: der Nennweite des Rohres DN, der Stellung der Klappe (Winkel α) bei der Absperrklappe, dem Quotienten s/d beim Flachschieber, s/S_{max} beim Ringventil und der Fließgeschwindigkeit v bei der Rückstauklappe; → exakte Werte z.B. in [1]. Nicht dargestellt ist der Kugelhahn, für den $\zeta_S \approx 0$ gilt.

$$h_{V,S} = \zeta_S \cdot \frac{v^2}{2 \cdot g}$$

Verschlüsse (Ventile) von Wasserversorgungsleitungen, bearbeitet aus [10]

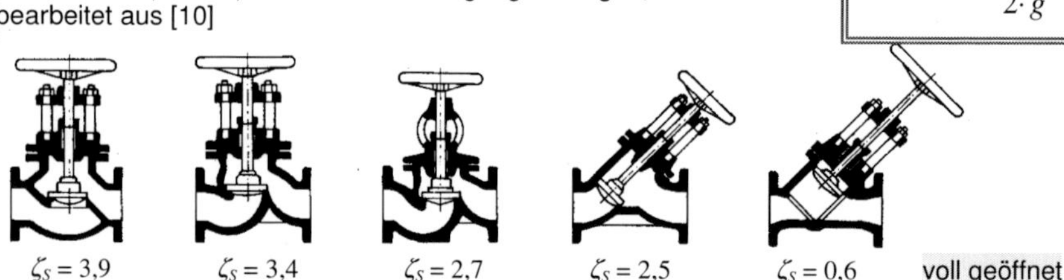

$\zeta_S = 3{,}9$	$\zeta_S = 3{,}4$	$\zeta_S = 2{,}7$	$\zeta_S = 2{,}5$	$\zeta_S = 0{,}6$	voll geöffnet

Die Angaben zu den Verschlüssen sind Anhaltswerte für voll geöffnete Ventile. Die Zahlen hängen auch vom Rohrdurchmesser ab. Bei teilgeöffneten Verschlüssen sind die Werte selbstverständlich wesentlich höher.

In der Praxis sind die Angaben des Armaturenherstellers Grundlage für die Berechnungen.

Rechenverluste

Eine große Rolle spielen Rechen auf Kläranlagen, die am Einlauf der Anlage eingebaut werden, um grobes Material, das im Abwasserkanal ankommt, vom eigentlichen Klärprozess fernzuhalten. Bei der Entnahme von Wasser aus einem Behälter oder vor einem Turbineneinlauf wird ebenfalls ein Rechen angeordnet, um zu verhindern, dass Treibzeug wie z.B. Äste eines Baumes oder Zivilisationsmüll in den Einlauf gelangen.

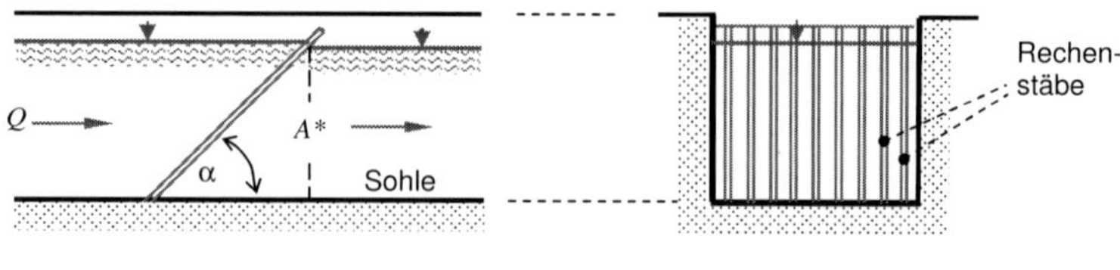

Längsschnitt durch einen Kanal
Die Wasserspiegeldifferenz ist durch die Verluste am Rechen verursacht!

Querschnitt Kanal
Blick von oben gegen den Rechen

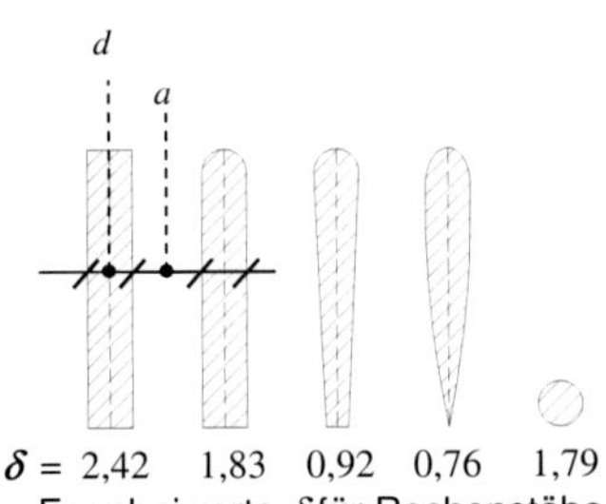

Formbeiwerte δ für Rechenstäbe

$$\zeta_R = \delta \cdot \left(\frac{d}{a}\right)^{4/3} \cdot \sin\alpha$$

Rechenverluste

- d Stabdicke an der dicksten Stelle
- a lichte Stabweite (Stababstand)
- α Rechenneigung
- A^* Projektionsfläche des Rechens senkrecht zur Strömungsrichtung

$$h_{v,R} = \zeta_R \cdot \frac{v^2}{2g} \quad \text{oder}$$

$$h_{v,R} = \delta \cdot \left(\frac{d}{a}\right)^{4/3} \cdot \sin\alpha \cdot \frac{v^2}{2g} \quad \text{mit } v = \frac{Q}{A^*}$$

Formel nach Kirschmer

Der Verlustbeiwert ζ_R in der Gleichung gilt für den unbelegten, d.h. nicht verstopften Rechen. Je nach Größe der Stabweite a spricht man von Grob- und Feinrechen.

Rezept für die Rohrhydraulik

„Rezepte" wurden schon in der Hydrostatik gegeben. Trotzdem noch einmal der Hinweis, dass es kein Rezept gibt, das alle erdenklichen Fallbeispiele erfasst. Also: mit Vorsicht anwenden und mitdenken, das ist der beste Weg zur Vermeidung von Fehlern.

1. Wo beginnt der Strömungsvorgang? Stelle A wie „Anfang" mit vertikaler Hilfslinie markieren.
2. Wo endet der Strömungsvorgang – bis wohin soll gerechnet werden? Stelle E wie „Endstelle" mit vertikaler Hilfslinie markieren.
3. Bezugshorizont wählen! Eigentlich beliebig wählbar, bei horizontalen Rohren am besten in der am tiefsten liegenden Rohrachse.
4. Energiehöhe an der Ausgangsstelle A als Energiehorizont (EH) verlängern.
5. Wo treten örtliche Verluste welcher Art auf? Zeichnen Sie vertikale Hilfslinien.
6. Qualitativer Verlauf der Energiehöhenlinie (EHL) von A bis E skizzieren: an Stellen örtlicher Verluste tritt ein kleiner Sprung nach unten auf, entlang des Rohres hat die EHL ein Gefälle;
   - Achtung: Ist das Gefälle der EHL konstant? Nur falls der Durchmesser konstant bleibt, was häufig abschnittsweise der Fall ist.
   - Bei unterschiedlichen Durchmessern beachten (Kontinuitätsgleichung!):
     ⇨ kleiner Durchmesser = große Geschwindigkeit = großes EHL - Gefälle;
     ⇨ großer Durchmesser = kleine Geschwindigkeit = kleines EHL - Gefälle
7. Die Verluste werden an der Stelle E als Differenz zwischen EH und EHL abgebildet.
8. Die Druckhöhenlinie DHL liegt um die Geschwindigkeitshöhe unter der EHL.
9. Bernoulli-Gleichung von A nach E aufstellen und rechnen!

Noch ein Hinweis:
In der graphischen Darstellung der Energiehöhenlinie wird in allen Abschnitten das Gefälle als konstant dargestellt, solange der Rohrleitungsquerschnitt und somit die Fließgeschwindigkeit v konstant ist. Der Reibungsverlust, der mit der wahren Länge der Rohrleitung berechnet wird, wird also nicht korrekt abgebildet.

Im Weiteren werden 3 „klassische" Beispiele mit Berechnungsansätzen und 1 Beispiel mit rechnerischer Lösung von Aufgabenstellungen aus der Rohrhydraulik gebracht.

3.4.4 Beispiele zur Rohrhydraulik

Beispiel 1

Wasser fließt konstant (Q = konstant) in einer Rohrleitung aus einem hoch liegenden in einen tiefer liegenden Behälter oder „zum Verbraucher“. Die Rohrleitung soll bis zur Stelle E betrachtet werden, läuft aber weiter. An der Stelle E sei der Druck bekannt (gemessen worden, siehe Zeichnung).

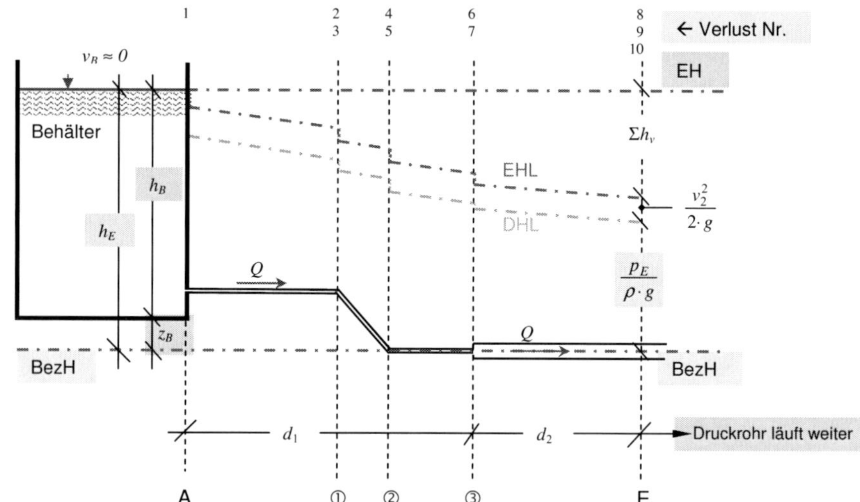

Anwendung des Rezepts von Seite 117

- Stelle A mit vertikaler Hilfslinie dort, wo das Wasser in die Rohrleitung eintritt. Stelle E, d.h. Stelle, bis zu der gerechnet werden soll, mit vertikaler Hilfslinie.
- Bezugshorizont BezH in der am tiefsten liegenden horizontalen Rohrleitung.
- Energiehorizont EH = Verlängerung des Wasserspiegels, da $v_B \approx 0$ im Behälter.
- Örtliche Verluste offensichtlich bei A, ① (Umlenkung), ② (Umlenkung) und ③ (Rohrerweiterung) - vertikale Hilfslinien.
- Qualitativer Verlauf der Energiehöhenlinie (EHL) von A bis E skizzieren, danach die Druckhöhenlinie DHL. Achtung: 2 verschiedene Durchmesser d_1 und d_2, also auch 2 verschiedene Geschwindigkeiten v_1 und v_2 und 2 Geschwindigkeitshöhen.
- Bernoulli-Gleichung von A nach E aufstellen: Gehen Sie Schritt für Schritt vor, also von A nach ① (örtlicher Verlust, Reibung), von ① nach ② (örtlicher Verlust, Reibung) usw., bis die Stelle E erreicht ist. Folgen Sie der Nummerierung der Einzelverluste oben und in der folgenden Gleichung.

$$\underbrace{h_E = z_B + h_B}_{\text{Energiehöhe Stelle A}} = \underbrace{\overset{1}{h_{V,E}} + \overset{2}{h_{V,R\overline{A1}}} + \overset{3}{h_{V,Kr}} + \overset{4}{h_{V,R\overline{12}}} + \overset{5}{h_{V,Kn}} + \overset{6}{h_{V,R\overline{23}}} + \overset{7}{h_{V,A}} + \overset{8}{h_{V,R\overline{3E}}} + \overset{9}{\frac{v_2^2}{2 \cdot g}} + \overset{10}{\frac{p_E}{\rho \cdot g}}}_{\text{Verluste + Druckhöhe + Geschwindigkeitshöhe Stelle E}}$$

Die Aufgabe ist - in allgemeiner Form - gelöst. Legende der Indizes nächste Seite.

Legende der Indizes: E = Einlauf
Kr = Krümmer (angenommen)
Kn = Kniestück (angenommen)
A = Querschnittsänderung
R = Reibung
$\overline{A1}$ = Strecke von A nach 1 usw.

Bei einer konkreten Aufgabe muss geklärt werden, was bekannt bzw. vorgegeben ist und was gesucht, also zu errechen ist. Ohne Ausgangswerte kann man nichts errechnen!

Beispiel 2

Wasser wird in einer Rohrleitung konstant (Q = konstant) von einem tief liegenden in einen hoch liegenden Behälter gepumpt. Ein Bezugshorizont ist nicht erforderlich, aber möglich.

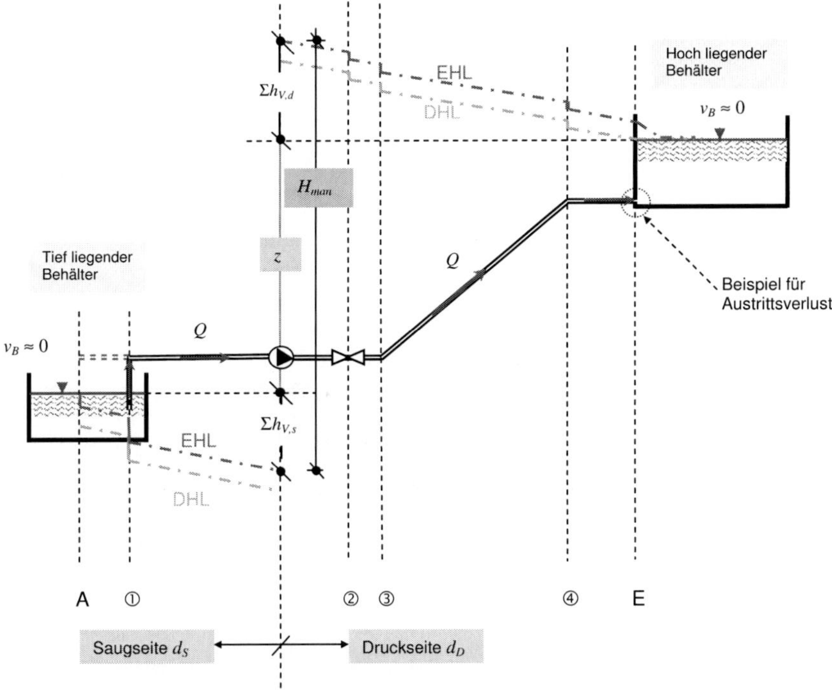

Bei Pumpwerken ▶ wird in der Regel saugseitig ein etwas größerer Durchmesser als druckseitig gewählt, daher $d_S \neq d_D$.

Örtliche Verluste $h_{V,ö}$
Bei A der Einlaufverlust, bei ①, ③ und ④ Umlenkverluste, bei ②—⋈— Schieberverlust, bei E der Auslaufverlust.

Reibungsverluste $h_{V,R}$ entlang der Rohrleitung, „stückweise“ vom örtlichem zum nächsten örtlichem Verlust wie zuvor darstellen.

Geodätische Höhe z = Wasserspiegeldifferenz unter Annahme $v_B \approx 0$ in den Behältern.

Manometrische Förderhöhe H_{man} = tatsächliche Förderhöhe der Pumpe = geodätische Höhe z plus Summe aller Verluste saugseitig und druckseitig, also die Differenz der Energiehöhenlinien saugseitig und druckseitig. Gelegentlich sagt man auch die „Differenz der Druckhöhenlinien“, was nicht ganz korrekt ist, da die Geschwindigkeitshöhen auf beiden Seiten nicht gleich sind; im Allgemeinen bedeutet dies aber keinen großen Unterschied.

Mit Q als „Förderstrom“ und dem Gesamtwirkungsgrad η_{ges} ergibt sich die erforderliche Leistung des Pumpwerks

$$erf\,P = \frac{\rho \cdot g \cdot H_{man} \cdot Q}{\eta_{ges}} \quad [kW] \tag{3.30}$$

Man erhält die Leistung P in kW mit $\rho\,[Mg/m^3]$, $g\,[m/s^2]$, $H_{man}\,[m]$ und $Q\,[m^3/s]$ bei η_{ges} [-].

Die Gleichungen für die Verluste sind:

$$\Sigma h_{V,s} = \frac{v_s^2}{2 \cdot g} \cdot \left(\lambda \cdot \frac{l_s}{d_s} + \Sigma \varsigma_s \right)$$ Index s steht für saugseitig

$$\Sigma h_{V,d} = \frac{v_d^2}{2 \cdot g} \cdot \left(\lambda \cdot \frac{l_d}{d_d} + \Sigma \varsigma_d + 1 \right)$$ Index d steht für druckseitig

Die Förderhöhe ist dann

$$H_{man} = z + \Sigma h_{V,s} + \Sigma h_{V,d}$$

Die Aufgabe ist - in allgemeiner Form - gelöst.

Beispiel 3

Wasser fließt konstant (Q = konstant → Wasserspiegel im Behälter konstant) aus einem Behälter über eine Rohrleitung ins Freie. Im Moment des Austritts ist der (Über-)Druck gleich 0, es herrscht Atmosphärendruck. Das System pendelt sich selbsttätig so ein, dass die Druckhöhenlinie am Auslauf gerade auf Null fällt. In der folgenden Zeichnung sind für die Bernoulli-Gleichung wieder Nummern angeführt, die kennzeichnen, wo Verluste usw. auftreten

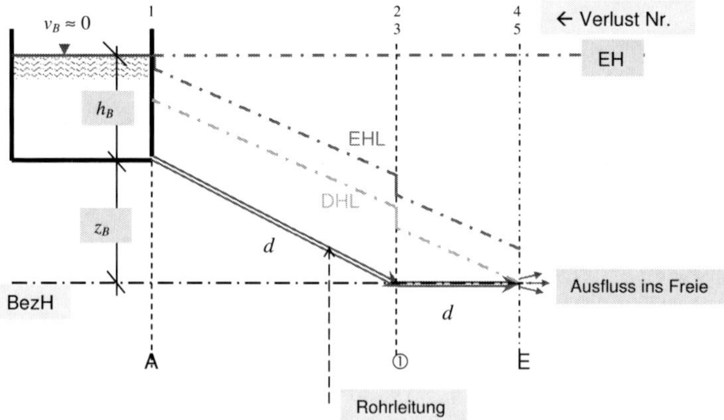

TIPP:

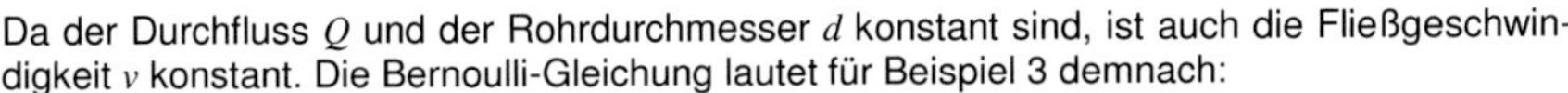

Beim Zeichnen des Verlaufs der Druckhöhen- und Energiehöhenlinie ist es im vorliegenden Fall günstiger, an der Stelle, wo das Wasser austritt, zu beginnen und die EHL und DHL nach oben zu entwickeln.

Da der Durchfluss Q und der Rohrdurchmesser d konstant sind, ist auch die Fließgeschwindigkeit v konstant. Die Bernoulli-Gleichung lautet für Beispiel 3 demnach:

$$h_E = z_B + h_B = \overset{1}{h_{V,E}} + \overset{2}{h_{V,R\overline{A1}}} + \overset{3}{h_{V,Kr}} + \overset{4}{h_{V,R\overline{1E}}} + \overset{5}{\frac{v^2}{2 \cdot g}}$$

Bezeichnungen wie zuvor

$$h_E = z_B + h_B = \frac{v^2}{2 \cdot g} \cdot \left(1 + \lambda \cdot \frac{l}{d} + \Sigma\varsigma\right)$$

l = Gesamtlänge der Rohrleitung

In der Wasserversorgung hat man es mit sehr vielen örtlichen Verlusten zu tun, die es mühsam machen, diese einzeln zu erfassen. Daher ist es üblich, mit „Ersatzlängen" zu arbeiten. Die Reibungsverluste werden bekanntlich aus

$$h_{V,R} = \lambda \cdot \frac{l}{d} \cdot \frac{v^2}{2g} \quad [m],$$

die örtlichen Verluste aus

$$h_{V,ö} = \Sigma\varsigma_ö \cdot \frac{v^2}{2g} \quad [m]$$

errechnet. Folgt man einem schon weiter oben angeführten Gedanken, so kann man bei den Reibungsverlusten setzen

$$\Sigma\varsigma_ö = \lambda \cdot \frac{l_E}{d} \text{ bzw.}$$

$$l_E = \frac{\Sigma\varsigma_ö \cdot d}{\lambda}$$

und die Gesamtverluste berechnen aus

$$h_{V,gesamt} = \lambda \cdot \frac{l + l_E}{d} \cdot \frac{v^2}{2g} \quad [m].$$

l = vorhandene (tatsächliche) Rohrlänge in m
l_E = Ersatzlänge (für die örtlichen Verluste) in m

Beispiel Ersatzlänge für örtliche Verluste

$d = 0{,}10\ m$
$v = 2{,}0\ m/s$
$\lambda = 0{,}016$
$\Sigma\zeta_ö = 1{,}50$
$l = 18\ m$

Bestimmen Sie die Gesamtverluste auf dem „klassischen Weg" und über die Ersatzlänge.

Klassische Lösung

$$h_{V,gesamt} = \frac{2{,}0^2}{2 \cdot 9{,}81} \cdot \left(\frac{0{,}016 \cdot 18}{0{,}10} + 1{,}50\right) = 0{,}893\ m$$

Lösung mit Ersatzlänge

$$l_E = \frac{1{,}50 \cdot 0{,}10}{0{,}016} = 9{,}375\ m$$

$$h_{V,gesamt} = 0{,}016 \cdot \frac{18 + 9{,}375}{0{,}10} \cdot \frac{2{,}0^2}{2 \cdot 9{,}81} = 0{,}893\ m$$

Beide Ergebnisse stimmen - selbstverständlich - überein.

Die Aufgabe ist gelöst.

Beispiel 4 Aus einem Behälter fließt Wasser auf 2 Wohnhäuser zu, für die der Druck in der Wasserleitung untersucht werden soll. Durch die Rohrleitung mit konstantem Durchmesser, an die noch andere Häuser angeschlossen sind, fließen $Q = 10\ l/s$. Die örtlichen Verluste sollen dadurch erfasst werden, dass zu den Reibungsverlusten ein Aufschlag von $12\ \%$ gemacht wird. Die folgende Zeichnung ist ohne Maßstab.

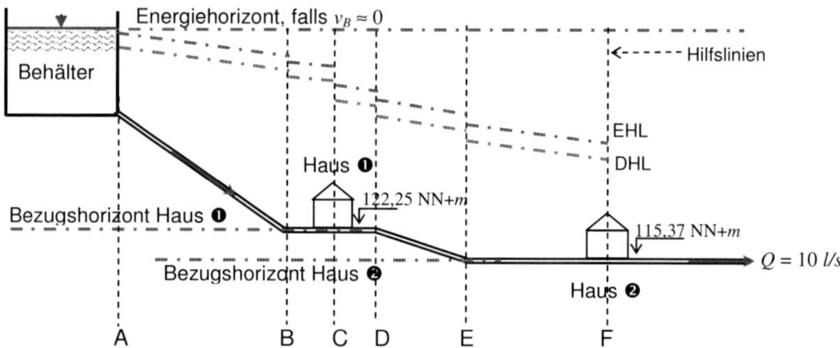

gegeben: Wasserspiegel im Behälter $154{,}30\ m$ + NN
Höhe Haus ❶ 122,25 NN + m
Höhe Haus ❷ 115,37 NN + m
Wassertemperatur $T = 12{,}3\ °C$
Widerstandsbeiwert $\lambda = 0{,}02$
Rohrleitungslänge zwischen Behälter und Haus ① $l_1 = 235\ m$
Rohrleitungslänge zwischen Haus ① und Haus ② $l_2 = 32\ m$

EHL = Energiehöhenlinie, DHL = Druckhöhenlinie
- in der Skizze mit den örtlichen Verlusten dargestellt -

gesucht ①: Erforderlicher Rohrdurchmesser zwischen dem Behälter und Haus ❶, wenn der Druckabfall maximal $8{,}50\ m$ betragen darf.

Lösung ①: Konstanter Rohrdurchmesser bedeutet, dass die Fließgeschwindigkeit v = konstant ist. Somit verlaufen Druck- und Energiehöhenlinie parallel im Abstand $v^2/2 \cdot g$: Druckabfall = Druckverlust = Energieverlust!

$$\Sigma h_v = \lambda \cdot \frac{l_1}{d_1} \cdot \frac{v_1^2}{2 \cdot g} \cdot 1{,}12 = 8{,}50\ m$$ Reibungsverluste nach Darcy mal 1,12

Der Faktor 1,12 beinhaltet lt. Aufgabe die örtlichen Verluste.

$$v = \frac{Q}{A} = \frac{Q}{\frac{\pi \cdot d_1^2}{4}} = \frac{Q \cdot 4}{\pi \cdot d_1^2}$$ somit ist $v_1^2 = \frac{Q^2 \cdot 16}{\pi^2 \cdot d_1^4}$

Nach Einsetzen und Umstellung erhält man

$$d_1^5 = \frac{\lambda \cdot l_1 \cdot Q^2 \cdot 16}{8{,}50 \cdot \pi^2 \cdot 2 \cdot g} \cdot 1{,}12$$

Laut Aufgabe sind $\lambda = 0{,}02$, $Q = 10\ l/s = 0{,}01\ m^3/s$ und $l_1 = 235\ m$, somit wird

$d_1 = 0{,}0875\ m = 87{,}5\ mm$

---

gesucht ②: Druckhöhe in Haus ❶

Lösung ②: Für Haus ❶ ist die Höhe (Höhenlage) mit 122,25 NN + m vorgegeben.

$$h_E = \frac{p_1}{\rho \cdot g} + \frac{v_1^2}{2 \cdot g} + \Sigma h_V$$ Bernoulli-Gleichung, bez. auf Haus ❶

$$v_1 = \frac{Q}{A_1} = \frac{0{,}01 \cdot 4}{\pi \cdot 0{,}0875^2} = 1{,}645\ m/s$$

$$154{,}30 - 122{,}25 = \frac{p_1}{\rho \cdot g} + \frac{1{,}645^2}{2 \cdot g} + 8{,}5$$

$$\frac{p_1}{\rho \cdot g} = 23{,}412\ m\ Wassersäule$$

---

gesucht ③: Erforderliche Rohrdurchmesser zwischen dem Haus ❶ und Haus ❷, wenn der Druckabfall maximal 2,50 m betragen darf?

Lösung ③: Lösung analog zu Lösung ①, also

$$d_2^5 = \frac{\lambda \cdot l_2 \cdot Q^2 \cdot 16}{2{,}50 \cdot \pi^2 \cdot 2 \cdot g} \cdot 1{,}12$$

Laut Aufgabe sind $\lambda = 0{,}02$, $Q = 10\ l/s = 0{,}01\ m^3/s$ und $l_2 = 32\ m$, somit wird

$d_2 = 0{,}07497\ m = 74{,}97\ mm \approx 75{,}0\ mm$

---

gesucht ④: Druckhöhe in Haus ❷

Lösung ④: Lösung analog zu Lösung ②, also:

Für Haus ❷ ist die Höhe (Höhenlage) mit 115,37 NN + m vorgegeben.

$$v_2 = \frac{Q}{A_2} = \frac{0{,}01 \cdot 4}{\pi \cdot 0{,}075^2} = 2{,}265\ m/s$$

$$154{,}30 - 115{,}37 = \frac{p_2}{\rho \cdot g} + \frac{2{,}265^2}{2 \cdot g} + 8{,}5 + 2{,}5$$

$$\frac{p_2}{\rho \cdot g} = 27{,}668\ m\ Wassersäule$$

---

gesucht ⑤: Qualitativer Verlauf der Druck- (DHL) und Energiehöhenlinie (EHL)

Lösung ⑤: Vom Behälter bis Haus ❶ ist ein größerer Rohrdurchmesser d_1 vorhanden, d.h. eine geringere Fließgeschwindigkeit v_1 und damit ein flachere Neigung der DHL und EHL als im 2. Abschnitt von Haus ❶ zu Haus ❷. Obwohl die örtlichen Verluste nicht berechnet wurden, werden sie an den vertikalen Hilfslinien entsprechend dargestellt.

Örtliche Verluste:
A Einlauf
B Richtungsänderung
C Verengung d_1/d_2
D Richtungsänderung
E Richtungsänderung
F Ende der Berechung, kein Verlust!

---

gesucht ⑥: Laminares oder turbulentes Fließen?

Lösung ⑥: Die Frage wird über die Reynoldszahl beantwortet. Nach dem bisher Gelernten wissen Sie, dass die Bewegung „sowieso“ turbulent ist; aber Sie müssen dies nachweisen. Oben ist auch die Wassertemperatur angegeben, die bisher nicht benötigt wurde.

$$\mathrm{Re} = \frac{v \cdot d}{\nu}$$

Die Reynoldszahl Re wird in dem Rohrleitungsabschnitt nachgewiesen, in dem die Fließgeschwindigkeit kleiner ist, also in $d_l = 0{,}0875\ m$ mit $v_1 = 1{,}645\ m/s$: Wenn dort die Bewegung turbulent ist, muss sie auch in der Rohrleitung mit der größeren Fließgeschwindigkeit turbulent sein. Die kinematische Viskosität ν im Nenner von Re ist von der Temperatur abhängig und über die Tabelle Seite 23 für $T = 12{,}3\ °C$ durch Interpolation zu ermitteln. Bei $10\ °C$ ist die Viskosität $\nu = 1{,}3 \cdot 10^{-6}$, bei $20\ °C$ gilt $\nu = 1{,}0 \cdot 10^{-6}\ m^2/s$.

$$\nu_{12,3°} = \nu_{10°} - \frac{2{,}3}{10} \cdot (\nu_{10°} - \nu_{20°}) = 1{,}231 \cdot 10^{-6}\ m^2/s$$

$$\mathrm{Re} = 116927 \approx 1{,}17 \cdot 10^5\ [-]$$

Anmerkung: In Lösung ① wurde der Rohrleitungsdurchmesser zu $d_l = 87{,}5\ mm$ ermittelt. In der Praxis würde man einen Normdurchmesser, wahrscheinlich also DN 100 wählen, für den das Beispiel ggf. neu durchzurechnen wäre.

TIPP:
Die Rauheit eines „fabrikneuen“ Rohres ist optimal, also so gering, wie es bei der Herstellung möglich ist. Im Laufe der Zeit wird das Rohr z.B. durch Ablagerungen und Inkrustationen meistens rauer als beim Einbau. Für die Praxis ist also die „betriebliche Rauheit“ k_b erforderlich, die Ihnen z.B. das Regelwerk ATV A 110 der DWA oder die DVGW vermitteln.

3.5 Gerinneströmung

3.5.1 Allgemeines

„Gerinne“ sind Bäche, Flüsse wie die Elbe oder die Weser sowie Kanäle, in denen Wasser mit freiem Wasserspiegel, also ohne Überdruck, fließt. Man spricht auch vom „Freispiegelabfluss“. Auf dem Wasserspiegel der Flüsse ruht nur der Atmosphärendruck. Schifffahrtskanäle wie der Main-Donau-Kanal sind keine Fließgewässer. Auch teilgefüllte Rohre, die Abwasser mit freiem Wasserspiegel zur Kläranlage transportieren, gehören hierzu. In diesem Kapitel wird die Gerinneströmung als stationäre Bewegung behandelt.

In Kap. 3.1 wurden unter anderem die Bewegungsarten, die Reynoldszahl Re und die Froudezahl Fr bei einer Gerinneströmung erläutert, in Kap. 3.3 die Bernoulli-Gleichung, die hier für den Freispiegelabfluss wiederholt wird:

Gerinneströmung (Freispiegelabfluss)
wirkliche Flüssigkeit, Anwendung: - fast - immer

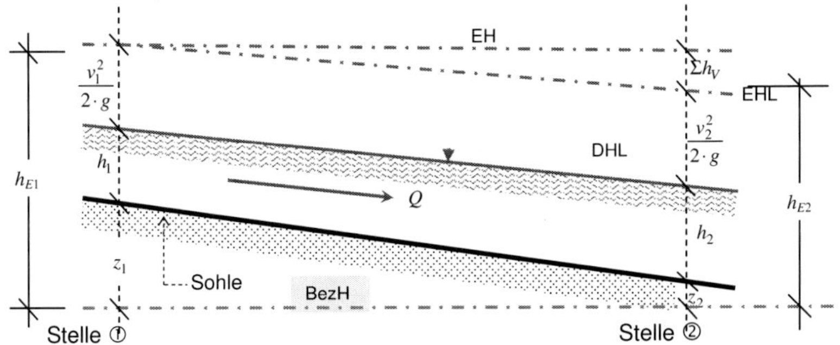

Legende
EH = Energiehorizont
EHL = Energiehöhenlinie
DHL = Druckhöhenlinie (bei Freispiegelabfluss gleich Wasserspiegellinie)
BezH = Bezugshorizont
Σh_V = Summe aller Verluste (Energieverluste)

Zur Erinnerung:

gleichförmige Bewegung Normalabfluss	**ungleichförmige Bewegung**
vgl. Kap. 3.1: Querschnitt A, Gefälle I und Rauheit k sind konstant.	vgl. Kap. 3.1: Querschnitt A und/oder Gefälle I und/oder Rauheit k sind nicht konstant.
Bei natürlichen Gerinnen (Fließgewässer) nicht gegeben, bei künstlichen Gerinnen (Kanäle) evtl. streckenweise gegeben.	Bei natürlichen Gerinnen (Fließgewässer) immer gegeben.
Man kann mit dem Sohlengefälle rechnen, da Sohlengefälle = Energieliniengefälle ist.	Man muss mit dem Energieliniengefälle, ggf. Drucklininengefälle rechnen.
Man kann in 1 Schritt über große Strecken rechnen.	Man rechnet in kleinen Schritten von Station zu Station, z.B. entlang des Rheins.
Relativ einfache Berechnung.	Aufwändigere iterative Berechnung.

Die Bernoulli-Gleichung $h_{E1} = h_{E2} + \Sigma h_v$ lautet nach Gl. (3.22) in allgemeiner Form:

$$z_1 + h_1 + \frac{v_1^2}{2 \cdot g} = z_2 + h_2 + \frac{v_2^2}{2 \cdot g} + \Sigma h_V$$

Frage: Wie lautet die Bernoulli-Gleichung bei gleichförmiger Bewegung (Normalabfluss)?

Antwort: Da h und v konstant sind, gilt $v_1 = v_2$ und $h_1 = h_2$, Gl. (3.22) wird zu $z_1 = z_2 + \Sigma h_V$.

Beispiel Gerinne

gegeben: Gerinne, an dem die Strömungsverhältnisse an 2 Stellen bei Q = konstant gemessen wurden.

Längsschnitt
$I_{So} = 1{,}6$ ‰

Stelle ❶
$A_1 = 4{,}60\ m^2$
$v_1 = 1{,}20\ m/s$

Stelle ❷
$A_2 = 5{,}10\ m^2$

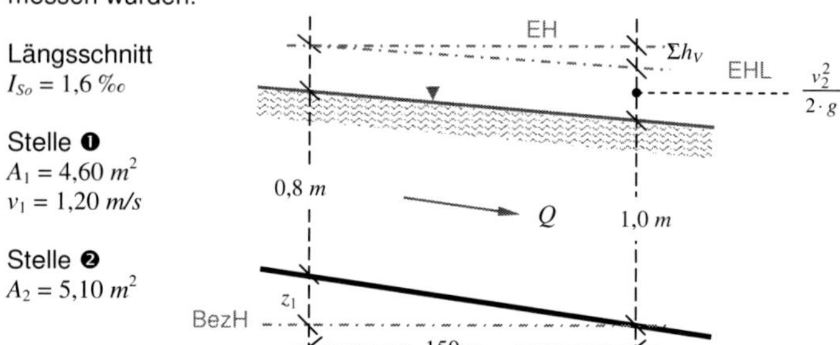

gesucht ①: stationär gleichförmige oder ungleichförmige Bewegung?
Lösung ①: ungleichförmige Bewegung, da h und A nicht konstant sind.

---

gesucht ②: beschleunigte oder verzögerte Bewegung?
Lösung ②: da $A_2 > A_1$ ist, handelt es sich um eine verzögerte Bewegung. Kontinuität!

---

gesucht ③: Abfluss Q und Fließgeschwindigkeit v_2
Lösung ③: $Q = v_1\,A_1 = 5{,}52\ m^3/s$ $v_2 = Q{:}A_2 = 1{,}082\ m/s$ Gl. (3.1) Kontinuität!

---

gesucht ④: Energieverlust Δh_E zwischen Stelle ❶ und ❷
Lösung ④: Der Energieverlust Δh_E ist gleich der Verlusthöhe Σh_V (siehe Zeichnung).
Energiegleichung (Bernoulli)

$$z_1 + h_1 + \frac{v_1^2}{2 \cdot g} = z_2 + h_2 + \frac{v_2^2}{2 \cdot g} + \Sigma h_V$$ Gl. (3.27), siehe oben

$z_1 = 0{,}0016 \cdot 150 = 0{,}24\ m$ $z_2 = 0$ vgl. Bezugshorizont

Außer Σh_V sind alle Parameter bekannt.

$$\Sigma h_V = z_1 + h_1 + \frac{v_1^2}{2 \cdot g} - h_2 - \frac{v_2^2}{2 \cdot g}$$

$$\Delta h_E = \Sigma h_V = 0{,}24 + 0{,}80 + \frac{1{,}20^2}{2 \cdot g} - 1{,}0 - \frac{1{,}082^2}{2 \cdot g} = 0{,}0537\ m$$

---

gesucht ⑤: Gefälle der Energiehöhenlinie I_E

Lösung ⑤: $I_E = \frac{\Sigma h_V}{\Delta l} = \frac{0{,}0537}{150} = 0{,}000358 = 0{,}358$ ‰

---

gesucht ⑥: Gefälle der Druckhöhenlinie I_D = Wasserspiegelgefälle I_{Sp}

Lösung ⑥: $I_D = I_{Sp} = \frac{z_1 + h_1 - h_2}{\Delta l} = \frac{0{,}24 + 0{,}8 - 1{,}0}{150} = 0{,}0002\overline{6} = 0{,}2\overline{6}$ ‰

---

gesucht ⑦: Strömen oder Schießen? Lösung mit vereinfachter Annahme!

Lösung ⑦ Da die Querschnitte nicht bekannt sind, wird Gl. (3.12 für Rechteckquerschnitte) angesetzt. Die Fließgeschwindigkeit an der Stelle ❶ ist größer als an der Stelle ❷; es wird Fr_1 errechnet.

$$Fr_1 = \frac{v_1}{\sqrt{g \cdot h_1}} = \frac{1{,}20}{\sqrt{9{,}81 \cdot 0{,}80}} = 0{,}43$$ Froudezahl Fr

→ strömender Abfluss, also muss auch bei ❷ strömender Abfluss herrschen.

3.5.2 Fließformeln

Frage: Was ist eine Fließformel?

Antwort: Eine Formel, mit deren Hilfe man die mittlere Fließgeschwindigkeit v in einem Gerinne berechnen kann - in Abhängigkeit von den Parametern, welche die Fließgeschwindigkeit beeinflussen; auch als „Fließgesetz" bezeichnet.

Frage: Welche Parameter beeinflussen die Fließgeschwindigkeit in einem Gerinne?

Antwort: Sohlengefälle I, Rauheit k und Querschnitt A des Gerinnes.

In Deutschland werden üblicherweise 2 Fließformeln verwendet:

Fließformel nach DARCY-WEISBACH (vgl. Kap. 3.4, Rohrströmung)

$$v = \sqrt{\frac{8 \cdot g \cdot r_{hy} \cdot I_E}{\lambda}} = \frac{1}{\sqrt{\lambda}} \cdot \sqrt{8 \cdot g \cdot r_{hy} \cdot I_E}\ [m/s] \qquad (3.31)$$

mit $d = 4 \cdot r_{hy}$ = hydraulischer Durchmesser d_{hy} in Gl. (3.24) eingesetzt, und

λ = Widerstandsbeiwert, bei natürlichen Gerinnen im rauen Bereich nach Gl. (3.28).

Bereich und	Material	Rauheit k in m
Einzelrauheiten für		
Hauptgerinne:	Sand, schlammig	0,015 bis 0,03
	Feinkies	0,035 bis 0,05
	Sand mit größeren Steinen	0,07 bis 0,11
	Kies	ca. 0,08
	Grobkies bis Schotter	0,06 bis 0,20
	Schwere Steinschüttung	0,20 bis 0,30
	Sohlpflasterung	0,03 bis 0,05
	Grobe Steine und Fels	0,50 bis 0,70
	Fels	ca. 0,8
	Beton, hohe Qualität und sehr glatte Schalung	0,0003 bis 0,0008
	Holzschalung	0,001 bis 0,006
	Mauerwerk, verfugte Klinker	0,0015 bis 0,006
	Bruchsteinmauerwerk	0,003 bis 0.02
Vorland, Böschung:	Asphalt	ca. 0,003
	Rasen	ca. 0,06
	Gras (oberer Wert nur bei Horstbildung)	0,10 bis 0,35
	Gras und Stauden	0,13 bis 0,40
	Rasengittersteine	0,015 bis 0,03
	Ackerboden	0,02 bis 0,25
	Felder mit Kulturen	0,25 bis 0,8
	Waldboden	0,16 bis 0,32
Fließgewässerrauheiten für Abschnitte		
	ohne Unregelmäßigkeiten	0,05 bis 0,25
	mit Unregelmäßigkeiten in der Sohle	0,15 bis 0,35
	mit fester Sohle u. Unregelm. in Sohle und Böschung	0,30 bis 0,50
	Entwässerungsgräben und Bäche	0,10 bis 0,35

Diese theoretisch begründete Gleichung (3.31) soll in Zukunft in der Gerinnehydraulik immer verwendet werden, in der Rohrhydraulik wird sie schon sehr lange verwendet. Die absolute Rauheit k in Gerinnen an Sohle und Ufer ist aber sehr heterogen, sehr vielfältig - an einem großen wie an einem kleinen Fluss, was die Festlegung der Rauheit k erschwert.

Tabelle (links)
Absolute Rauheit k $[m]$ - also in Meter - für Gerinne bzw. Rauheitselemente nach [2]

Beachten Sie die Tabelle für Rauheiten k verschiedener Rohrmaterialien und von Baustoffen auf Seite 108.

Fließformel nach MANNING - STRICKLER

$$v = k_{St} \cdot r_{hy}^{2/3} \cdot I_E^{1/2} \; [m/s] \qquad (3.32)$$

k_{St} = Rauheit nach Strickler

In der Gerinnehydraulik soll die empirische Manning-Strickler-Formel nach und nach nicht mehr verwendet werden. Interessant hierzu ist die Empfehlung von Experten (vgl. Seite 141), weiterhin nach Manning-Strickler zu rechnen. Die Meinung des Verfassers finden Sie unten auf dieser Seite.

Frage und Antwort:
Wie könnte man bei Normalabfluss die Gl. (3.32) schreiben? $I_{So}{}^{1/2}$ statt $I_E{}^{1/2}$.

Die aus theoretischen Überlegungen und Versuchen ermittelte Gl. (3.32) ist populär, weil sie einfach zu handhaben ist und die Rauheit k_{St} bei wandrauen Gerinnen unabhängig von der Wassertiefe als konstant angenommen wird. Dem wird entgegen gehalten, dass sie nur eine empirische, also keine theoretisch-wissenschaftliche Grundlage hat, und dass für die Rauheit k_{St} die Einheit $[m^{1/3}/s]$ angenommen werden muss, wenn man Gl. (3.32) dimensionsecht „machen“ will. Deshalb sollte man besser von einem „Rauheitsbeiwert“ statt von „Rauheit“ sprechen werden. Nicht ganz logisch ist auch die Tatsache, dass ein großer Rauheitsparameter k_{St} „glatt“ bedeutet und umgekehrt. Aufgrund ihrer Popularität wird sie aber nach wie vor eingesetzt, da sie bei wandrauen Gerinnen hinreichend genaue Ergebnisse liefert und bei naturnahen Gerinnen durchaus eingesetzt werden kann (siehe weiter unten). Sie ist auch in der englischsprachigen Literatur als Manning-Gleichung[20] fest verankert, wo man mit dem Kehrwert von k_{St} arbeitet, so dass der letztere Mangel entfällt.

Angelsächsische Darstellung der Gl. (3.32)

$$n = \frac{1}{k_{St}} \quad \text{und somit} \quad v = \frac{r_{hy}^{2/3} \cdot I_E^{1/2}}{n} \; [m/s]$$

Dadurch bedeutet ein kleiner Zahlenwert von n eine geringe Rauheit und ein großer Zahlenwert entsprechend eine große Rauheit, was im Gegensatz zu k_{St} in (3.32) logisch ist. Wir bleiben aber bei der im deutschsprachigen Raum üblichen Version und machen einen Einheiten - Vergleich in der Formel (3.32):

$$v\,[m/s] = k_{St}\,[???] \cdot r_{hy}^{2/3}\,[m^{2/3}] \cdot I_E^{1/2}\,[-] \quad \text{, also}$$

$$[m/s] = [\frac{m^{1/3}}{s}] \cdot [m^{2/3}] \,.$$

Wenn man beide Fließformeln als „gleich“ oder „gleichwertig“ ansetzt, so gilt

v_{Darcy} (3.31) = $v_{Manning}$ (3.32), d.h. $\sqrt{\frac{8 \cdot g \cdot r_{hy} \cdot I_E}{\lambda}} = k_{St} \cdot r_{hy}^{2/3} \cdot I_E^{1/2}$ und schließlich

$$\lambda = \frac{8 \cdot g}{r_{hy}^{1/3} \cdot k_{St}^2} \,.$$

Meinung des Verfassers zu den Fließformeln: Trend in Richtung Darcy-Weisbach, vor Allem im Software-Bereich; Manning-Strickler aber nach wie vor Standard; vgl. Ausführungen auf Seite 141.

[20] Robert Manning 1816 - 1897, Irland

Falls diese Beziehung eingehalten wird, würde sich aus beiden Fließformeln die gleiche Fließgeschwindigkeit v ergeben. Die Praxis zeigt aber, dass der λ - Wert und der k_{St} - Wert, legt man die Tabellenwerte zu Grunde, nicht in allen Bereichen kompatibel sind. Ähnliche ältere Formeln als die nach Manning-Strickler gibt es nach Brahms, de Chezy (beide um 1750) und Kutter. Im Folgenden wird zunächst die Gl. (3.32) behandelt, ab S. 139 aber auch die Darcy-Weisbach-Gleichung (3.31) bei naturnahen Gerinnen.

Die gängigsten geometrischen Profile für Gerinne sind Rechteck, Trapez, selten das Dreieck. Für diese Querschnitte sind im Folgenden Gleichungen für A und l_U angegeben.

Profil	durchflossener Querschnitt $A\ [m^2]$	benetzter Umfang $l_U\ [m]$
Rechteck	$A = b \cdot h$	$l_U = b + 2 \cdot h$
Dreieck	$A = m \cdot h^2$	$l_U = 2 \cdot h \cdot \sqrt{1+m^2}$
Trapez	$A = b_{So} \cdot h + m \cdot h^2$	$l_U = b_{So} + 2 \cdot h \cdot \sqrt{1+m^2}$

Legende:
$1{:}m$ = Böschungsneigung [manchmal auch $1{:}n$ bezeichnet]
b = Breite [m]; bei Rechteck = Sohlen- und Wasserspiegelbreite
b_{So} = Sohlenbreite $[m]$
h = Wassertiefe (Fließtiefe) $[m]$
$r_{hy} = \dfrac{A}{l_U}$ = hydraulischer Radius $[m]$

Die Ufer der Bäche und Flüsse sind in Deutschland - und in anderen Industrieländern - häufig befestigt, so dass die Rauheiten k_{Sti} an den Ufern und an der Sohle unterschiedlich sind. In einem solchen Fall wird die mittlere Rauheit nach Gl. (3.33) von Einstein[21] errechnet, allerdings ändert sich k_{Stm} dann mit der Wassertiefe:

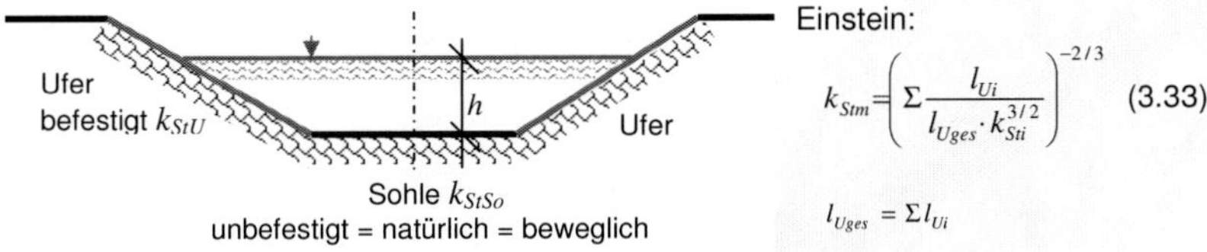

Einstein:

$$k_{Stm} = \left(\Sigma \frac{l_{Ui}}{l_{Uges} \cdot k_{Sti}^{3/2}} \right)^{-2/3} \qquad (3.33)$$

$$l_{Uges} = \Sigma l_{Ui}$$

Auch bei Verwendung der Gl. (3.31) nach Darcy-Weisbach kann man mit einer mittleren Rauheit arbeiten, falls - wie zuvor - z.B. die Sohle eine andere Rauheit k_{So} $[mm]$ als das Ufer k_U $[mm]$ aufweist: Für die Teillängen l_{Ui} wird der Widerstandsbeiwert λ_i nach Gl. (3.28) errechnet und daraus der mittlere Widerstandsbeiwert λ_m für l_{Uges} wie folgt:

$$\lambda_m = \frac{\Sigma(\lambda_i \cdot l_{Ui})}{l_{Uges}} \qquad (3.33\ a)$$

Theoretisch kann man mit beliebig vielen k_{Sti} oder λ_i-Werten arbeiten, falls jedem der k_{Sti} oder λ_i-Werte eine Teillänge l_{Ui} des gesamten benetzten Umfangs l_{Uges} zugeordnet wird.

[21] Hans-Albert Einstein, geb. 1905 in Bern/CH, gest. 1973 in Falmouth/USA, Sohn des Physikers und Nobelpreisträgers Albert Einstein.

Beispiel mittlerer k_{St}-Wert

gegeben: Ein Bach in Ortslage, der am rechten Ufer auf Grund der Bebauung lotrecht befestigt ist, am linken Ufer geböscht ist. Entsprechend sind 3 Bereiche zu unterscheiden. Weitere Angaben:

Normalabfluss, $I_{So} = 30\ cm$ auf $1000\ m$
Bereich U_1 $k_{St} = 35$, Neigung $m_1 = 1$
Bereich U_2 alter Beton sauber, Neigung $m_2 = 0$
Sohle So $k_{St} = 28$

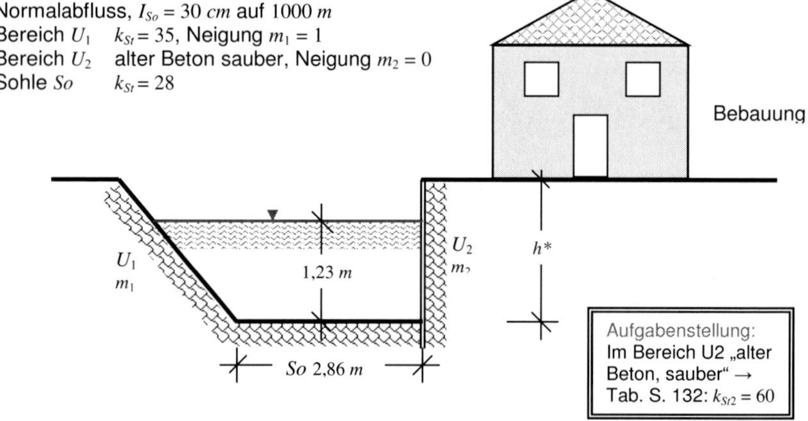

gesucht ① die mittlere Rauheit k_{Stm}

$l_{U,1} = \sqrt{1{,}23^2 + 1{,}23^2} = 1{,}74\ m$ ...Länge am linken Ufer bei $1{:}m_1 = 1{:}1$

$l_{U,2} = 1{,}23\ m$ ....Länge am rechten Ufer bei $1{:}m_2 = 1{:}0$

$l_{U,3} = 2{,}86\ m$ ....Sohlenbreite

$l_{U,ges} = 5{,}83\ m$

Gl. (3.33)
$$k_{Stm} = \left(\frac{l_{U1}}{l_{Uges} \cdot k_{St1}^{3/2}} + \frac{l_{U2}}{l_{Uges} \cdot k_{St2}^{3/2}} + \frac{l_{U3}}{l_{Uges} \cdot k_{St3}^{3/2}} \right)^{-2/3}$$

Lösung ① $k_{Stm} = 33{,}29 \approx 33$ → Strickler-Rauheit üblicherweise nur als ganze Zahl!

---

gesucht ②: Fließgeschwindigkeit v

Lösung ②: $A = \dfrac{2{,}86 + (2{,}86 + 1{,}23)}{2} \cdot 1{,}23 = 4{,}274\ m^2$ Trapez!

$I_{So} = 0{,}3\ m$ auf $1000\ m = 0{,}0003$

$r_{hy} = \dfrac{A}{l_{Uges}} = \dfrac{4{,}274}{5{,}829} = 0{,}733\ m$

$v = k_{Stm} \cdot r_{hy}^{2/3} \cdot I_{So}^{1/2}$ Gl. (3.32) Manning-Strickler

$v = 0{,}465\ m/s$

---

gesucht ③: Abfluss Q

Lösung ③: $Q = 1{,}98\ m^3/s = A_i \cdot v_i$ Gl. (3.1) Kontinuität

---

gesucht ④: Angenommen der aktuelle Hochwasserabfluss sei $Q^* = 1{,}35 \cdot Q$ aus ③. Wie tief h^* müsste das Bachprofil sein, wenn die Bewohner des Hauses beim Hochwasser gerade noch einmal Glück gehabt haben? Kein Kellergeschoss!

Lösung ④: Die Bewohner haben Glück, wenn die Profiltiefe h^* mindestens der Wassertiefe bei Q^* entspricht.

$$Q^* = 1{,}35 \cdot Q = 1{,}35 \cdot 1{,}987 = 2{,}682\ m^3/s$$

$$A^* = \frac{h^{*2}}{2} + 2{,}86 \cdot h^* \qquad A^* \text{ in Abhängigkeit von } h^*$$

$$l_U^* = 2{,}86 + h^* + h^* \cdot \sqrt{2} \qquad l_U^* \text{ in Abhängigkeit von } h^*$$

$$Q^* = 2{,}682 = \underbrace{\left(\frac{h^{*2}}{2} + 2{,}86 \cdot h^*\right)}_{A} \cdot \underbrace{33 \cdot \left(\frac{\frac{h^{*2}}{2} + 2{,}86 \cdot h^*}{2{,}86 + h^* + h^* \cdot \sqrt{2}}\right)^{2/3} \cdot 0{,}0003^{1/2}}_{v \text{ nach Manning-Strickler}}$$

$h^* \approx 1{,}48\ m$, entweder iterativ oder per Zielwertsuche z.B. mit MS Excel.

→ Beispiel Teil ④ für ein unverändertes k_{Stm} durchgerechnet!

Bei gegliederten Trapezquerschnitten geht man üblicherweise wie folgt vor.

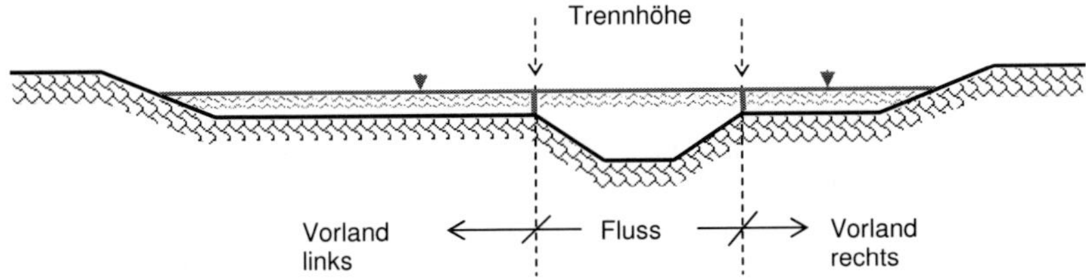

Die Rauheit der Vorländer, die bei großen Flüssen mehrere hundert Meter breit sein können, ist im Allgemeinen anders (größer) als die Rauheit des eigentlichen Flussbettes (des „Flussschlauches"), weshalb man bei einer gleichförmigen Bewegung wie folgt rechnet:

$$Q = \Sigma Q_i = \Sigma (A_i \cdot v_i) = \Sigma\left(A_i \cdot k_{Sti} \cdot r_{hyi}^{2/3} \cdot I_{Soi}^{1/2}\right) \tag{3.34}$$

Die Abflüsse der Vorländer werden „ganz normal" berechnet, d.h. man bestimmt A und l_U, wobei l_U die vom Wasser benetzte Länge des Teilquerschnitts ist. Beim Flussschlauch werden die Trennflächen zwischen Fluss und Vorland (= Wassertiefe an der Trennfläche, auch Trennhöhe genannt) beim benetzten Umfang berücksichtigt, in der Zeichnung mit roten Punkten markiert. Weiter unten folgt ein Beispiel für einen gegliederten Querschnitt.

Für die Rauheit (den Rauheitsparameter) k_{St} nach Strickler sind in der Fachliteratur verschiedene Tabellen angegeben, die ähnlich der folgenden aus [2] aufgebaut sind, aber nicht immer ganz übereinstimmen. Für k_{St} werden üblicherweise nur ganze Zahlen eingesetzt.

		k_{St}
Natürliche Fließgewässer:	Flußbett mit fester Sohle, ohne Unregelmäßigkeiten	40
	Flußbett, verkrautet, je nach Umfang der Verkrautung	15 - 35
	Flußbett mit Geröll und Unregelmäßigkeiten	25 - 35
	Flußbett, stark geschiebeführend	20 - 30
	Wildbach, Bachlauf mit starkem Bewuchs	15 - 20
	Wildbach mit grobem Geröll (kopfgroße Steine)	20 - 25
	Sohle aus Sand und Kies mit gepflasterten Böschungen	40 - 50
	Feinkies, ca. 10 / 20 / 30 mm	45
	Grobkies, ca. 50 / 100 / 150 mm	35
	Mit groben Steinen ausgelegt	20 - 30
Überflutungsflächen:	Gemähtes Gras	28 - 40
	Hochstehendes Gras	20 - 35
	Gestrüpp und hohe Verkrautung	15 - 30
Felskanäle:	Mittelgrober Felsausbruch	25 - 30
	Felsausbruch bei sorgfältiger Sprengung	20 - 25
	Sehr grober Felsausbruch, große Unregelmäßigkeiten	15 - 20
Gemauerte Kanäle:	Ziegel, auch Klinker, gut gefugt	80
	Hausteinquader	60 - 80
	Bruchsteinmauerwerk, eben ausgeführt	70
	Mauerwerk (übliches)	60
	Grobes Bruchsteinmauerwerk, Steine nur grob behauen	50
	Bruchsteinwände, gepflasterte Böschungen mit Sohle aus Sand	45 - 50
Betonkanäle:	Zementglattstrich, Stahlschalung	100
	Glatt verputzt	90 - 95
	Gute Verschalung, glatter unversehrter Zementputz, glatter Beton	80 - 90
	Beton mit Verwendung von Holzschalung, ohne Verputz	65 - 70
	Stampfbeton mit glatter Oberfläche	60 - 65
	Alter Beton, saubere Fläche	60
	Grobe Betonauskleidung	55
	Ungleichmäßige Betonfläche	50
	Neue gußeiserne Rohre	90
Sonstige Gerinne:	Walzgußasphalt - Auskleidung in Werkkanälen	70 - 75
Stollen:	Betonstollen normaler Ausführung	70 - 80
	Betonstollen aus rauhem Beton, älterer Zementputz	65 - 75
	Roher Felsausbruch, Sohle betoniert	40 - 50
	Stollen mit rohem Felsausbruch	20 - 35

Rauheitsparameter k_{St} für die Manning-Strickler-Gleichung nach [2]

Die Tabelle mag für einen Anfänger zunächst verwirrend sein, aber man kann sagen, dass bei entsprechender beruflicher Erfahrung ein „vernünftiger" Wert zuverlässig entnommen werden kann. Was heißt „vernünftig"? Jedenfalls kein mathematisch exakter Wert, sondern ein Wert, der dem tatsächlichen Wert nahe kommt, so dass das Rechenergebnis „sehr gut" ist. Entsprechend gilt auch, was schon früher gesagt wurde, nämlich dass der Ehrgeiz auf viele Stellen hinter dem Komma, die der PC liefert, nicht praxisnah ist.

Beispiel gegliederter Querschnitt

gegeben: Gerinne mit einfachem Trapezprofil, das in einen gegliederten Querschnitt mit Vorland umgestaltet werden soll. Die Fließtiefen sind für den Mittelwasserabfluss MQ und den Hochwasserabfluss HQ angegeben.
Annahme Normalabfluss, also $I_E = I_{So}$.

$MQ = 0{,}50\ m^3/s$ $\qquad HQ = 12{,}2\ m^3/s$
Die Böschungsneigungen sind 1:1 bzw. 1:1,5 (siehe Zeichnung)
$k_{St} = 32$ (alter Flussquerschnitt)
$k_{St} = 28$ (neues Vorland)
Alle Maße in Meter [m].

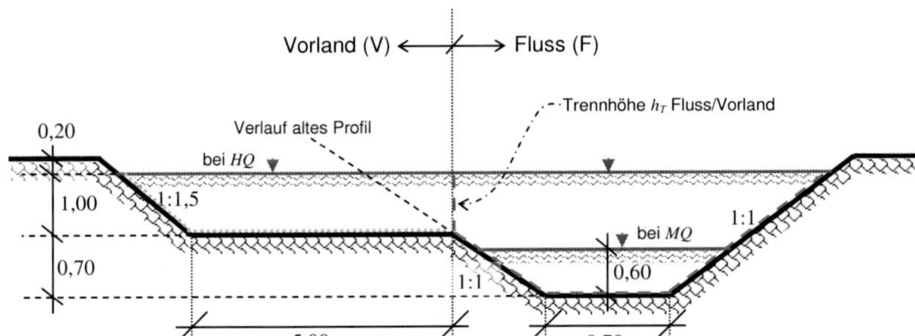

gesucht ①: Fließgeschwindigkeit v bei MQ

Lösung ①: MQ fließt im alten Querschnitt mit einer Fließtiefe von $h = 0{,}60\ m$ ab.

$$A_{MQ} = 0{,}7 \cdot 0{,}6 + 1 \cdot 0{,}6^2 = 0{,}78\ m^2$$ nach Tabelle Seite 129

$$v_{MQ} = \frac{MQ}{A_{MQ}} = \frac{0{,}50}{0{,}78} = 0{,}641\ m/s$$ Kontinuität

---

gesucht ②: Sohlengefälle I_{So} im Fluss

Lösung ②: $$l_U = 0{,}7 + 2 \cdot 0{,}6 \cdot \sqrt{1+1^2} = 2{,}397\ m$$ bei MQ, nach Tabelle Seite 129

$$r_{hy} = \frac{A}{l_U} = \frac{0{,}78}{2{,}397} = 0{,}325\ m$$

$$I_{So} = \left(\frac{v}{k_{St} \cdot r_{hy}^{2/3}}\right)^2 = \left(\frac{0{,}641}{32 \cdot 0{,}325^{2/3}}\right)^2 = 0{,}001796$$ aus Gl. (3.32)

Das Sohlengefälle I_{So} beträgt also 1,796 ‰.

---

gesucht ③: Kann das dargestellte Profil mit Vorland das Hochwasser HQ abführen?

Lösung ③: Die Lösung erfolgt nach Gl. (3.32) und Gl. (3.34). Für den Fluss (F) und das Vorland (V) werden die Abflüsse getrennt ermittelt und addiert.

Die Länge des benetzten Umfangs im Fluss $l_{U,F}$ ist in der Zeichnung durch die gestrichelte Linie (rot) markiert, einschließlich Trennhöhe h_T zwischen Fluss und Vorland. Der durchflossene Querschnitt im Fluss A_F ist ebenfalls durch die gestrichelte Linie und den Wasserspiegel beschrieben.

Die Länge des benetzten Umfangs im Vorland $l_{U,V}$ ist in der Zeichnung durch die gepunktete Linie (grün) markiert, ohne Trennhöhe! Der durchflossene Querschnitt im Vorland A_V ist durch die gepunktete Linie, den Wasserspiegel und die Trennhöhe h_T beschrieben. Es wird davon ausgegangen, dass im Vorland das gleiche Gefälle I_{So} wie im Fluss vorhanden ist.

Auf den Berechnungsgang für die geometrischen Größen wird verzichtet; vgl. hierzu Tab. S. 129.

Fluss: $A_F = 3{,}58\ m^2$ $l_{U,F} = 5{,}094\ m$
Vorland: $A_V = 5{,}75\ m^2$ $l_{U,V} = 6{,}805\ m$

$$Q_F = 3{,}58 \cdot 32 \cdot \left(\frac{3{,}58}{5{,}094}\right)^{2/3} \cdot 0{,}001796^{1/2} = 3{,}838\ m^3/s \quad \text{Fluss}$$

$$Q_V = \underbrace{5{,}75}_{A} \cdot \underbrace{28 \cdot \left(\frac{5{,}75}{6{,}805}\right)^{2/3} \cdot 0{,}001796^{1/2}}_{v \text{ nach Gl. (3.32)}} = 6{,}099\ m^3/s \quad \text{Vorland}$$

Kontinuität!

$$Q_{ges} = 3{,}838 + 6{,}099 = 9{,}937\ m^3/s < HQ = 12{,}2\ m^3/s \quad \text{gesamt}$$

Antwort: nein, das Vorland muss breiter gemacht werden, also $b_V > 5{,}0\ m$ erforderlich. Iterative Lösung oder Zielwertsuche z.B. mit MS Excel.

3.5.3 Freispiegelrohre

Eine Sonderstellung nehmen Rohre mit Freispiegelabfluss ein, die nach der Theorie zu diesem Kapitel gehören, aber nach der Darcy-Formel berechnet werden. Bei Rohren handelt es sich um geometrische Querschnitte, so dass man den durchflossenen Querschnitt und den benetzten Umfang in Abhängigkeit von der Füllhöhe mathematisch bestimmen kann. In der Praxis der Siedlungswasserwirtschaft werden Tabellenbücher verwendet, mit deren Hilfe man Berechnungen relativ einfach vornehmen kann.

Man bezeichnet h als Füllhöhe oder Teilfüllungshöhe des Rohres, d ist der Rohrdurchmesser, bei $h = d$ wäre somit gerade die Vollfüllung des Rohres (ohne Überdruck!) gegeben.

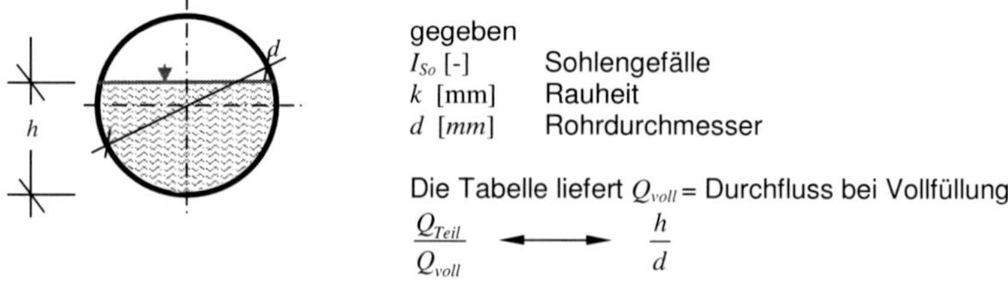

Gibt man sich Q_{Teil} vor, kann man mit Hilfe der Tabellen die Füllhöhe h errechnen. Oder man gibt sich h vor und kann das zugehörige Q_{Teil} bestimmen. Diese einfache Aufgabenstellung wird in der Hydromechanik nicht weiter verfolgt. Die Angabe dient Ihnen als Hinweis auf die Thematik in der Siedlungswasserwirtschaft (Abwasserleitungen).

Im Bereich des „klassischen“ Wasserbaus, also dem Fachgebiet „Wasserbau und Wasserwirtschaft“, ist die Verwendung der Manning-Strickler-Formel vor allem bei Durchlässen nach wie vor üblich. Einen Durchlass hat jede(r) schon einmal gesehen:

Ein Bach wird unter einer Straße hindurchgeführt, früher meist in einem Kreisrohr:

Grundriss

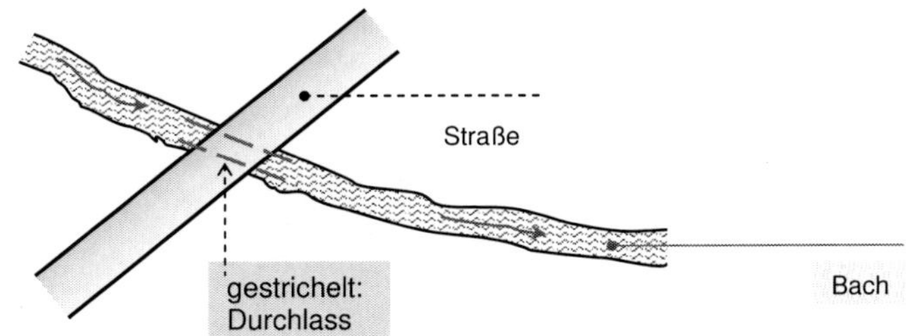

Die Rauheitsparameter k_{St} der Manning-Strickler-Formel für Rohre können der Tabelle auf Seite 132 entnommen werden. Bei teilgefüllten Rohre gibt es Tabellen für den durchflossenen Querschnitt A und den benetzten Umfang l_U. Gängige Rohrquerschnitte in der Abwassertechnik, aber auch für Durchlässe sind Kreisquerschnitte, Eiprofile (für Durchlass nicht geeignet) und Maulprofile, die im Folgenden dargestellt sind. Eine Tabelle für A und l_U ist jedoch nur für den Kreisquerschnitt auf S. 136 angegeben.

Gängige Profile in der Abwassertechnik und bei Durchlässen nach DIN 4263:

aus [3] und [11]

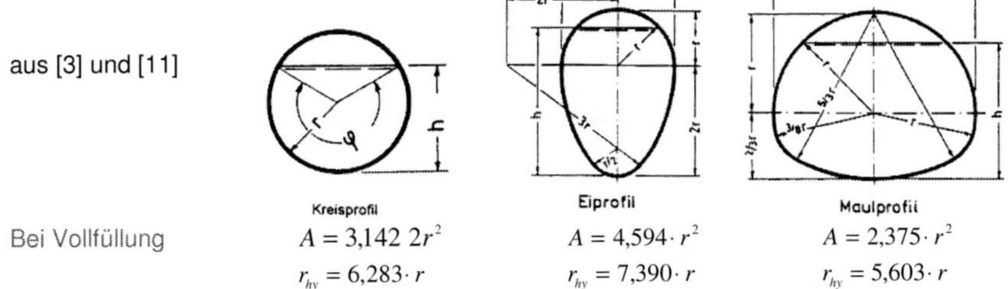

	Kreisprofil	Eiprofil	Maulprofil
Bei Vollfüllung	$A = 3{,}142\ 2r^2$	$A = 4{,}594 \cdot r^2$	$A = 2{,}375 \cdot r^2$
	$r_{hy} = 6{,}283 \cdot r$	$r_{hy} = 7{,}390 \cdot r$	$r_{hy} = 5{,}603 \cdot r$

Vgl. hierzu die Tabelle auf der nächsten Seite.

3.5.4 Hydraulisch günstige Querschnitte

Ein anderes Thema der Freispiegelhydraulik sind so genannte „hydraulisch günstigste“ Gerinnequerschnitte. Dabei handelt es sich um Querschnitte, die möglichst viel Wasser transportieren können.

Annahme: Das Gefälle I, die Rauheit k und der durchflossener Querschnitt A seien gleich.
Frage: Welche Querschnittsform führt das größte Q ab?

Kreisrohrquerschnitt				
h/d	r_{hyT}/r_{hyV}	v_T/v_V	Q_T/Q_V	A_T/A_V
0,000	0,0000	0,0000	0,0000	0,0000
0,010	0,0265	0,1035	0,0002	0,0017
0,020	0,0528	0,1592	0,0008	0,0048
0,030	0,0789	0,2045	0,0018	0,0087
0,040	0,1047	0,2440	0,0033	0,0134
0,050	0,1302	0,2797	0,0052	0,0187
0,060	0,1555	0,3125	0,0077	0,0245
0,070	0,1805	0,3430	0,0106	0,0308
0,080	0,2053	0,3717	0,0139	0,0375
0,090	0,2298	0,3989	0,0178	0,0446
0,100	0,2541	0,4247	0,0221	0,0520
0,200	0,4824	0,6340	0,0903	0,1424
0,300	0,6838	0,7885	0,1990	0,2523
0,400	0,8569	0,9080	0,3392	0,3735
0,500	1,0000	1,0000	0,5000	0,5000
0,600	1,1106	1,0677	0,6689	0,6265
0,700	1,1849	1,1119	0,8313	0,7477
0,800	1,2168	1,1305	0,9695	0,8576
0,900	1,1921	1,1161	1,0580	0,9480
1,000	1,0000	1,0000	1,0000	1,0000

Tabelle[22] Abbildung links zum Thema Freispiegelrohre:

Legende
h/d Teilfüllung / Vollfüllung

Index großes T: Teilfüllung
Index großes V: Vollfüllung
r_{hyT}/r_{hyV} Hydraulischer Radius
v_T/v_V Fließgeschwindigkeit
Q_T/Q_V Durchfluss
A_T/A_V durchflossener Querschnitt

Die Tabellenwerte sind zwischen h/d = 0,0 und h/d = 0,1 im Abstand von 0,01 angegeben, zwischen 0,1 und 1,0 nur im Abstand 0,1.

Weiter mit „Hydraulisch günstige Querschnitte"

Hierzu wird die Manning-Strickler-Formel (3.32) in Verbindung mit der Kontinuitätsgleichung (3.1) noch einmal betrachtet.

$$Q = v \cdot A = A \cdot k_{St} \cdot \left(\frac{A}{l_U}\right)^{2/3} \cdot I^{1/2} \quad \left[m^3/s\right]$$

Bei gleichem I, k_{St} und A wird der Abfluss Q bei der Querschnittsform am größten, bei welcher der benetzte Umfang l_U am kleinsten ist, da er im Nenner steht!

Durch theoretische Herleitungen kann man ermitteln, dass der Halbkreis grundsätzlich der günstigste hydraulische Querschnitt ist. Bei Rechteck-, Dreieck- und Trapezquerschnitten sind es jene Querschnittsformen, in die man einen Halbkreis einschreiben kann:

Der günstigste Rechteckquerschnitt ist also jener, für den $b = 2 \cdot h$ gilt. Hydraulisch günstige Querschnitte könnte man z.B. für die Bemessung eine Bewässerungskanals wählen. Für natürliche Gerinne wie Bäche und Flüsse kommen sie aus ökologischen Gründen nicht in Frage.

[22] Tabelle von Prof. Dr.-Ing. Riegler zur Verfügung gestellt.

1:*m*	$f_{b,So} = \frac{b_{So}}{\sqrt{A}}$	$f_h = \frac{h}{\sqrt{A}}$
1:0,5	0,938	0,759
1:1	0,612	0,739
1:1,25	0,503	0,716
1:1,5	0,417	0,689
1:1,75	0,354	0,662
1:2	0,300	0,636
1:2,5	0,227	0,589
1:3	0,174	0,549
1:4	0,122	0,485
1:5	0,077	0,439

Für die Konstruktion eines hydraulisch günstigen Trapezquerschnitts kann die neben stehende Tabelle verwendet werden.

Wie immer, muss man sich Ausgangswerte vorgeben, erst danach kann man den hydraulisch günstigsten Trapezquerschnitt bestimmen und konstruieren.

Beispiel hydraulisch günstiger Querschnitt

gegeben: durchflossener Querschnitt $A = 8{,}0\ m^2$
Neigung der Ufer $1{:}m = 1{:}1{,}75$

gesucht: Abmessungen des hydraulisch günstigen Trapezquerschnitts

Lösung: aus der Tabelle ergibt sich für $1{:}m = 1{:}1{,}75$

$$f_{b,So} = \frac{b_{So}}{\sqrt{A}} = 0{,}354 = \frac{b_{So}}{\sqrt{8}} \quad \text{und}$$

$$f_h = \frac{h}{\sqrt{A}} = 0{,}662 = \frac{h}{\sqrt{8}}$$

Daraus folgt

$$b_{So} = 0{,}354 \cdot \sqrt{8} = 1{,}001\ m$$
$$h = 0{,}662 \cdot \sqrt{8} = 1{,}872\ m$$

Damit liegt das Profil des hydraulisch günstigsten Trapezquerschnitts fest. Hydraulisch günstige Trapezquerschnitte sind immer Querschnitte mit relativ geringer Sohlenbreite b_{So} und großer Wassertiefe h, also bautechnisch gar nicht so günstig und ökologisch ungeeignet.

3.5.5 Iterative Spiegellinienberechnung

Die stationär ungleichförmige Bewegung ist eine Fließbewegung, bei der man nicht mit dem Sohlengefälle I_{So} rechnen kann, sondern mit dem Energieliniengefälle I_E rechnen muss. Schon zu Beginn des Kapitels wurde gesagt, dass dies bei natürlichen Gerinnen immer der Fall und mit erhöhtem Rechenaufwand verbunden ist. Stellen wir uns die Berechnung der Wasserspiegellinie des Rheins von Ludwigshafen nach Mainz vor. Ein solches Gerinne berechnet man nicht in „1 Stück", sondern von Abschnitt zu Abschnitt (von Querschnitt zu Querschnitt), so dass die Energielage an der unteren Stelle immer die Ausgangshöhe für den nächsten Abschnitt bedeutet.

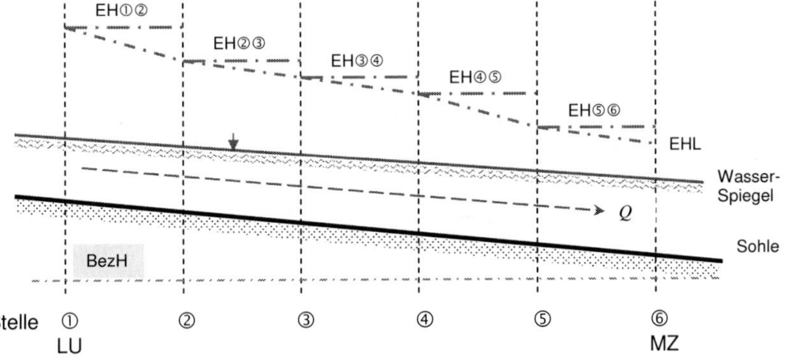

Natürlich muss eine Ausgangswasserspiegellage bekannt sein, entweder in ① oder ⑥, weiterhin die Querschnitte (Fließquerschnitte) an den markierten Stellen, der Sohlenverlauf (das Gefälle) und die Rauheiten. Angenommen, es wird in Fließrichtung gerechnet, also von ① in Richtung ⑥, dann betrachten wir zunächst vergrößert den 1. Abschnitt von ① nach ②:

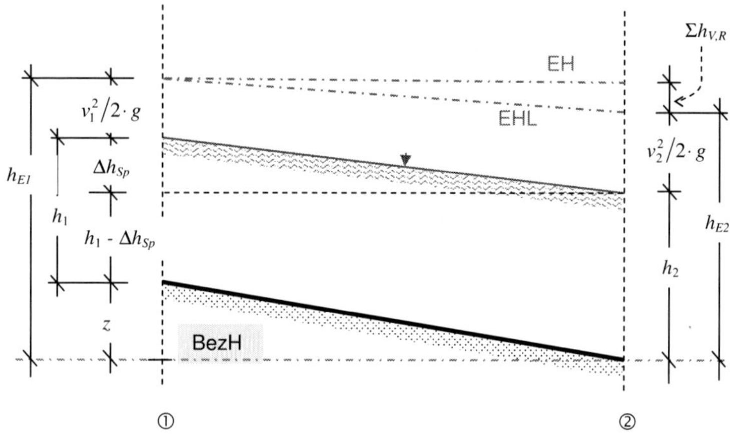

Der Bezugshorizont BezH ist angegeben. Es wird nun mit den Bezeichnungen der Abbildung die Bernoulli-Gleichung aufgestellt: Energie in ① = Energie + Verluste in ②, also

$$z + h_1 + \frac{v_1^2}{2 \cdot g} = h_2 + \frac{v_2^2}{2 \cdot g} + h_{V,R} \quad \text{und nach Umstellung} \quad z + h_1 - h_2 = \Delta h_{Sp} = h_{V,R} - \frac{v_1^2 - v_2^2}{2 \cdot g}$$

Nach Gl. (3.32) gilt weiterhin

$$v = k_{St} \cdot r_{hy}^{2/3} \cdot I_E^{1/2} \; [m/s]$$

und somit

$$I_E = \frac{v^2}{k_{St}^2 \cdot r_{hy}^{4/3}} \quad .$$

Die Reibungsverluste werden aus $h_{V,R} = I_E \cdot \Delta l$ berechnet. Wird berücksichtigt, dass man in ① und ② unterschiedliche Geschwindigkeiten hat und deshalb für v und die geometrischen Größen A, l_U, und r_{hy} das arithmetische Mittel dieser Werte einsetzt, so ergibt sich

$$\Delta h_{Sp} = \frac{v_m^2 \cdot \Delta l}{k_{St,m}^2 \cdot r_{hy,m}^{4/3}} + h_{V,ö} - \beta \cdot \frac{v_1^2 - v_2^2}{2 \cdot g} \tag{3.35}$$

Die Gleichung (3.35) ist die Grundgleichung zur Berechnung einer stationär ungleichförmigen Bewegung nach Manning-Strickler, die Sie in jedem Hydromechanik - Fachbuch finden.

In Ergänzung zur Herleitung sind in der Gleichung die örtlichen Verluste $h_{V,ö}$ berücksichtigt. $h_{V,ö}$ wird - vor allem, wenn man „zu Fuß“ rechnet - häufig vernachlässigt. Der Faktor β wurde experimentell ermittelt:

$\beta = 2/3$ falls $v_O > v_U$ (Verzögerung, allmählicher Übergang)
$\beta = 1/2$ falls $v_O > v_U$ (Verzögerung, plötzlicher Übergang)
$\beta = 1$ falls $v_O \leq v_U$ (Beschleunigung)

Bei Berechnung „zu Fuß“ erfolgt die Lösung mit Hilfe von Tabellen wie der folgenden:

1	2	3	4	5	6	7	8	9	10	11	12	13	14	15	16
Station	Δl	WSp	Δh_{Sp} geschätzt	A_1 A_2	A_m	$l_{U,1}$ $l_{U,2}$	$l_{U,m}$	$r_{hy,m}$	v_m	k_{St}	$\frac{v_m^2 \cdot \Delta l}{k_{St,m}^2 \cdot r_{hy,m}^{4/3}} + h_{V,ö}$	v_1 v_2	β	$\beta \cdot \frac{v_1^2 - v_2^2}{2 \cdot g}$	Δh_{Sp} errechnet = Sp. 12 + Sp. 15
Nr.	m	m+NN	m	m^2	m^2	m	m	m	m/s	$m^{1/3}/s$	m	m/s	-	m	m
①		X													
	Y		?												
②		Z													

Erläuterung:
Bekannt sind als Ausgangswerte die Wasserspiegellage WSp in Station ① (Spalte 3) und der Profilabstand Δl zwischen Station ① und ② (Spalte 2), in der Tabelle mit X und Y bezeichnet. Δh (?) in Spalte 4 muss geschätzt werden, wodurch sich die Wasserspiegellage Z in Spalte 3 für ② ergibt. Bei Kenntnis der Querschnitte wird die Tabelle nun durchgerechnet und iterativ verbessert, bis der Rechenwert von Δh in Spalte 16 mit dem geschätzten Wert Δh in Spalte 4 übereinstimmt. Dann ist die Wasserspiegellage in ② bekannt und es kann analog von ② nach ③ gerechnet werden usw. „Zu Fuß“ ist die Berechnung ein „mühseliges Geschäft“; im professionellen Bereich wird mit einer Software gearbeitet, wobei man bei guten Programmen wahlweise nach Manning-Strickler oder Darcy-Weisbach rechnen kann.

Die seltener erforderliche Berechnung von Stau- und Senkungslinien in gleich bleibenden geometrischen Querschnitten mit Hilfe von Tabellen (Rechteckquerschnitt nach Rühlmann, Parabelquerschnitt nach Tolkmitt) finden Sie z.B. in [7] oder [11].

3.5.6 Naturnahe Gerinne

Die Rauheiten k (Darcy-Weisbach) und k_{St} (Manning-Strickler), die weiter vorne behandelt wurden, beschreiben Wandrauheiten wie die eines Betonkanals, eines Stahlrohres oder eines Flussbetts, das aus Sand und Kies besteht, usw.

Bei der Renaturierung von Gewässern werden an den Ufern und Vorländern wuchsfähige Pflanzen eingesetzt, die schlecht zu diesen Wandrauheiten „passen“ oder mit Ihnen vergleichbar sind, aber eben doch wie eine Rauheit wirken. Anfang der neunziger Jahre des letzten Jahrhunderts hat die Deutsche Forschungsgemeinschaft DFG einen Ausschuss eingesetzt, der Vorschläge erarbeiten sollte, wie diese Bewuchsrauheiten erfasst werden könnten. Als Ergebnis kann man festhalten, dass vorgeschlagen wurde, nach Darcy-Weisbach zu rechnen und neben der Wandrauheit eben Bewuchsrauheiten zu berücksichtigen. Die Empfehlungen sind entsprechend in DVWK-Veröffentlichungen[23] von 1991 und 1994 eingegangen. Hierzu folgendes einfache Beispiel:

[23] Seit 2004: DWA, Deutsche Vereinigung für Wasserwirtschaft, Abwasser und Abfall

Die Darcy-Weisbach-Formel für die Gerinnehydraulik lautet allgemein nach Gl. (3.31):

$$v = \sqrt{\frac{8 \cdot g \cdot r_{hy} \cdot I_E}{\lambda}} \quad [m/s]$$

wobei λ der Widerstandsbeiwert der Gerinnewandung ist, der nun mit dem Index W für Wandrauheit als λ_W bezeichnet wird. Hinzu kommt die Bewuchsrauheit mit λ_B als dem Widerstandsbeiwert des Bewuchses.

Die modifizierte Gleichung lautet demnach

$$v = \sqrt{\frac{8 \cdot g \cdot r_{hy} \cdot I_E}{\lambda_W + \lambda_B}} \quad [m/s]$$

λ_W wird - wie weiter vorne (Tab. S. 107) behandelt - über die Rauheit k und die Reynoldszahl Re berechnet, während für λ_B die folgende Gleichung angesetzt werden kann:

$$\lambda_B = 4 \cdot c_{WR} \cdot \omega_p \cdot r_{hy}$$

Somit gilt bei einem vollständig mit Gehölzen besetzten Gerinne (siehe folgende Skizze)

$$v = \sqrt{\frac{8 \cdot g \cdot r_{hy} \cdot I_E}{\lambda_W + 4 \cdot c_{WR} \cdot \omega_P \cdot r_{hy}}}$$

mit

c_{WR} = 1,0 bis 1,5 = Widerstandszahl für ein Kollektiv durchströmter Pflanzen
ω_P = spezifische Vegetationsanströmfläche in m^2/m^3 bzw. $1/m$

- lockerer, strauchartiger Bewuchs $\omega_P = 0{,}1$ bis $0{,}5$
- dichter, strauchartiger Bewuchs $\omega_P = 1{,}5$ bis $3{,}0$
- baumartiger Bewuchs $\omega_P = d_{P,m} \cdot D_P = \dfrac{d_{P,m}}{a_x \cdot a_y}$

$d_{P,m}$ = mittlerer Stammdurchmesser $[m]$
D_P = Bestockungsdichte $1/m^2$ (Anzahl Stämme pro m^2 Wasserspiegelfläche)
a_x und a_y sind die Gehölzabstände in m in Fließrichtung (x) bzw. quer dazu (y)

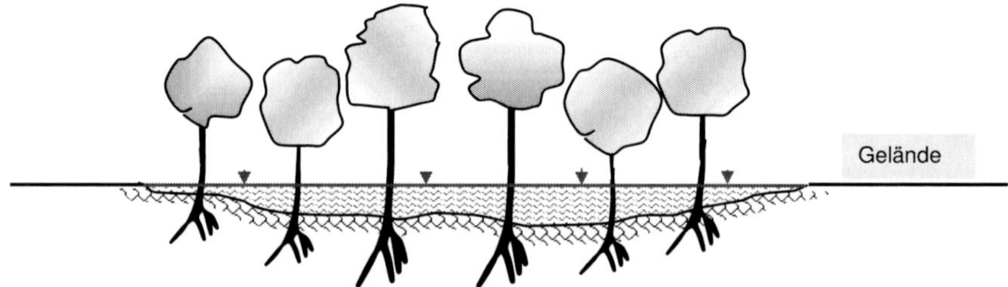

Vollständig mit Bäumen besetztes Gerinne (Flutmulde)

Dies ist nur ein einfaches Beispiel zum Thema „naturnahe Gerinne“. Die Beispiele sind in der Praxis viel komplexer, z.B. bei einem gegliederten Profil mit Vorland. Angenommen, das Vorland habe einen nicht starren Bewuchs aus Büschen, die sich bei Hochwasser auch umlegen, so muss das Vorland gesondert vom Flussschlauch berechnet werden. Der Gesamtabfluss ergibt sich durch Addition der Teilabflüsse.

Trapezquerschnitt mit Vorland links

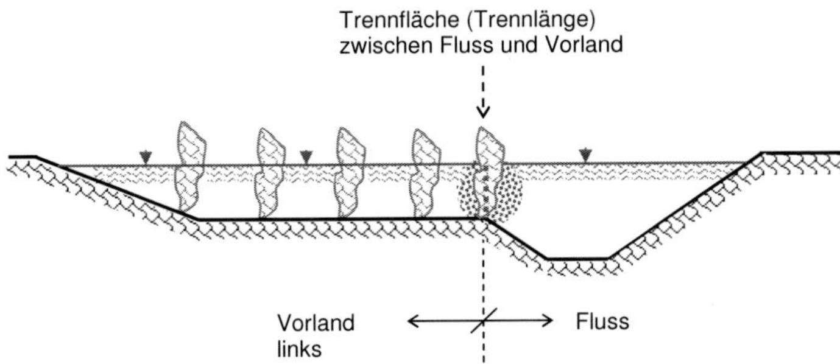

Weiterhin ist der Interaktionsbereich zwischen Vorland und Fluss zu berücksichtigen, d.h. der Bewuchs strahlt in den Flussschlauch hinein („bremst das Wasser", siehe gepunktete Fläche), so dass sich eine relativ aufwändige Berechnung ergibt, die per EDV gelöst wird.

Experten wie Mertens[24] und Indlekofer[25] haben sich dafür eingesetzt, naturnahe Gerinne mit der - ggf. zu modifizierenden - Manning-Strickler-Formel zu berechnen, weil so das Berechnungsverfahren gegenüber Darcy-Weisbach bei gleicher Zuverlässigkeit erheblich vereinfacht würde. Übrigens: Einer der „Altmeister" der Hydromechanik, der Amerikaner Ven Te Chow, hat schon vor beinahe 50 Jahren auf der Basis der Manning-Gleichung Berechnungsvorschläge für naturnahe Gerinne gemacht.

Möglicherweise ist also für die Gerinnehydraulik die Frage „Manning-Strickler oder Darcy-Weisbach" noch nicht endgültig entschieden. Auf jeden Fall muss man zur Berechnung naturnaher Gerinne nach Darcy-Weisbach eine Software verwenden.

3.5.7 Örtliche Verluste in Gerinnen

In der Gleichung (3.35) sind neben der Reibung auch örtliche Verluste aufgeführt, wobei diese örtlichen Verluste anlog zu jenen der Rohrhydraulik sind, die in Kap. 3.4 behandelt wurden. Im Folgenden sind einige Verlustbeiwerte ζ und die Verlusthöhen h_V zusammengestellt.

- Einlaufverluste am Übergang Becken - Gerinne (→ Literatur, z.B. [1] oder [3])
- Einlaufverluste am Übergang Gerinne - Freispiegelrohr (Durchlass), ζ_E und $h_{V,E}$
- Querschnittsänderungen (Verengung und Erweiterung), ζ_A und $h_{V,A}$
- Verzweigungen (Abzweige), ζ_{VZ} und $h_{V,Z}$
- Tauchwände, ζ_T und $h_{V,T}$
- Krümmungen (bei $r_m/b > 3$ relativ gering, → Literatur, z.B. [8])
- Verluste durch Einbauten (Pfeilerstau)
- Rechenverluste (wie Rohrhydraulik, vgl. Seite 116)

Die Verlustbeiwerte ζ gelten teilweise nur für Rechteckgerinne, d.h. wenn ein individueller Querschnitt vorliegt, muss man einen - realistischen - Wert annehmen.

[24] Wolfgang Mertens, Heft 3/2004 und Horst Indlekofer, Heft 11/2004, Fachzeitschrift „Wasserwirtschaft"

Einlaufverluste Gerinne – Freispiegelrohr (z.B. bei einem Durchlass)

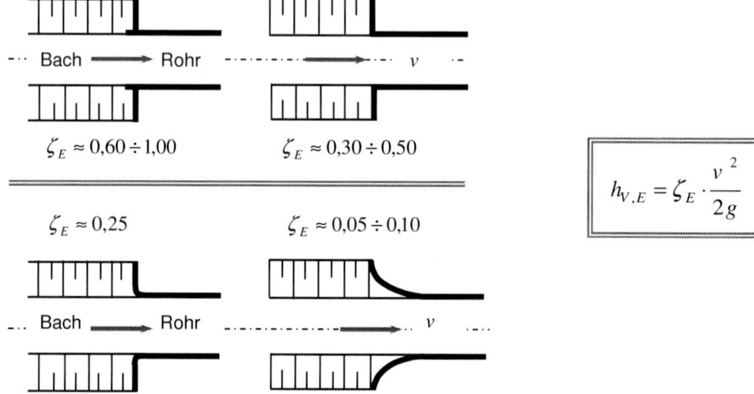

$$h_{V,E} = \zeta_E \cdot \frac{v^2}{2g}$$

Verluste bei Querschnittsänderungen
Grundriss eines Gerinnes (schematisch)

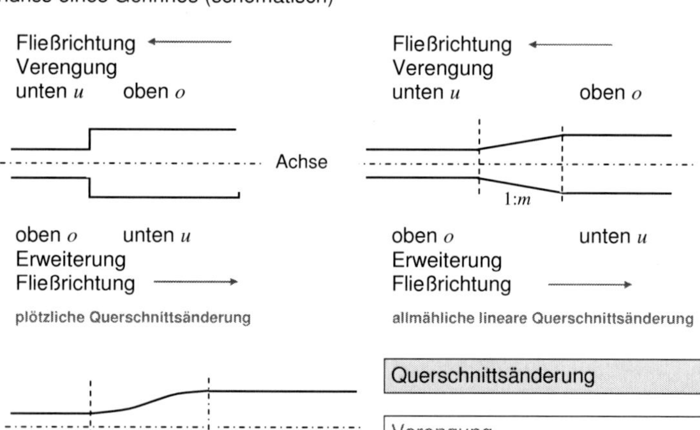

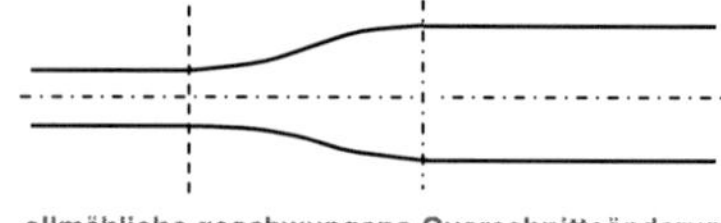

allmähliche geschwungene Querschnittsänderung

Querschnittsänderung	ζ_A
Verengung	
plötzlich, scharfkantig	0,50
plötzlich, ausgerundet	0,25
allmähliche lineare (1:4 oder flacher) oder geschwungene Verengung	0,05
Erweiterung	
plötzlich	1,0
allmählich (1:6 oder flacher)	0,1

$$h_{V,A} = \zeta_A \cdot \left[\frac{\left| v_o^2 - v_u^2 \right|}{2 \cdot g} \right]$$

Verzweigungsverluste
bei Rechteckgerinnen konstanter Breite b

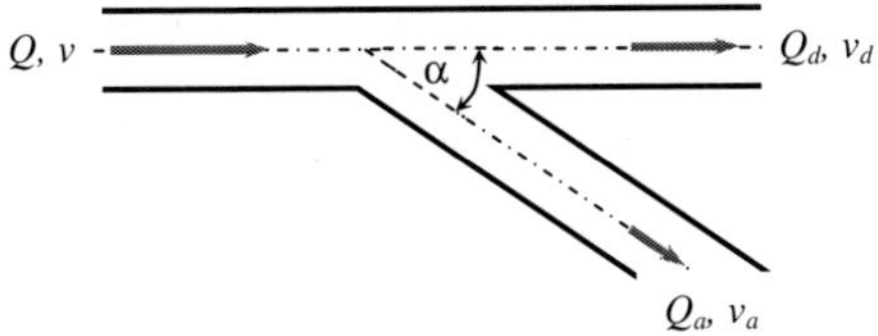

Index d = direkt = geradeaus
Index a = abzweigend
$Q = Q_d + Q_a$
Gerinnebreite b = konst.

$\frac{Q_d}{Q}$	ζ_a „abzweigend"			ζ_d „direkt"
	Verzweigungswinkel α			
	40°	60°	90°	40° - 90°
0	0,30	0,60	1,20	0,44
0,2	0,32	0,59	1,02	0,25
0,5	0,47	0,66	0,87	0,004
0,7	0,64	0,76	0,87	- 0,084
1,0	0,98	0,98	0,98	0

$$h_{V,a} = \zeta_a \cdot \frac{v^2}{2 \cdot g}$$

$$h_{V,d} = \zeta_d \cdot \frac{v^2}{2 \cdot g}$$

Verluste an Tauchwänden bei Rechteckgerinnen

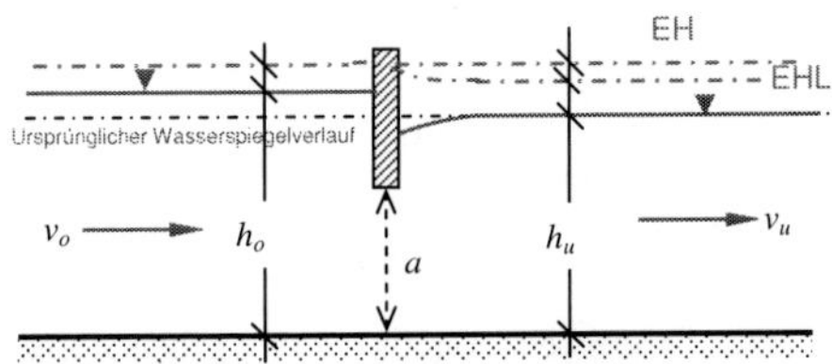

$$\zeta_T = 1 - 2 \cdot \frac{h_u}{a} + \frac{3}{2} \cdot \left(\frac{h_u}{a}\right)^2$$

$$h_{V,T} = \zeta_T \cdot \frac{v_u^2}{2 \cdot g}$$

Nebenbei: Gefälle in der Hydromechanik
In der Hydromechanik werden 3 Gefälle unterschieden: das Energiehöhenliniengefälle I_E, das Druckhöhenliniengefälle I_D (= Wasserspiegelgefälle I_{Sp} bei Freispiegelabfluss) und das Sohlengefälle I_{So}. Die Hierarchie ist wie aufgezählt: Mit I_E rechnet man immer richtig, mit I_D dann gut genug, wenn I_E nicht zur Verfügung steht, und mit I_{So} nur bei Normalabfluss (vgl. Kap. 3.1). Bei einem Druckrohr hat die Neigung des Rohres mit dem hydraulischen Gefälle I_E nichts zu tun.

3.5.8 Pfeilerstau

Eine klassische Aufgabe aus der Gerinnehydraulik wird mit dem „Pfeilerstau nach Rehbock[25]" umschrieben. Beispielhafte Ausgangssituation: Eine Brücke wird über einen Fluss errichtet, die auf Pfeilern im Fluss gelagert ist. Diese Pfeiler vermindern den Durchflussquerschnitt. Als Folge staut sich das Wasser bei strömendem Abfluss oberhalb der Brückenpfeiler auf, d.h. es baut Energie auf, um das Wasser zwischen den Pfeilern hindurchzudrücken.

[25] Theodor Rehbock, Professor für Hydromechanik und Wasserbau an der damaligen Technischen Hochschule Karlsruhe, führender Wasserbau-Ingenieur in der ersten Hälfte des 20. Jahrhunderts

Grundriss

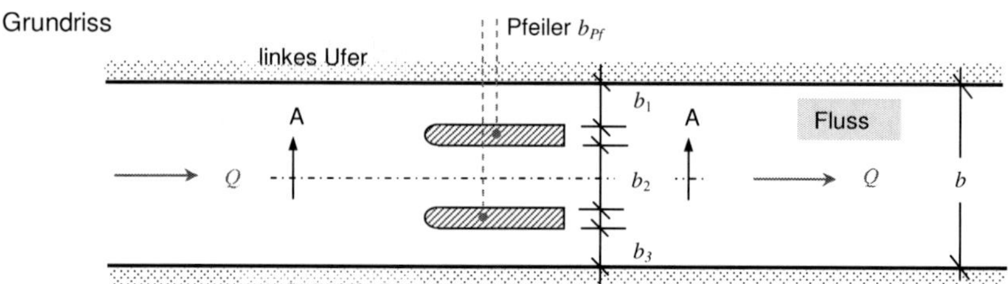

Längsschnitt A – A mit Blick gegen den Brückenpfeiler

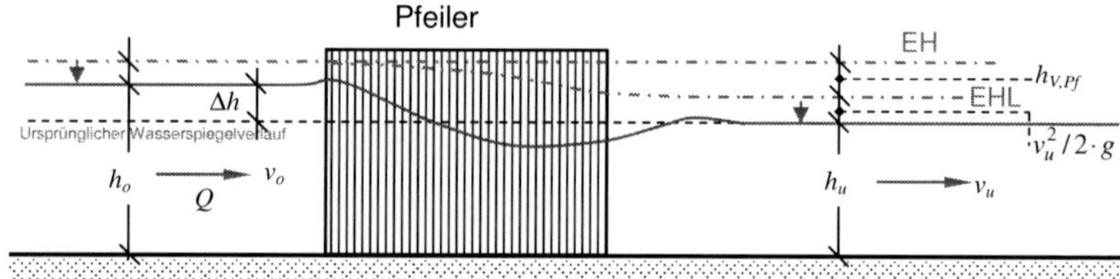

Je stärker der Flussquerschnitt eingeengt wird, d.h. je mehr Pfeiler bzw. je breitere Pfeiler eingebaut werden, desto höher ist der Aufstau Δh (siehe Längsschnitt), so dass es zu einem Fließwechsel kommen könnte. Das muss wegen der Gefahr der Sohlenerosion, bei großen Flüssen auch wegen der Schifffahrt vermieden werden.

Strömender Durchfluss ist dann gegeben, wenn die Energiehöhe im Unterwasser größer ist als die minimal mögliche Energiehöhe zwischen den Pfeilern ($3/2 \cdot h_{grenz}$) beim Übergang vom Strömen zum Schießen, also falls

$h_{E,u} > h_{E,\min,Pfeiler}$ ist; somit gilt

$$h_u + \frac{v_u^2}{2\cdot g} \geq \frac{3}{2}\cdot h_{gr} = \frac{3}{2}\cdot\sqrt[3]{\frac{Q^2}{b_{Durchfluss}^2\cdot g}}$$

mit $b_{Durchfluss} = b_1 + b_2 + b_3$ = lichte Durchflussbreite zwischen den Pfeilern

unter der Annahme, dass zwischen den Pfeilern ein Rechteckquerschnitt vorhanden ist.

Bei <u>strömendem</u> Durchfluss gilt nach Rehbock:

$$\Delta h = [\delta - \alpha\cdot(\delta - 1)]\cdot c\cdot\frac{v_u^2}{2\cdot g} \tag{3.36}$$

$\alpha = \frac{a}{A}$ = Verbauungsverhältnis

$c = (0{,}4\cdot\alpha + \alpha^2 + 9\cdot\alpha^4)\cdot(1 + Fr_u^2)$

δ = von der Pfeilerform abhängiger Beiwert, siehe folgende Zeichnung:

$\delta = 3{,}9$ $\delta = 2{,}42$ $\delta = 2{,}1$ $\delta = 1{,}84$ $\delta = 1{,}0$ → Formbeiwerte δ

20 m 18,5 m 17 m 15 m

Brückenpfeiler
- Beispiele -

Pfeilerdicke $3{,}0\ m$

$r = 0$ $r = 0{,}75$ $r = 1{,}5$ $r = 3{,}0$ $r = 34{,}08$ → Ausrundung r in m

$\varphi = 90°$ $\varphi = 60°$ $\varphi = 17{,}1°$ → Ausrundungswinkel φ

Weitere Beispiele für Formbeiwerte δ finden Sie in der Fachliteratur.

3.5.9 Extremalprinzip, Tosbecken

Bei einem Pfeilerstau mit schießendem Durchfluss [selten!] erfolgt die Berechnung nach dem Extremalprinzip. Ein ähnliches Problem ist z.B. an bewegliche Wehren (Staustufen) gegeben, durch die Flüsse wie der Main oder die Mosel aufgestaut werden. Diese Wehrverschlüsse sitzen auf einer Betonplatte („Wehrschwelle"). Die Wehrfeldbreite wird in der Regel so dimensioniert, dass bei Hochwasserdurchfluss (Bemessungshochwasser HQ_B) „an der engsten am weitesten unten gelegenen Stelle" gerade Fließwechsel auftritt, daher der Begriff „Extremalprinzip". Bekanntlich tritt beim Fließwechsel vom Strömen zum Schießen die minimale Energiehöhe $h_{E,min}$ auf.

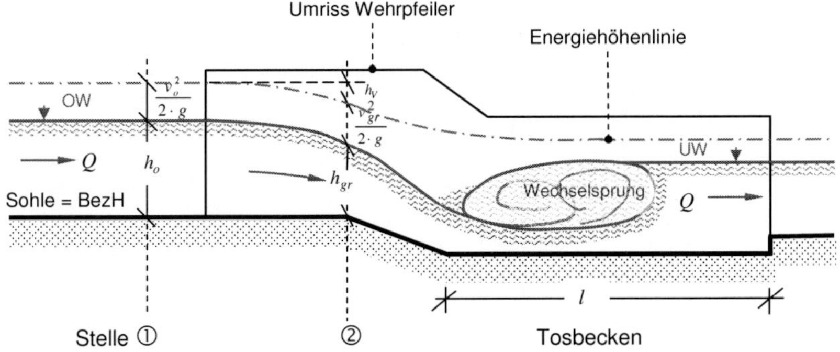

Es wird nun zwischen den Stellen ① und ② die Bernoulli-Gleichung aufgestellt, bezogen auf die Flusssohle im Oberwasser (→ Bezugshorizont). Der geodätische Höhenunterschied kann vernachlässigt werden. Zwischen den Pfeilern ist ein Rechteckquerschnitt gegeben.

$$h_o + \frac{v_o^2}{2 \cdot g} = \underbrace{h_{E,\min}} + h_V = \underbrace{h_{gr} + \frac{v_{gr}^2}{2 \cdot g}} + h_V$$

Bei einem Rechtquerschnitt kann man zwischen ① und ② ansetzen (siehe Kap. 3.1):

$$h_{gr} + \frac{v_{gr}^2}{2 \cdot g} = \frac{3}{2} \cdot h_{gr} = \frac{3}{2} \cdot \sqrt[3]{\frac{Q^2}{b^2 \cdot g}}$$

Die Verluste h_V entsprechen den Pfeilerverlusten oder - nach Böss - annähernd

$$h_V \approx 0{,}3 \cdot \frac{v_o^2}{2 \cdot g}$$

Diese Formeln in die Bernoulli-Gleichung eingesetzt und umgestellt ergibt die Gleichung für die erforderliche Wehrbreite $erf\, b$ (= Summe der lichten Weiten der Wehrfelder):

$$erf\, b = \frac{Q}{\sqrt{g} \cdot \left[\frac{2}{3} \cdot \left(h_o + 0{,}7 \cdot \frac{v_o^2}{2g}\right)\right]^{3/2}} \qquad (3.37)$$

Frage:
Angenommen, man könnte die Sohle im OW wegen des Gefälles nicht vereinfacht als horizontal annehmen und an der Absturzkante wäre ein sog. Höcker der Höhe w - wie dargestellt - angeordnet. Wie ändert sich die Bernoulli-Gleichung und die Gl. (3.37)?

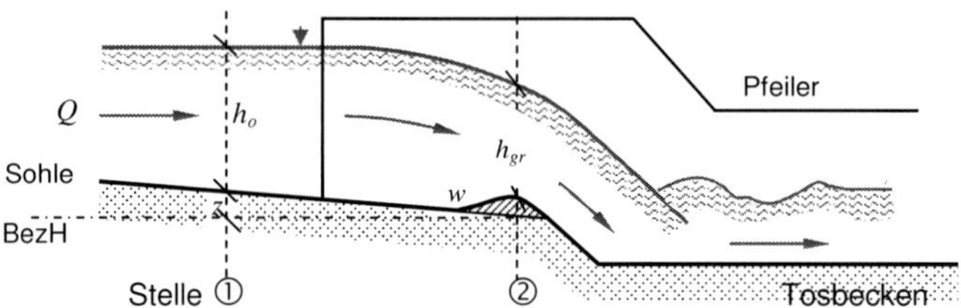

Antwort:

$$z + h_o + \frac{v_o^2}{2 \cdot g} = w + \frac{3}{2} \cdot \sqrt[3]{\frac{Q^2}{b^2 \cdot g}} + 0{,}3 \cdot \frac{v_o^2}{2 \cdot g}$$, die Gleichung für $erf\, b$ wird dann zu

$$erf\, b = \frac{Q}{\sqrt{g} \cdot \left[\frac{2}{3} \cdot \left(z + h_o + 0{,}7 \cdot \frac{v_o^2}{2g} - w\right)\right]^{3/2}} \qquad (3.37\text{ a})$$

Tosbecken

Wenn durch Bauwerke (z.B. Wehranlagen) ein Fließwechsel vom Strömen zum Schießen erzwungen wird, erfolgt unterhalb des Bauwerks der Übergang vom Schießen zum Strömen in einem Wechselsprung (siehe Zeichnung S. 147 und vgl. Kap. 3.1). Dieser Wechselsprung muss im Bereich einer Sohlensicherung stattfinden, da sonst die Sohle des Flusses erodierte, d.h. sich eintiefen würde. Eine entsprechende bauliche Anlage wird als Tosbecken bezeichnet. Ein Tosbecken muss eine bestimmte Tiefe (a) und Länge (l) aufweisen, damit der Wechselsprung nicht ins Unterwasser - also in den unbefestigten Bereich - abwandert.

Wegen der komplexen Strömungsverhältnisse kann man die Abmessungen eines Tosbeckens nicht zuverlässig festlegen. Selbst umfangreiche Laboruntersuchungen führten zu keinem allgemein gültigen Ergebnis. In der Praxis wird ein Vorentwurf mit Hilfe von Überschlagsformeln erstellt, von denen es verschiedene gibt, und dessen Funktionsfähigkeit in einem Laborversuch (vgl. Kap. 4) überprüft, ggf. durch Änderungsvorschläge optimiert. Zur Verdeutlichung wird das Tosbecken noch einmal vergrößert dargestellt. Die schießende Tiefe am Wechselsprung erhält wie üblich die Bezeichnung h_1, die strömende h_2.

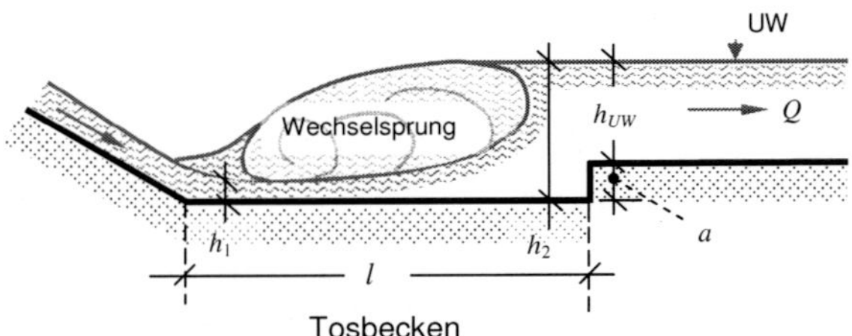

Im Folgenden sind zunächst zwei Überschlagsformeln für ein eingetieftes Tosbecken mit Endschwelle (positive Stufe) a angegeben:

$l = 5\,(h_u + a)$ <u>oder</u> $l = 6\,(h_2 - h_1)$ erforderliche Länge l des Tosbeckens

Etwas aufwändiger ist die Gleichung nach Smetana

$$l = 3 \cdot h_1 \cdot \left(\sqrt{1 + 8 \cdot Fr_1^2} - 3\right).$$

Zur Thematik „Extremalprinzip" gehören auch die Absturzbauwerke, die aus ökologischen Gründen heute durch Rampen oder Gleiten ersetzt werden. Ein Absturzbauwerk ist im Zusammenhang mit dem Fließwechsel in Kap. 3.1.6, S. 82 skizziert.

Repetitorium zu Kap. 3.4 und 3.5
Rohrströmung, Gerinneströmung
Fragen → Die Antworten finden Sie auf Seite 178.

1. Bernoulli: Verlustarten und Unterschiede?
2. Berechnung der Reibungsverluste?
3. Berechnung des Widerstandsbeiwerts λ?
4. Alternative zur Berechnung des Widerstandsbeiwerts λ?
5. Berechnung der örtlichen Verluste?
6. Fließformeln?
7. Größenbereich der Rauheiten k und k_{St}?
8. Wo ist ein „gegliederter Trapezquerschnitt" üblich?
9. Gängige Rohrquerschnitte?
10. Welchen k - Wert wähle ich in der beruflichen Praxis?
11. In welchen Bereich gibt es „teilgefüllte Rohre"? Gegensatz dazu?
12. Manometrische Förderhöhe?

3.6 Wehrüberfall

3.6.1 Übersicht

Die Überfallströmung (der „Überfall") gehört wie die Gerinneströmung (Kap. 3.5) in den Bereich des Freispiegelabflusses, d.h. es handelt sich um einen freien Wasserspiegel, auf dem der Luftdruck ruht. Der Begriff „Wehr", der in der Überschrift verwendet wurde, kommt aus dem Wasserbau und beschreibt eine Stauanlage, also eine Anlage, die Wasser aufstaut und über die das Wasser fließt bzw. „fällt".

Das folgende Laborfoto soll dies verdeutlichen:

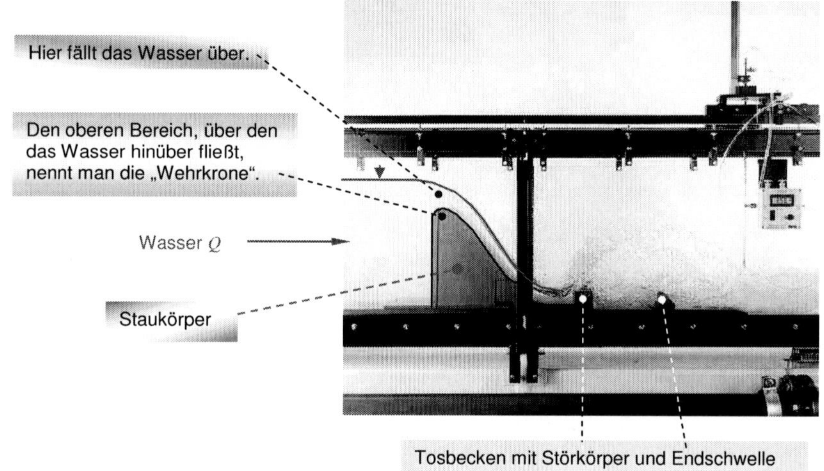

In wasserbaulichen Zeichnungen fließt das Wasser üblicherweise „von links nach rechts". Dazu die folgende Skizze eines Längsschnittes, die Sie mit dem Foto vergleichen können.

Längsschnitt

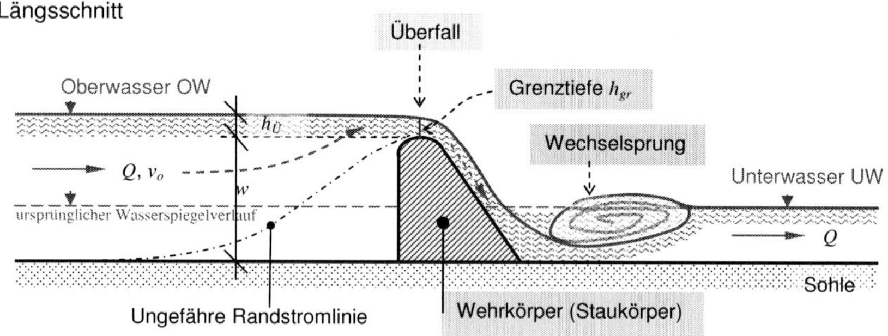

Beim Überfall kann unterschieden werden - bei Berechnung mit unterschiedlichen Gleichungen:

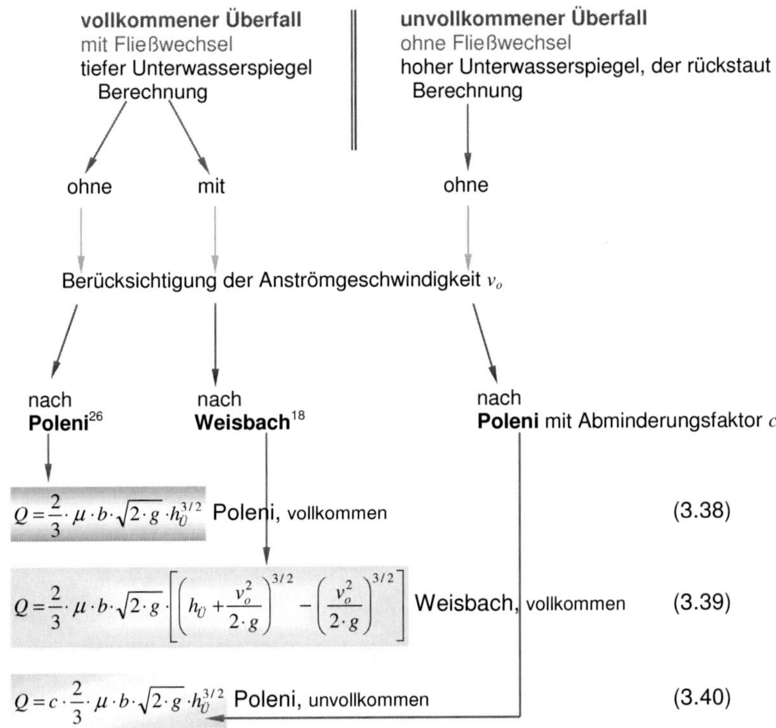

$$Q = \frac{2}{3} \cdot \mu \cdot b \cdot \sqrt{2 \cdot g} \cdot h_Ü^{3/2}$$ **Poleni**, vollkommen (3.38)

$$Q = \frac{2}{3} \cdot \mu \cdot b \cdot \sqrt{2 \cdot g} \cdot \left[\left(h_Ü + \frac{v_o^2}{2 \cdot g} \right)^{3/2} - \left(\frac{v_o^2}{2 \cdot g} \right)^{3/2} \right]$$ Weisbach, vollkommen (3.39)

$$Q = c \cdot \frac{2}{3} \cdot \mu \cdot b \cdot \sqrt{2 \cdot g} \cdot h_Ü^{3/2}$$ Poleni, unvollkommen (3.40)

Legende:
Q = Abfluss in m^3/s
μ = Überfallbeiwert < 1 [-]
b = Überfallbreite in m
$h_Ü$ = Überfallhöhe in m
v_o = Anströmgeschwindigkeit in m/s
g = Fallbeschleunigung $= 9{,}81\ m/s^2$
c = Abminderungswert < 1 [-]

Die Poleni-Gleichung gehört zu den klassischen Formeln der Hydromechanik. Die Weisbach-Formel berücksichtigt die Anströmgeschwindigkeit v_o im Oberwasser. Beachten Sie, was vielleicht überraschend ist: Die Wehrhöhe w geht nicht in die Gleichungen (3.38) bis (3.40) ein. Übrigens: Die Formeln sind dimensionsecht.

Bei Fließgeschwindigkeiten v_o deutlich $< 1{,}0\ m/s$ wird durch die Quadrierung v_o^2 die Geschwindigkeitshöhe sehr gering, so dass man vereinfacht nach **Poleni** (3.38) rechnen kann. Andererseits: kann man mit **Weisbach** (3.39) nichts falsch machen. Setzt man in Gl. (3.39) $v = 0$ ein, so geht (3.39) in (3.38) über. Stimmt das? Prüfen Sie es nach!

[26] Giovanni Poleni, italienischer Mathematiker, geb. 1683 in Venedig, gest. 1761 in Padua

Der Überfallbeiwert μ kennzeichnet die Verluste, die beim Überfall auftreten. Betrachten Sie zunächst noch einmal das Foto auf Seite 148 und die dort dargestellte Wehrkrone - sie ist ausgerundet - und danach die Wehrkrone der Zeichnung auf dieser Seite unten - sie ist eckig. Falls Sie schon ein „hydraulisches Gefühl“ entwickelt haben werden Sie sicher erkennen, dass bei einem gerundeten Profil die Verluste geringer sind als bei einem „eckigen“ Überfallprofil. Das bedeutet, dass der Beiwert μ im ersten Fall größer und im zweiten Fall kleiner ist.

Für die Überfallbeiwerte μ gibt es Tabellen wie die folgende aus [10]:

	Form der Überfallkrone	μ
A	Breit, scharfkantig, waagerecht	0,49 bis 0,51
B	Breit, mit gut abgerundeten Kanten, waagerecht	0,50 bis 0,55
C	Vollständig abgerundeter, breiter Überfall, gänzlich umgelegte Klappen bei abgerundeten Kanten des Wehrkörpers	0,63 bis 0,73
D	Scharfkantig, mit Belüftung des Strahls	0,64
E	Abgerundet, mit lotrechter OW-Seite und geneigter UW-Seite	0,75
F	Dachförmig, mit abgerundeter Krone	0,79
	Form der Überfallkrone	μ

Frage:
Was würde es strömungsmechanisch bedeuten, wenn man $\mu = 1$ setzt?

Antwort:
Es wird von einer idealen Flüssigkeit ausgegangen.

3.6.2 Vollkommener Überfall

Bei vollkommenem Überfall tritt an der Wehrkrone Fließwechsel auf, d.h. auf dem höchsten Punkt der Wehrkrone stellt sich die Grenztiefe h_{gr} ein, ein Strömungsbild, wie es in der Zeichnung S. 148 dargestellt ist. Das Oberwasser ist vom Unterwasser her nicht beeinflusst. Im Wasserbau wird immer vollkommener Überfall angestrebt, weil man klare Strömungsverhältnisse hat, die gut rechnerisch zu erfassen sind. Dennoch lässt sich durch einen hohen Unterwasserstand gelegentlich ein unvollkommener Überfall nicht vermeiden.

3.6.3 Unvollkommener Überfall

Staut der Wasserspiegel von Unterwasser über die Wehrkrone zurück, tritt unter Umständen kein Fließwechsel auf, d.h. der Abfluss erfolgt im gesamten Bereich strömend als unvollkommener Überfall. Wie kann er entstehen und wie erhält man den c-Wert, der in Gl. (3.40) eingefügt werden muss?

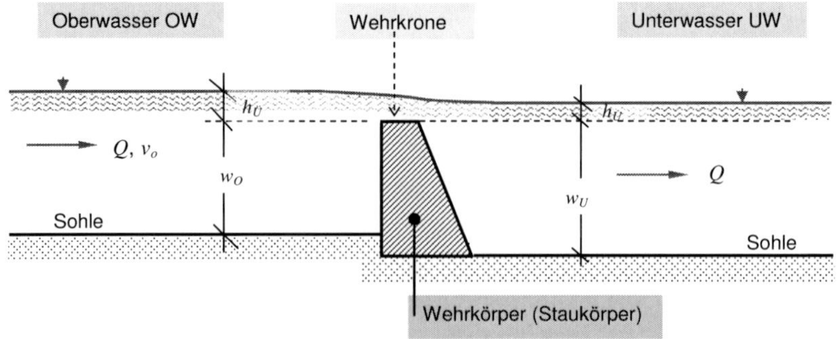

Ursache für den hohen Unterwasserspiegel (UW) könnte z.B. ein Rückstau von unten sein. Allerdings tritt nicht bei jedem h_U zwangsläufig unvollkommener Überfall auf, d.h. bei geringen Höhen h_U kann der Überfall immer noch vollkommen sein. Wie kann man das ermitteln? Hierzu folgendes „Rezept":

- Unterwasserspiegel liegt unterhalb der Wehrkrone ➔ vollkommener Überfall
- Unterwasserspiegel liegt auf Höhe der Wehrkrone ➔ vollkommener Überfall
- Unterwasserspiegel liegt höher als die Wehrkrone ➔ Man errechnet den Quotienten $h_U/h_Ü$ und liest in dem folgenden Diagramm aus [3] nach Schmidt [10] je nach Form der Wehrkrone den c - Wert für Gl. (3.40) ab. Ergibt sich $c = 1$, so ist der Überfall noch vollkommen, ergibt sich $c < 1$, so ist der Überfall unvollkommen.

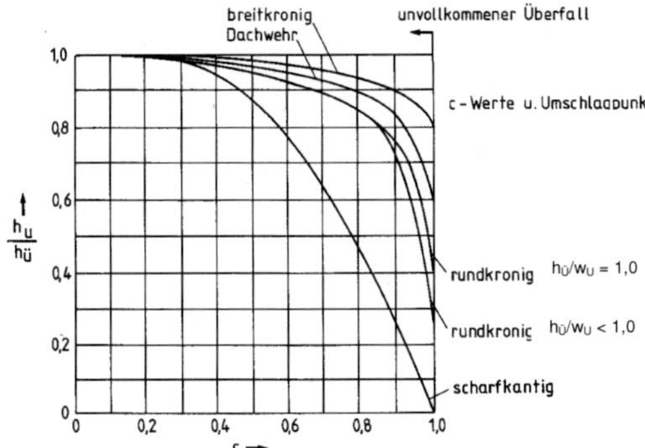

Die Angaben für den μ – Wert auf S. 150 sind „breit, schräg, abgerundet, gut abgerundet" usw., also etwas „vage" Formulierungen, die Werte sind nicht präzise definiert, obwohl in vielen Fällen gut genug. Es gibt aber wasserbaulich Aufgaben, für die man den exakten μ - Wert kennen muss. Beispiele sind

- die Messung des Abflusses in einem Gerinne → Messwehre, oder
- die Hochwasserentlastung einer Talsperre.

In solchen Fällen arbeitet man mit Überfallprofilen, die mathematisch definiert sind und deren μ – Wert über eine Formel errechnet werden kann. Dazu gehören verschiedene Messwehre zur Abflussmessung, von denen die beiden folgenden die gängigsten sind:

scharfkantiges Rechteckwehr nach Rehbock

$$h_e = h_Ü + 0{,}0011\ [m] \quad \rightarrow \quad \mu = 0{,}6035 + 0{,}0813 \cdot \frac{h_e}{w} \quad \rightarrow \quad Q = \frac{2}{3} \cdot \mu \cdot b \cdot \sqrt{2g} \cdot h_e^{3/2}\ [m^3/s]$$

scharfkantiges Dreieckwehr (Thomson-Wehr)

$$\mu = 0{,}565 + 0{,}0087 \cdot h_Ü^{-1/2} \quad \rightarrow \quad Q = \frac{8}{15} \cdot \mu \cdot \tan\frac{\alpha}{2} \cdot \sqrt{2g} \cdot h_ü^{5/2}\ [m^3/s]$$

Zu „scharfkantig" siehe Tabelle S. 150. Beide Messwehre messen bei vollkommenem Überfall sehr genau. Das Rehbockwehr (links) wird bis $Q \le 5\ m^3/s$, das Thomson-Wehr (rechts) bei kleineren Abflüssen $Q \le 0{,}15\ m^3/s$ eingesetzt.

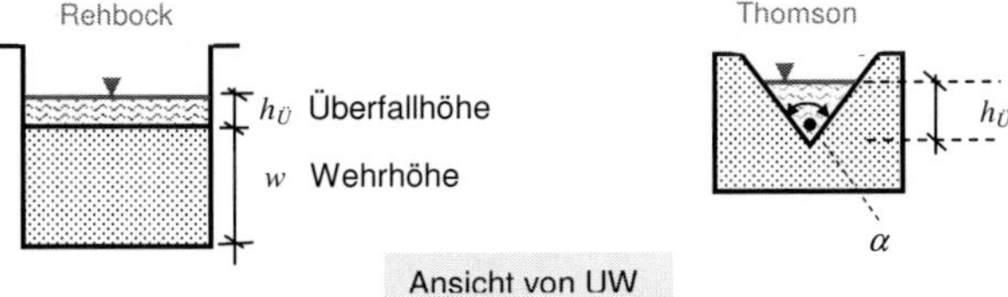

Der klassische Poleni-Ansatz gilt streng genommen nur für senkrecht angeströmte Wehre und falls die Anströmbreite b_1 gleich der Überfallbreite b_2.ist:

Grundriss Gerinne (Rechteckquerschnitt)

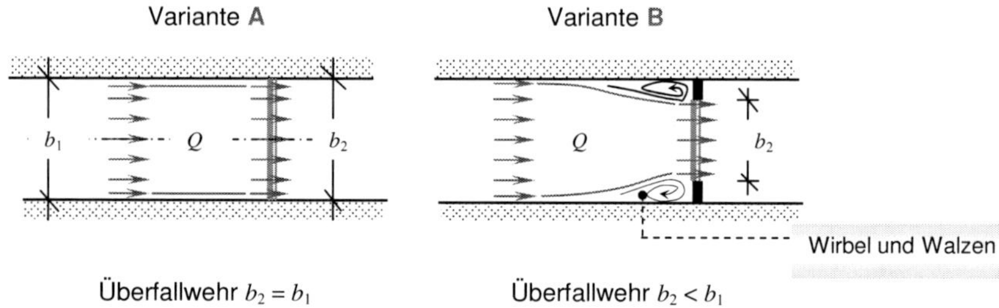

Überfallwehr $b_2 = b_1$ Überfallwehr $b_2 < b_1$

In Variante **B** muss selbstverständlich b_2 in die Poleni-Formel (3.38) eingesetzt werden, aber wegen der Seitenkontraktion (Einschnürung von den Seiten) ist zusätzlich zum Überfallbeiwert μ eine weitere - kleine - Abminderung bei Q zu berücksichtigen.

Dies gilt auch für nicht senkrecht angeströmte Wehre:

Grundriss Gerinne

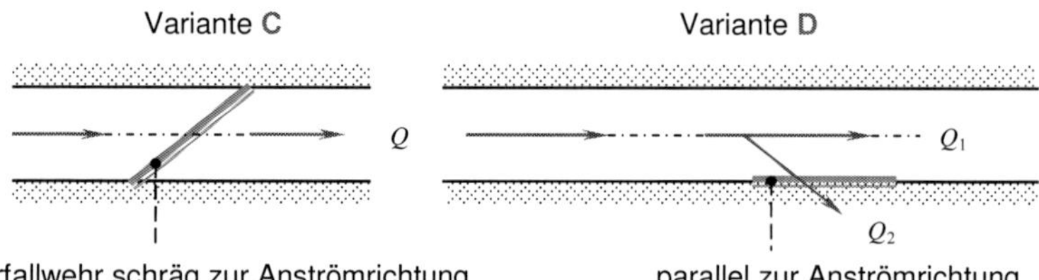

Überfallwehr schräg zur Anströmrichtung .... parallel zur Anströmrichtung

Ganz interessant ist die Variante **D**, ein sog. „Streichwehr" oder auch „Parallelwehr". Das ankommende Q wird aufgeteilt: ein Teil Q_1 fließt gerade aus weiter, ein Teil Q_2 wird seitlich abgeschlagen; es gilt also $Q = Q_1 + Q_2$. Dies ist eine Situation, die in Mischwasserkanalisationen häufig anzutreffen ist, d.h. im Regenwetterfall wird ein Teil des Mischwassers Q_1 in Richtung Kläranlage transportiert, der andere - größere Teil Q_2 - wurde früher in das Gewässer (Bach, Fluss) abgeschlagen („entlastet"), heute jedoch in Regenüberlaufbecken RÜB geführt (→ geringere Umweltbelastung). Das Besondere des Streichwehrs liegt darin, dass die Überfallhöhe $h_ü$ entlang des Parallelwehres nicht konstant ist, sondern vom Anfang zum Ende hin ansteigt, so dass der Poleni-Ansatz allein nicht taugt.

Zu diesem und nicht senkrecht angeströmten Wehren gibt es noch andere Varianten. Vgl. hierzu die Fachliteratur → Literaturverzeichnis.

Beispiel Wehrüberfall

Betrachtet wird das Wehr, das auf Seite 148 dargestellt wurde und auf der nächsten Seite noch einmal gezeigt wird, mit teilweise etwas veränderten Bezeichnungen.

gegeben senkrecht angeströmtes Wehr, Wehrbreite $b = 8{,}0\ m$ = Überfallbreite
$h_1 = 3{,}0\ m$ $h_2 = 1{,}80\ m$ $w = 2{,}20\ m$

Längsschnitt

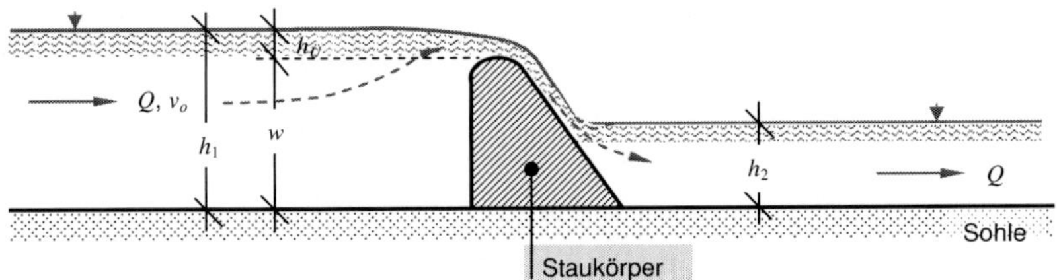

Frage Vollkommener oder unvollkommener Überfall? Überfallhöhe $h_ü$?
Überfallbeiwert μ?

Antwort Vollkommen, da h_2 unter der Wehrkrone liegt. Überfallhöhe $h_Ü = h_1 - w = 0{,}80\ m$.
Überfallbeiwert $\mu = 0{,}75$ („abgerundet") nach Tabelle Seite 150.

---

gesucht ① Berechnung des Abflusses Q (des überfallenden Volumenstroms) für verschiedene Anströmgeschwindigkeiten v_o.

Angabe, wie groß der Fehler wäre, falls man v_o vernachlässigt, d.h. nach POLENI Gl. (3.38) anstatt nach WEISBACH Gl. (3.39) rechnet.

Lösung ① → Q gerundet auf 2 Nachkommastellen

$v_Ü = 0$

$$Q = \frac{2}{3} \cdot 0{,}75 \cdot 8{,}0 \cdot \sqrt{2 \cdot g} \cdot 0{,}8^{3/2} = 12{,}68\ m^3/s \qquad \text{Gl. (3.38)}$$

$v_Ü = 0{,}5\ m/s$

$$Q = \frac{2}{3} \cdot 0{,}75 \cdot 8{,}0 \cdot \sqrt{2 \cdot g} \cdot \left[\left(0{,}8 + \frac{0{,}5^2}{2 \cdot g} \right)^{3/2} - \left(\frac{0{,}5^2}{2 \cdot g} \right)^{3/2} \right] = 12{,}96\ m^3/s \qquad \text{Gl. (3.39)}$$

Der Fehler Δ, falls man bei $v_o = 0{,}5\ m/s$ nach Poleni rechnet, ist somit in Prozent (→ Q gerundet auf 3 Nachkommastellen!)

$$\Delta = \frac{\text{"falsch"} - \text{"richtig"}}{\text{"richtig"}} \cdot 100 = \frac{12{,}678 - 12{,}956}{12{,}956} \cdot 100 = -2{,}15\ \%$$

Im Weiteren wird der Rechengang für verschiedene Geschwindigkeiten v_o wiederholt und das Ergebnis in einer Tabelle zusammengestellt. Der Wert Δ gibt wie im Beispiel zuvor den Fehler in % an, wenn man bei $v_o \neq 0$ mit Gl. (3.38) statt mit Gl. (3.39) rechnet.

v_o [m/s]	Q [m^3/s]	aus Gl.	Δ [%]
0	12,68	(3.38) Poleni	---
0,5	12,96	(3.39) Weisbach	- 2,15
0,8	13,36		- 5,1
1,0	13,71		- 7,5
1,2	14,10		- 10,1
2,0	16,19		- 21,7

Erkenntnis:

Mit steigender Anströmgeschwindigkeit v_o wird der Fehler Δ bei Vernachlässigung von v_o doch beträchtlich!

Anders formulierte Bedeutung des Ergebnisses: Gibt man sich ein Abfluss Q (Überfall) und eine Überfallhöhe $h_Ü$ als Bemessungsgrößen vor, wird die erforderliche Überfallbreite b bei Berücksichtigung der Anströmgeschwindigkeit v_o kleiner, bei Vernachlässigung größer.

---

gesucht ② Zu erwartende Überfallhöhe bei $Q = 10\ m^3/s$ und $v_o = 0$.

Lösung ② Die Gleichung (3.38) muss nach $h_Ü$ umgestellt werden:

$$h_Ü = \left(\frac{3 \cdot Q}{2 \cdot \mu \cdot b \cdot \sqrt{2 \cdot g}} \right)^{2/3} = 0{,}683\ m$$

---

gesucht ③ Annahme h_2 sei $2{,}30\ m$; womit der Unterwasserstand $h_U = 0{,}10\ m$ über der Wehrkrone liegt. Vollkommener oder unvollkommener Überfall?

Lösung ③ $\frac{h_U}{h_Ü} = \frac{0{,}10}{0{,}80} = 0{,}125 \qquad \frac{h_Ü}{w_U} = \frac{0{,}80}{2{,}20} < 1$

Aus dem Diagramm auf Seite 151 kann $c = 1$ entnommen werden, so dass nach wie vor vollkommener Überfall herrscht. Q somit wie Lösung ①.

---

gesucht ④ Annahme h_2 sei $2{,}60\ m$; womit der Unterwasserstand $h_U = 0{,}40\ m$ über der Wehrkrone liegt. Vollkommener oder unvollkommener Überfall?

Lösung ④ $\frac{h_U}{h_Ü} = \frac{0{,}40}{0{,}80} = 0{,}5 \qquad \frac{h_Ü}{w_U} = \frac{0{,}80}{2{,}20} < 1$ wie zuvor

Aus dem Diagramm auf Seite 151 kann $c \approx 0{,}97 < 1$ entnommen werden, so dass unvollkommener Überfall herrscht. Somit ändert sich die überfallende Wassermenge Q verglichen mit Lösung ①.

$Q^* = 0{,}97 \cdot 12{,}68 = 12{,}30\ m^3/s$, also immerhin $\approx 0{,}40\ m^3/s$ geringer.

Wie schon mehrfach darauf hingewiesen sind Beiwerte wie z.B. μ „Näherungswerte“ und die Ablesung in einer Grafik hat eine gewisse Ungenauigkeit, so dass das Rechenergebnis zwar zuverlässig ist, aber nicht „nach Stellen hinter dem Komma“ bewertet werden sollte.

3.7 Ausfluss

3.7.1 Kleine Öffnung, vollkommener Ausfluss

Das Kapitel „Ausfluss“ ist ähnlich des Abschnitts zuvor ein kleineres, aber ebenfalls sehr wichtiges Kapitel der Hydromechanik. Auf die Ausführungen in Kap. 3, Energiegleichung, S. 104 wird verwiesen.

Betrachten wir zunächst einen Behälter und eine Rohrleitung der Länge l und des konstanten Durchmessers d, aus der am Ende Wasser ins Freie strömt.

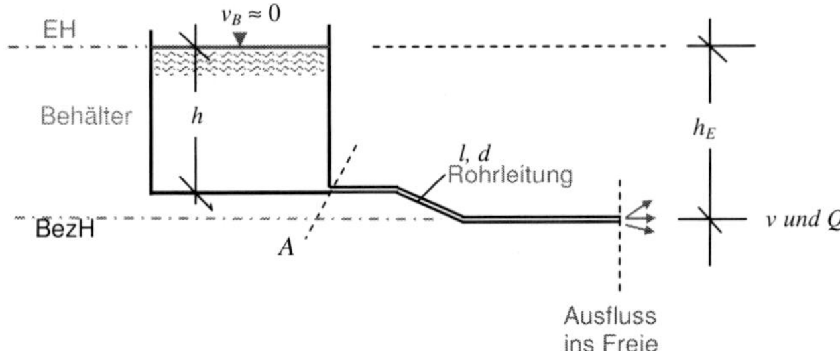

Die Bernoulli-Gleichung lautet für den Fall, dass die Geschwindigkeit im Behälter $v_B \approx 0$ ist

$$h_E = \frac{v^2}{2 \cdot g} \cdot \left(1 + \lambda \cdot \frac{l}{d} + \Sigma\varsigma\right)$$

Wird die Rohrleitung an der Stelle A abgeschnitten, so ist nur noch eine Öffnung in der Behälterwand vorhanden und die Gleichung wird mit $l = 0$ zu

$$h = \frac{v^2}{2 \cdot g} \cdot (1 + \Sigma\varsigma) \quad \text{oder} \quad v = \frac{1}{\sqrt{1 + \Sigma\varsigma}} \cdot \sqrt{2 \cdot g \cdot h}$$

Nun ist $(1 + \Sigma\zeta) > 1$ und also $\sqrt{1 + \Sigma\varsigma} > 1$, der Kehrwert wird somit < 1, so dass man mit

$$\frac{1}{\sqrt{1 + \Sigma\varsigma}} = \mu \quad \text{die Gleichung}$$

$$v = \mu \cdot \sqrt{2 \cdot g \cdot h}$$

schreiben kann. $\Sigma\zeta$ beinhaltet nur den Auslaufverlust, der etwa dem Einlaufverlust ζ_E entspricht.

Zu demselben Ergebnis kommt man, wenn man den von Galileo[27] am schiefen Turm von Pisa untersuchten Gesetzen des freien Falls folgt und den Ausfluss aus einem Behälter betrachtet.

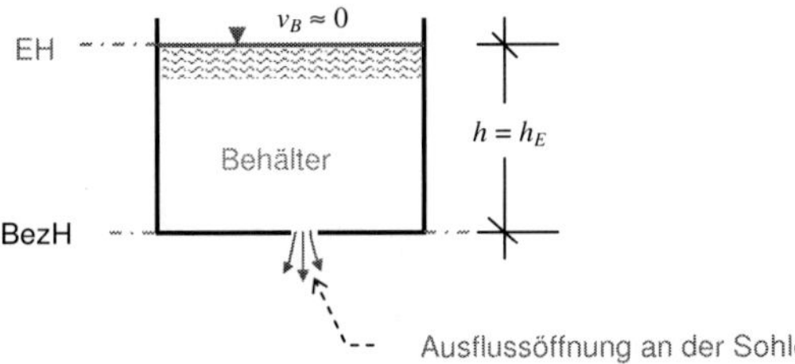

[27] Galileo Galilei, geb. am 15.02.1564 in Pisa, gest. am 08.01.1642 bei Florenz, italienischer Naturforscher und Mathematiker am Hofe der Großherzöge der Toskana in Florenz - ein weltberühmter Mann. Für seine Erkenntnisse kam er ins Gefängnis.

Die Energiehöhe h_E ist gleich der Wassertiefe h im Becken, da $v_B \approx 0$ ist. Am Bezugshorizont BezH wird die potenzielle Energie (= Wassertiefe h) im Moment des Ausfluss aus der Öffnung in kinetische Energie umgesetzt, d.h.

$$h \approx \frac{v^2}{2 \cdot g} \qquad \text{oder} \qquad v \approx \sqrt{2 \cdot g \cdot h}$$

Sie sehen: Es wurde nicht das Gleichheitszeichen gesetzt, sondern das „ungefähr gleich" - Zeichen, da bei einer realen Flüssigkeit die potenzielle Energie nicht vollständig in kinetische Energie umgesetzt werden kann, es treten Verluste auf. Deshalb wird geschrieben

$$v = \mu \cdot \sqrt{2 \cdot g \cdot h} \quad [m/s] \tag{3.41}$$

$$Q = v \cdot A = A \cdot \mu \cdot \sqrt{2 \cdot g \cdot h} \quad [m^3/s] \qquad \text{kleine Öffnung, vollkommener Ausfluss} \tag{3.42}$$

$\mu < 1$ = Ausflussbeiwert [-]
A = Fläche der Ausflussöffnung $[m^2]$

Der Ansatz wird Torricelli zugeschrieben. Angenommen im Gefäß wäre $v_B \neq 0$, d.h. es wäre ein Anteil von Bewegungsenergie vorhanden - wie müssten die Gl. (3.41) dann lauten?

$$v = \mu \cdot \sqrt{2 \cdot g \cdot \left(h + \frac{v_B^2}{2 \cdot g}\right)} \quad [m/s] \tag{3.41 a}$$

3.7.2 Große Öffnung, vollkommener Ausfluss

Bei großen, rechteckigen Öffnungen hat die Gleichung (3.41) einen Mangel. Die Geschwindigkeit v nimmt nach unten proportional mit $\sqrt{h}$ zu, d.h. die Geschwindigkeitsverteilung ist qualitativ etwa wie in der folgenden Zeichnung:

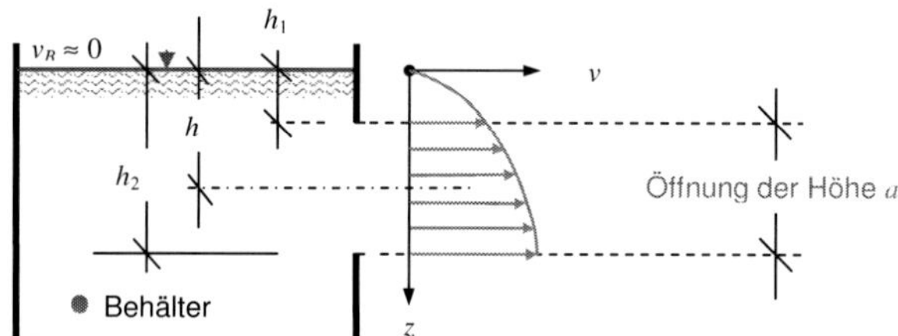

Das Einsetzen der mittleren Höhe h

$$h = \frac{h_1 + h_2}{2}$$

würde aber bedeuten, dass man von einer linearen Zunahme von v ausgeht, was nicht richtig ist, bei einer kleinen Öffnung a aber gut genug wäre.

Bei großen Öffnungen wird daher, ausgehend von der Torricelli-Gleichung, der Ausfluss über ein Integral gefunden:

$$q = \int_{h_1}^{h_2} \sqrt{2 \cdot g \cdot h} \cdot dh = \sqrt{2 \cdot g} \int_{h_1}^{h_2} h^{1/2} \cdot dh = \sqrt{2 \cdot g} \frac{1}{3/2} \left(h_2^{3/2} - h_1^{3/2} \right) = \frac{2}{3} \cdot \sqrt{2 \cdot g} \cdot \left(h_2^{3/2} - h_1^{3/2} \right)$$

Wenn Sie die Gleichung genau anschauen werden Sie herausfinden, dass die Einheit von q

$$\left[\frac{m^2}{s} \right] \quad oder \quad \left[\frac{m^3}{s \cdot m} \right]$$

ist. Die Größe q ist der Abfluss je Meter Breite (senkrecht zur Zeichenebene), der als „spezifischer Abfluss" oder „Erguss" bezeichnet wird. q spielt auch in der Wasserwirtschaft eine wichtige Rolle. Wenn der Abfluss Q errechnet werden soll, benötigt man also die Breite b der Öffnung, außerdem müssen die Verluste durch einen Beiwert erfasst werden, so dass die Gleichung lautet:

$$Q = \frac{2}{3} \cdot \mu \cdot b \cdot \sqrt{2 \cdot g} \cdot \left(h_2^{3/2} - h_1^{3/2} \right) \left[m^3 / s \right]$$ große Öffnung, vollkommener Ausfluss (3.43)

$\mu < 1$ = Ausflussbeiwert wie zuvor
b = Breite der Ausflussöffnung

Angenommen im Gefäß wäre $v_B \neq 0$, d.h. es wäre ein Anteil von Bewegungsenergie vorhanden, wird Gl. (3.43) zu Gl. (3.43 a):

$$Q = \frac{2}{3} \cdot \mu \cdot b \cdot \sqrt{2 \cdot g} \cdot \left[\left(h_2 + \frac{v_B^2}{2 \cdot g} \right)^{3/2} - \left(h_1 + \frac{v_B^2}{2 \cdot g} \right)^{3/2} \right] \left[m^3 / s \right] \tag{3.43 a}$$

Die Gleichungen (3.41 a) und (3.43 a) benötigt man nicht oft, da in einem großen Gefäß im Allgemeinen keine oder eine nur geringe Geschwindigkeit herrscht. Ob es sich um eine kleine oder große Öffnung handelt, kann wie folgt ermittelt werden:

$a < 0{,}2 \cdot h$ kleine Öffnung (3.44 a)

$a \geq 0{,}2 \cdot h$ große Öffnung (3.44 b)

3.7.3 Unvollkommener Ausfluss

Auch beim Ausfluss muss - analog zum Wehrüberfall - zwischen dem vollkommenen und unvollkommenen Ausfluss unterschieden werden, wobei der unvollkommene Ausfluss aber selten auftritt.

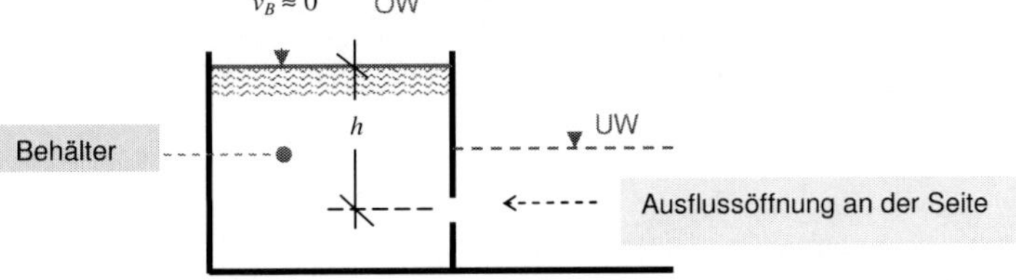

Ist unterhalb der Öffnung (im UW) kein Wasserspiegel vorhanden, ist der Ausflussstrahl schießend, der Ausfluss also vollkommen. Falls unterhalb der Öffnung (im UW) Wasser steht (gestrichelte blaue Linie in der Zeichnung zuvor), kann der Unterwasserspiegel zurück stauen; es kommt zu einem unvollkommenen Ausfluss. In den beiden Fällen „kleine Öffnung" und „große Öffnung" muss ggf. die Gl. (3.42) und (3.43) durch einen weiteren Faktor $c < 1$ ergänzt werden, den Sie ggf. in der Fachliteratur finden.

$$Q = v \cdot A = c \cdot A \cdot \mu \cdot \sqrt{2 \cdot g \cdot h} \quad [m^3/s]$$ kleine Öffnung, unvollkommener Ausfluss (3.42 b)

$$Q = c \cdot \frac{2}{3} \cdot \mu \cdot b \cdot \sqrt{2 \cdot g} \cdot \left(h_2^{3/2} - h_1^{3/2}\right) \; [m^3/s]$$ große Öffnung, unvollkommener Ausfluss (3.43 b)

Der Ausflussbeiwert μ kann wie immer aus Tabellen entnommen werden, die in der Fachliteratur teils mit 3 Stellen, teils mit 2 Stellen hinter dem Komma angegeben sind. Solche Zahlenwerte sind meist im Labor ermittelt worden, ob sie in der Großausführung exakt erreicht werden können, ist eine andere Frage. Der Zahlenwert bedeutet also eine gute Annäherung, das Maß der Exaktheit für die Praxis darf man aber nicht überschätzen.

Bei kleinen kreisförmigen Öffnungen kann der Ausflussbeiwert μ zwischen ca. 0,62 (Kanten der Öffnung sehr schlecht) bis > 0,9 (Kanten der Öffnung gut abgerundet) schwanken.

Bei scharfkantigen Rechtecköffnungen gilt die folgende Tabelle [8]:

Verhältnis a/b ⟶	≈ 0	0,5	1,0	1,5	2,0
Ausflussbeiwert μ ⟶	0,673	0,640	0,582	0,504	0,438

3.7.4 Ausfluss unter Schützentafeln

Eine weitere Anwendung ist der Ausfluss unter Schützenwehren, an denen ebenfalls vollkommener und unvollkommener Ausfluss auftreten kann. UW ① zeigt einen schließenden Strahl und somit vollkommenen Ausfluss, UW ② einen zurück gestauten Strahl, also unvollkommenen Ausfluss.

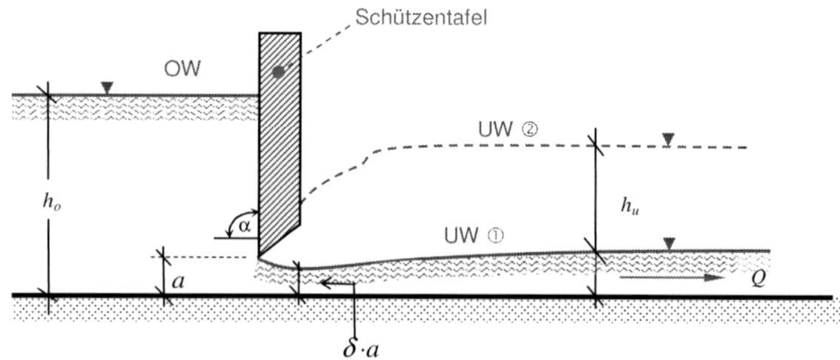

Beim vollkommenen Ausfluss wird der Strahl eingeschnürt; die kleinste Strahldicke sei $(\delta \cdot a)$, wobei δ den Einschnürungsbeiwert < 1 darstellt. Der Abfluss berechnet sich dann aus

$$Q = \mu \cdot a \cdot b \cdot \sqrt{2 \cdot g \cdot h_o} \quad [m^3/s]$$ Schütz, vollkommener Ausfluss (3.45)

$$\mu = \frac{\delta}{\sqrt{1 + \frac{\delta \cdot a}{h_o}}}$$ (3.46)

a = Höhe der Öffnung $[m]$
b = Breite der Öffnung $[m]$
h_o = Oberwassertiefe $[m]$
δ = Einschnürungsbeiwert [-]

Der Einschnürungsbeiwert δ kann aus der weiterführenden Literatur, z.B. [2], entnommen werden. Er ist abhängig vom Verhältnis a/h_0 und der Neigung α der Schützentafel, die in der Zeichnung oben lotrecht (also mit α = 90°) dargestellt ist.

Näherungsweise kann bei senkrechten und scharfkantigen Schützentafeln mit der folgenden Tabelle [8] gearbeitet werden:

Verhältnis h_o/a ⟶	1,5	2	3	4	5	6
Ausflussbeiwert μ ⟶	0,540	0,550	0,567	0,580	0,586	0,592

Beim unvollkommenen Ausfluss geht die Unterwassertiefe h_u bzw. die Verhältnisse h_o/a und h_u/a in die Bestimmung eines Abminderungsfaktors c ein, der ähnlich wie beim Wehrüberfall entweder grafisch [9, 10, 12] oder analytisch [2] bestimmt werden kann. Die Gleichung lautet dann:

$$Q = c \cdot \mu \cdot a \cdot b \cdot \sqrt{2 \cdot g \cdot h_o} \quad [m^3/s]$$ Schütz, unvollkommener Ausfluss (3.47)

Näheres kann wie immer der Fachliteratur entnommen werden → Literaturverzeichnis.

Beispiel Ausfluss aus einem Gefäß (Behälter)

gegeben ① $h_1 = 1{,}40\ m$ $h_2 = 1{,}60\ m$ $b = 0{,}40\ m$ siehe Zeichnung
v_B = Fließgeschwindigkeit im Behälter

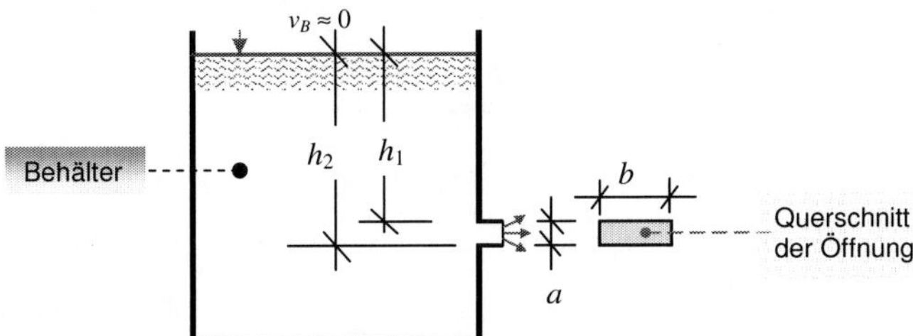

Bei diesem Beispiel werden wegen des Vergleichs „kleine und große Öffnung" relativ viele Nachkommastellen zwecks Beurteilung der Rechenergebnisse angegeben.

gesucht ①: Ausfluss bei der dargestellten Situation

Lösung ①: $a = 1{,}60 - 1{,}40 = 0{,}20\ m$

$$h = \frac{h_1 + h_2}{2} = \frac{1{,}40 + 1{,}60}{2} = 1{,}50\ m$$ Lage der Achse der Öffnung

$a : b = 0{,}2 : 0{,}4 = 0{,}5 \quad \rightarrow \quad \mu = 0{,}640$ Tabelle Seite 158

Gl. (3.44) $a = 0{,}20\ m < 0{,}2 \cdot h = 0{,}30\ m$ $\rightarrow$ somit „kleine Öffnung"

Gl. (3.42) $Q = A \cdot \mu \cdot \sqrt{2 \cdot g \cdot h} = (0{,}2 \cdot 0{,}4) \cdot 0{,}64 \cdot \sqrt{2 \cdot g \cdot 1{,}50} = 0{,}278\ m^3/s$

In Gl. (3.42) wurde eine mathematisch nicht erforderliche runde Klammer gesetzt, um die Fläche A der Öffnung hervorzuheben.

---

gesucht ②: Bei welcher Wasserspiegellage h^* liegt die Grenze zwischen „kleiner" und „großer" Öffnung? Maße a und b wie zuvor.

Lösung ②: $a = 0{,}2 \cdot h$ Grenzwert nach Gl. (3.44 b)

$$h^* = \frac{a}{0{,}2} = \frac{0{,}2}{0{,}2} = 1{,}0\ m$$ h^* = Lage der Achse der Öffnung, also

$h_1 = 0{,}90\ m$ $\rightarrow$ Oberkante Öffnung

$h_2 = 1{,}10\ m$ $\rightarrow$ Unterkante Öffnung

---

gesucht ③: Für die Lösung ② soll der Ausfluss für eine „große Öffnung", was auf Grund des Ergebnisses nach ② „richtig" wäre, und für eine „kleine Öffnung", was „falsch" wäre, berechnet und vergleichend gegenübergestellt werden.

Lösung ③: Maße a und b wie zuvor.

Gl. (3.43) $Q = \frac{2}{3} \cdot 0{,}64 \cdot 0{,}4 \cdot \sqrt{2 \cdot g} \cdot \left(1{,}10^{3/2} - 0{,}90^{3/2}\right) = 0{,}2267\ \left[m^3/s\right]$ „richtig"

Gl. (3.42) $Q = (0{,}2 \cdot 0{,}4) \cdot 0{,}64 \cdot \sqrt{2 \cdot g \cdot 1{,}0} = 0{,}2268\ \left[m^3/s\right]$ „falsch"

Fehler Δ im Ergebnis nach Gl. (3.42) in Prozent

$$\Delta = \frac{\text{"}falsch\text{"} - \text{"}richtig\text{"}}{\text{"}richtig\text{"}} \cdot 100 = 0{,}0441\ \%$$

Erkenntnis: Die umständlichere Gl. (3.43) hat nicht viel gebracht.

---

gegeben ④: $h_1 = 0{,}40\ m$ $h_2 = 0{,}60\ m$ siehe Zeichnung, Maße a und b unverändert.

gesucht ④: Das Ergebnis unter ③ gilt für den Grenzwert. Wir wollen nun stärker in den Bereich hineingehen, wo „große Öffnung" wirklich gilt. Maße a und b wie zuvor. Die Ausflüsse sollen nach der „großen" und „kleinen" Formel errechnet werden.

Lösung ④: Die Achse des Querschnitts liegt somit um $h = 0{,}50\ m$ unter dem Spiegel.

Gl. (3.44 b) $a = 0{,}20\ m > 0{,}2 \cdot h = 0{,}2 \cdot 0{,}5 = 0{,}10\ m$ große Öffnung

Gl. (3.43) $Q = \frac{2}{3} \cdot 0{,}64 \cdot 0{,}4 \cdot \sqrt{2 \cdot g} \cdot \left(0{,}60^{3/2} - 0{,}40^{3/2}\right) = 0{,}160094\ \left[m^3/s\right]$ „richtig"

Gl. (3.42) $Q = (0{,}2 \cdot 0{,}4) \cdot 0{,}64 \cdot \sqrt{2 \cdot g \cdot 0{,}50} = 0{,}160036\ \left[m^3/s\right]$ „falsch"

Fehler Δ im Ergebnis nach Gl. (3.42) in Prozent

$$\Delta = \frac{"falsch" - "richtig"}{"richtig"} \cdot 100 = 0{,}168\ \%$$

Erkenntnis: Die umständlichere Gl. (3.43) hat immer noch nicht viel gebracht.

Fazit

Früher hat der Verfasser die Auffassung vertreten, dass die Gleichung (3.43) für eine große Öffnung eigentlich überflüssig ist. Soweit soll hier nicht gegangen werden. Interessant ist sie aber nur bei geringer Überdeckung der Öffnung, also kleinem h und/oder bei großer Höhe der Öffnung, also großem a.

Noch eine Anmerkung zu den Varianten mit Berücksichtigung der Geschwindigkeit v_B im Behälter: Unter „Behälter“ oder auch „Gefäß“ können Sie sich einen Hochbehälter in der Wasserversorgung vorstellen oder auch das Staubecken einer Talsperre. Sehr hohe Geschwindigkeiten sind dort im Regelfall nicht zu erwarten, so dass $v_B^2/2 \cdot g$ (sehr) klein wird. Am ehesten ist v_B bei Schützentafeln an Flüssen, auf die das Wasser zuströmt, zu berücksichtigen.

Zusammenfassung 3.7: Ausfluss

Vollkommener oder unvollkommener Ausfluss? „Unvollkommen“ kann mit diesem Fachbuch allein nicht gelöst werden.	
Bewegungsenergie im Gefäß bzw. im Oberwasser zu berücksichtigen?	
Ausfluss aus Öffnungen	Ausfluss unter Schützen, Segmenten u.ä.
kleine oder große Öffnung? Gl. (3.44 a, b)	Gl. (3.45) oder (3.47)
Gl. (3.42) und (3.43) einschl. der Varianten a und b	

Repetitorium zu Kap. 3.6 und 3.7
Überfall und Ausfluss
Fragen → Die Antworten finden Sie auf Seite 180.

1. Arten der Überfallströmung? Unterschied?
2. Überfallender Volumenstrom Q also über h_{gr} bestimmen?
3. Standardformel für den Wehrüberfall?
4. Alternativen / Varianten zur Poleni-Formel?
5. Was ist „besser“, Poleni (P) oder Weisbach (W)?
6. Was bedeutet es praktisch, irrtümlich nach (P) oder nach (W) zu rechnen?
7. Größenordnung des Überfallbeiwerts μ?
8. Ausfluss aus einem Gefäß?
9. Basisformel für Ausfluss?
10. Entscheidung über „kleine“ und „große“ Öffnung?
11. Größe des Ausflussbeiwerts μ?
12. Anströmgeschwindigkeit, unvollkommener Ausfluss?

3.8 Verschiedenes

In diesem Kapitel werden einige Aufgaben behandelt, die nicht oder nur teilweise in die vorherigen Kapitel passen, aber auch nicht so umfangreich sind, dass man ihnen einen eigenen Abschnitt widmen müsste.

3.8.1 Instationäre Bewegung

Eine instationäre Bewegung wurde in Abschnitt 3.1.4 definiert. Vereinfacht kann man sagen, dass an dem betrachteten Ort - z.B. am Pegel Mainz am Rhein - die Fließgeschwindigkeit v über die Zeit nicht konstant ist. Bei einem am Ort konstanten Querschnitt bedeutet dies nach der Kontinuitätsgleichung, dass auch der Abfluss über die Zeit nicht konstant ist.

$$v(t) \cdot A = Q(t) \neq \text{konstant} \quad \rightarrow \quad \text{Kontinuitätsgleichung}$$

nicht konstant

Entleerung eines Gefäßes

Ein einfaches Beispiel für eine instationäre Bewegung ist die Entleerung eines Gefäßes.

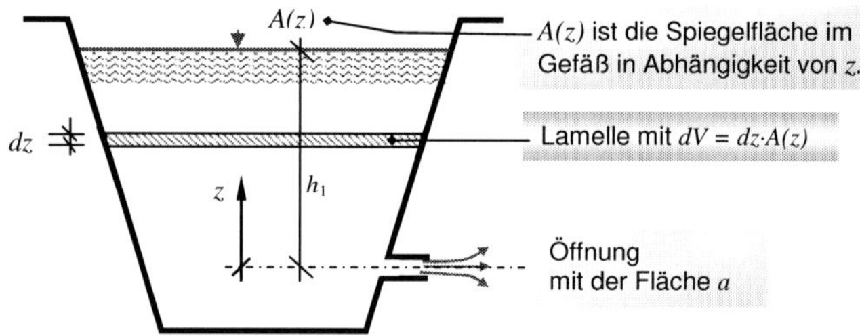

Die Ausflussgeschwindigkeit ist nach Torricelli - vgl. Kap. 3.7 - allgemein

$$v = \mu \cdot \sqrt{2 \cdot g \cdot z}$$

und der Ausfluss entsprechend

$$Q = a \cdot v = a \cdot \mu \cdot \sqrt{2 \cdot g \cdot z}\,.$$

Das Wasservolumen dV, das in der Zeit dt aus der Öffnung fließt, ist gleich dem Volumen dV, um das der Wasserspiegel im Gefäß abgesunken ist, also gleich der Lamelle der Stärke dz, die in der Zeichnung schraffiert dargestellt ist:

$$Q \cdot dt = \underline{a \cdot \mu \cdot \sqrt{2 \cdot g \cdot z} \cdot dt} = -dV = \underline{-A(z) \cdot dz}$$

und

$$dt = \frac{-1}{\mu \cdot a \cdot \sqrt{2 \cdot g}} \cdot \frac{A(z)}{\sqrt{z}} \cdot dz$$

Es wird nun davon ausgegangen, dass es sich um ein geometrisches Gefäß mit $A\ (z) = A =$ konstant handelt (z.B. Zylinder, siehe folgende Skizze und die Legende weiter unten). Sinkt der Wasserspiegel von der Ausgangshöhe $z = h_1$ auf die tiefer liegende Höhe $z = h_2$ in der Zeit Δt ab, kann man schreiben:

$$\int\limits_{(\Delta t)} dt = \frac{-1 \cdot A}{\mu \cdot a \cdot \sqrt{2 \cdot g}} \cdot \int\limits_{z=h_1}^{z=h_2} \frac{dz}{\sqrt{z}}$$

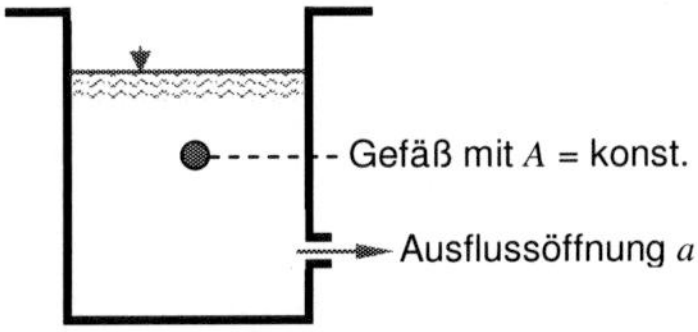

Gefäß mit A = konst.

Ausflussöffnung a

Daraus folgt schließlich

$$\Delta t = \frac{2 \cdot A}{\mu \cdot a \cdot \sqrt{2 \cdot g}} \cdot \left(\sqrt{h_1} - \sqrt{h_2}\right) \ [s]. \qquad (3.48)$$

Für das Entleeren des Gefäßes, also das Absinken des Wasserspiegels von $z = h_1$ auf $z = 0$, lautet die Gleichung für die Entleerungszeit t_E

$$t_E = \frac{2 \cdot A}{\mu \cdot a \cdot \sqrt{2 \cdot g}} \cdot \sqrt{h_1} \ [s]. \qquad (3.48\ a)$$

... nicht ganz überraschend, denn bei $h_2 = 0$ geht (3.48) in (3.48 a) über.

Legende
A = Wasserspiegelfläche des Behälters, im Beispiel konstant angenommen $[m^2]$
a = Querschnittsfläche der Ausflussöffnung $[m^2]$
h = Wasserstand in der Ausgangslage $[m]$
g = Fallbeschleunigung = $9{,}81\ [m/s^2]$

Beispiel Entleerung eines Gefäßes

gegeben

Hochbehälter eines Wasserversorgungsunternehmens (WVU)
Behälterinhalt $V = 500\ m^3$, Wassertiefe $h = 4{,}0\ m$

Zur Entleerung des Behälters steht eine kreisrunde Öffnung DN 100 zur Verfügung. Der Ausflussbeiwert μ ist nicht bekannt.

gesucht

Entleerungszeit t_E in Sekunden, Minuten und Stunden

Lösung

Nach Seite 158 schwankt der μ-Wert bei kreisrunden Öffnungen zwischen $0{,}62$ und $> 0{,}9$. Der zuletzt genannte Wert ist sehr hoch, daher eher unwahrscheinlich. Es wird kurzerhand mit beiden μ-Werten gerechnet, um die Größenordnung der Entleerungszeit t_E abzuschätzen.

Die Öffnung hat einen Durchmesser von $100\ mm$, also $10\ cm$ oder $0{,}1\ m$.

$$A = \frac{500}{4{,}0} = 125\ m^2$$ → Wasserspiegelfläche, konstant

$$a = \frac{\pi \cdot 0{,}1^2}{4} = 0{,}007854\ m^2$$ → Kreisfläche der Ausflussöffnung

Gl. (3.48 a) $$t_E = \frac{2 \cdot A}{\mu \cdot a \cdot \sqrt{2 \cdot g}} \cdot \sqrt{h_1} \ [s]$$ → $h_1 = h = 4{,}0\ m$

Somit sind alle Werte für die Gl. (3.48 a) bekannt. Die Ergebnisse t_E wurden in der folgenden Tabelle zusammengestellt, auch für DN 200 anstelle DN 100. Das Rechenergebnis hat die Einheit Sekunden $[s]$, das durch Division durch 60 in Minuten $[min]$ und noch einmal durch 60 in Stunden $[h]$ umgerechnet wird.

		DN 100		DN 200	
		$\mu = 0{,}62$	$\mu = 0{,}90$	$\mu = 0{,}62$	$\mu = 0{,}90$
Zeit t_E	in $[s]$	23181	15969	5798	3994
	in $[min]$	386	266	97	66,6
	in $[h]$	6,4	4,4	1,6	1,1

Ergebnis: Bei DN 100 wäre mit einer Entleerungszeit zwischen 4,4 Stunden und 6,4 Stunden, bei DN 200 zwischen 1,1 und 1,6 Stunden zu rechnen. Da der exakte μ-Wert unbekannt ist, liegt die tatsächliche Entleerungszeit zwischen den errechneten Werten. Trotz der Zeitspanne kann man mit diesen Angaben in der Praxis gut zu recht kommen.

Wichtige andere Themen der instationären Strömung sind Druckstoß sowie Schwall und Sunk, die in der weiterführenden Fachliteratur (→ Literaturverzeichnis) behandelt werden.

3.8.2 Wurfweite eines Wasserstrahls

Im Zusammenhang mit dem Ausfluss aus einem Gefäß wird noch eine andere Aufgabe behandelt. Betrachtet wird ein auf einem Podest stehender Behälter, aus dem Wasser ausströmt. Gesucht wird der ausfließende Volumenstrom Q, die Impulskraft F_I und die Wurfweite W, mit welcher der Wasserstrahl auf der Sohle auftrifft.

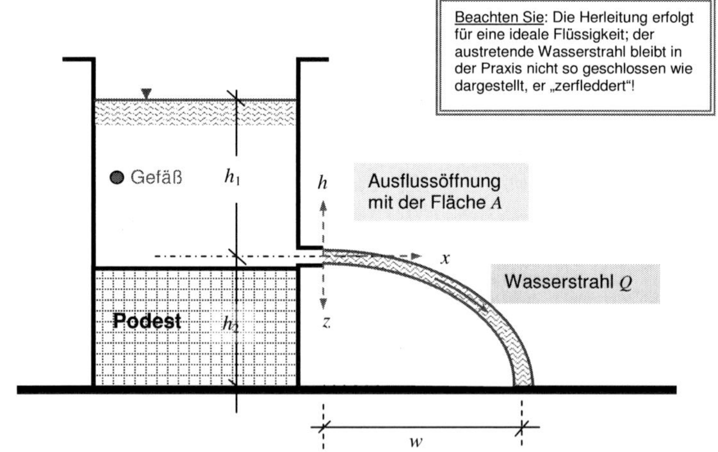

Der Ausfluss Q und die Impulskraft F_I wurden ausführlich behandelt. Es geht darum, die Wurfweite des Wasserstrahles zu bestimmen. Beachten Sie dazu die Achsen x, h und z, die in der Zeichnung an der Austrittsstelle angegeben sind.

Die Ausflussgeschwindigkeit ist nach Torricelli bei einer idealen Flüssigkeit

$$v_x = \sqrt{2 \cdot g \cdot h} = \frac{x}{t} \quad \text{und} \quad x = t \cdot \sqrt{2 \cdot g \cdot h} \quad \text{mit} \quad t = \text{Zeit}$$

$$v_z = \frac{dz}{dt} = g \cdot t \quad \text{und} \quad dz = g \cdot t \cdot dt \quad \text{und} \quad z = g \cdot \frac{t^2}{2} \quad \text{und} \quad t = \sqrt{\frac{2 \cdot z}{g}}$$

$$x = t \cdot \sqrt{2 \cdot g \cdot h} = \sqrt{\frac{2 \cdot z}{g}} \cdot \sqrt{2 \cdot g \cdot h} = 2 \cdot \sqrt{h \cdot z} \qquad (3.49)$$

Beispiel Wasserstrahl / Wurfparabel

gegeben: $h_1 = 2{,}50\ m$ $\quad A = 0{,}010\ m^2$ $\quad h_2 = 0{,}80\ m$

gesucht: Ausfluss Q $\quad$ Impulskraft F_I $\quad$ Wurfweite W

Lösung:

$$v = \sqrt{2 \cdot g \cdot h_1} = 7{,}0036 \ m/s$$
$$Q = v \cdot A = 7{,}0036 \cdot 0{,}01 = 0{,}070\, m^3/s$$
$$F_I = \rho \cdot Q \cdot v = 1000 \cdot 0{,}070 \cdot 7{,}0036 = 490{,}252 \ N = 0{,}490 \ kN$$
$$W = 2 \cdot \sqrt{2{,}5 \cdot 0{,}80} = 2{,}828 \ m$$

3.8.3 Filtergesetz nach Darcy[18]

Das Filtergesetz kommt bei „Sickerströmungen" oder „Strömungen durch poröse Medien" zur Anwendung. Der Boden im Untergrund ist ein Medium mit Poren. Dazu wird die folgende Skizze, ein Schnitt durch den Untergrund, betrachtet:

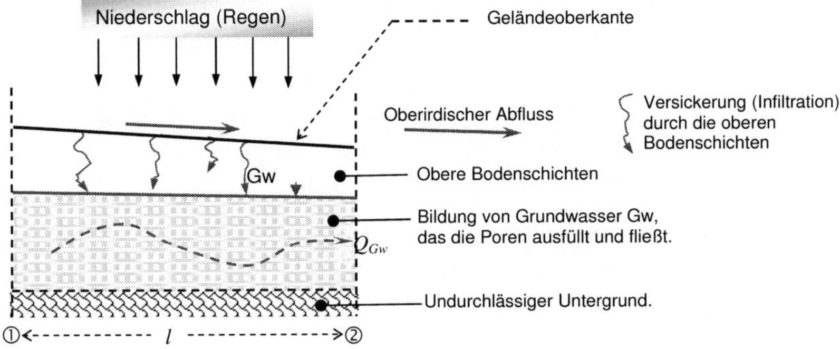

Die Zeichnung auf der vorherigen Seite bedeutet einen kurzen Blick in die Hydrologie, die hier nicht näher behandelt wird. Wichtig ist an dieser Stelle, dass das Grundwasser die Hohlräume der Erde (die Poren) vollständig ausfüllt und dass seine Bewegung - entsprechend einem Fließgewässer - ausschließlich durch die Schwerkraft bewirkt wird (nach DIN 4049). Wir schauen uns den Boden wie unter einer Lupe genauer an:

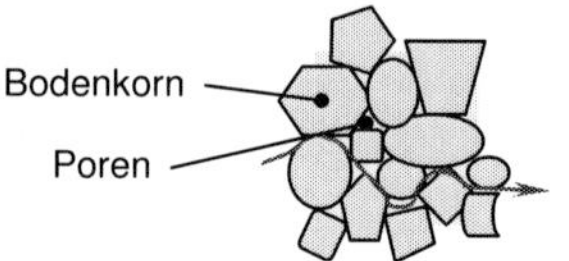

Pfeil: Angenommener Fließweg eines Wasserteilchens. Den Fließweg müssen Sie sich auch räumlich, also lotrecht zur Bildebene vorstellen.

Zwischen den Bodenkörnern sind je nach Größe und Form unterschiedlich große Hohlräume (Poren) vorhanden, durch die Wasser hindurchfließt. Sind die Bodenkörner ganz klein (z.B. bei Ton), sind auch die Poren klein, so dass wenig Wasser fließen kann, sind die Bodenkörner groß (z.B. bei Kies), sind auch die Poren groß, so dass mehr Wasser durchströmen kann. Ein Wasserteilchen kann nicht wie in einem Rohr - der Wandung folgend - fließen, sondern es muss einen Weg durch die Poren finden. Der Weg ist unregelmäßig, wie der oben schematisch dargestellte Pfeil zeigt. Der lineare Abstand l zwischen den betrachteten Orten ① und ② sagt also nichts über den tatsächlich zurückgelegten Fließweg aus, so dass die Filtergeschwindigkeit keine „echte Geschwindigkeit" ist.

Die Filtergeschwindigkeit ist nun

$$v_f = k_f \cdot I_{Sp} = k_f \cdot \frac{\Delta h}{\Delta l} \; [m/d] \text{ und}$$

$$Q_{Gw} = v_f \cdot A_{Gw} = k_f \cdot \frac{\Delta h}{\Delta l} \cdot A_{Gw} \; [m^3/d] \qquad (3.50)$$

I_{Sp} ist das - geringe - Gefälle der Grundwasseroberfläche Gw. Wegen der geringen Fließgeschwindigkeit kann v_f z.B. in Meter pro Tag $[m/d]$ angegeben werden.

Sie sehen, dass Größen wie das Gefälle I oder der durchflossene Querschnitt A analog zur Rohr- oder Gerinneströmung sind, ebenso kommt die Kontinuitätsgleichung zur Anwendung. Neu ist der Durchlässigkeitsbeiwert k_f, der in der Geotechnik auch mit k bezeichnet wird.

Durchlässigkeitsbeiwert k_f $[m/s]$

Der Durchlässigkeitsbeiwert k_f hat die Einheit einer Geschwindigkeit, ist aber ein Proportionalitätsfaktor im Darcy'schen Filtergesetz. Bei grobkörnigem Boden ist der k_f - Wert größer, bei feinkörnigem - wie besprochen - kleiner. In der folgenden Tabelle sind einige Anhaltswerte für k_f angegeben.

Bodenart	k_f $[m/s]$	Bodenart	k_f $[m/s]$	Bodenart	k_f $[m/s]$
Geröll	1 bis 5	Sand	10^{-6} bis 10^{-3}	Ton	10^{-12} bis 10^{-9}
Kies	10^{-3} bis 2	Schluff	10^{-9} bis 10^{-5}		

In der Fachliteratur sind die k_f - Werte weiter präzisiert, z.B. für Grob- und Feinsand usw.

3.8.4 Feststofftransport und Erosion

In natürlichen Gerinnen (Flüsse und Bäche) ist die Sohle beweglich, d.h. es steht Sand oder Kies usw. an, der je nach Fließgeschwindigkeit vom Wasser aufgenommen und weiter transportiert wird. Die Folge ist, dass die Sohle sich an bestimmten Stellen eintieft (Erosion), an anderen Stellen das erodierte Material wieder liegen bleibt (Verlandung).

Längsschnitt eines Flusses

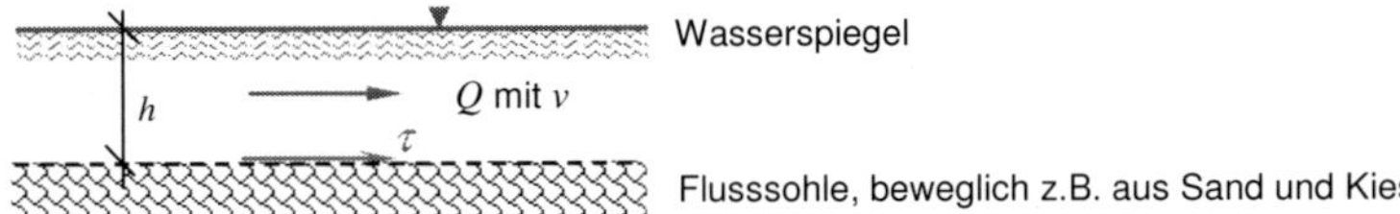

Als Folge der Strömung tritt an der Sohle eine Schubspannung τ auf, im Wasserbau „Schleppspannung" genannt, die Material aufnimmt und weiter transportiert.

$\overrightarrow{\text{Schleppspannung}}$ $\tau = \rho \cdot g \cdot r_{hy} \cdot I_{So} \approx$ bei großen Flüssen $\rho \cdot g \cdot h \cdot I_{So}$ $[N/m^2]$

ρ Dichte Wasser, g Fallbeschleunigung, r_{hy}·hydraulischer Radius, h Wassertiefe, I_{So} Gefälle

Die Schleppspannung τ und ihre Folgen werden üblicherweise in Fachbücher des Wasserbaus (Gewässerregelung, Flussbau) behandelt.

4. Wasserbauliches Modellwesen

4.1 Physikalische Modelle

In Wasserbau und Wasserwirtschaft arbeitet man im Wesentlichen mit 2 Arten von Modellen:

- numerische Modelle und
- physikalische (oder hydraulische) Modelle.

Numerische Modelle sind - wie der Name sagt - rechnerische Modelle, d.h. ein Strömungsproblem wird mit mathematischen Gleichungen beschrieben. Beispiele sind die Beschreibung einer Rohrströmung mit den Darcy- und Colebrook/White-Gleichungen. In der Praxis wesentlich komplexere Modelle werden z.B. zur Berechnung von Kanalisationsnetzen oder Netzen der Wasserversorgung oder zur Berechnung der Wasserspiegellinie des Rheins von Karlsruhe bis Mainz oder der Mosel von Trier bis Koblenz eingesetzt. Es hier wird darauf hingewiesen, dass sich international ein Fachgebiet „Hydroinformatik" etabliert hat, das neben der Hydromechanik die Hydrologie und andere Teile der Wasserwirtschaft umfasst.

Blick in das Wasserbaulabor der Fachhochschule Mainz, links die kippbare Versuchsrinne
Foto: Johannes Herschel

Physikalische Modelle sind Modelle, die im Labor aufgebaut werden und durch die dann - wie in der Natur - Wasser fließt. Es gibt auch Luftmodelle, auf die hier nicht eingegangen wird.

Das Bauwerk, durch das oder über welches Wasser fließt, wird im Labor in einem Maßstab $1{:}k$ nachgebildet, wie ein Bauwerk in einer Zeichnung maßstäblich verkleinert dargestellt wird - aber natürlich dreidimensional, wie z.B. ein Architekt das Modell eines Bauwerks für Wettbewerbszwecke herstellt. Allerdings muss das Wasserbau-Bauwerk so stabil sein, dass Wasser hindurch fließen kann.

Zur Herstellung der Modelle verwendet man daher die Baustoffe, die man in der Baustoffkunde kennen lernt, z.B. Mauerwerk, Zementputz, Holz,r Stahlkonstruktionen oder Kunststoffe, wobei man das Modell exakt nach dem Entwurf oder nach der Natur nachbildet.

Beispiel:

Gegeben ist ein Gerinne mit Rechteckquerschnitt und den Abmessungen der Zeichnung $[m]$, in dem Wasser mit der Fließgeschwindigkeit $v_{Natur} = 1{,}42\ m/s$ fließt. Die Länge des Gerinnes in der Natur sei $L_{Natur} = 87\ m$.

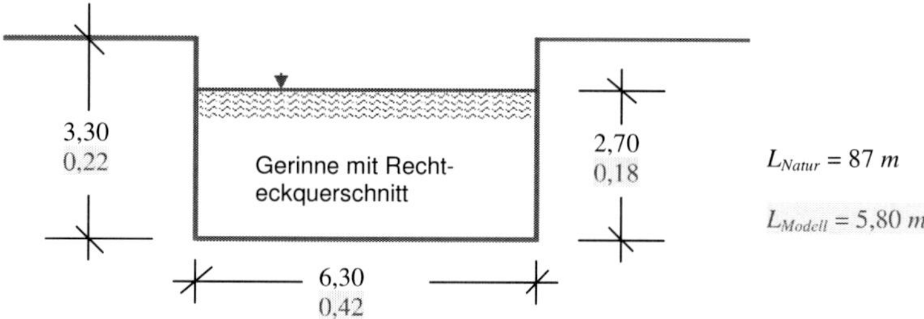

Das Modell muss so groß (oder so klein) sein, dass es in das Labor hineinpasst. Angenommen, der Maßstab $1{:}k = 1{:}15$ sei ein geeigneter Maßstab, dann ergibt sich eine Länge $L_{Modell} = L_{Natur}{:}15 = 87{:}15 = 5{,}80\ m$. In der obigen Zeichnung sind die Laborabmessungen des Gerinnes in der 2. Zeile (in blauer Farbe geschrieben und unterlegt) angegeben, darüber die wahren Maße. Ist die Linienführung des Gerinnes im Grundriss gekrümmt, dann muss er auch im Labor gekrümmt aufgebaut werden, wobei der Radius der Krümmung wie zuvor $1{:}k$ umzurechnen wäre.

Kommen wir jetzt zum Abfluss Q. Wie groß ist Q in der Natur?

$$Q_{Natur} = v \cdot A = 1{,}42 \cdot (6{,}30 \cdot 2{,}70) = 24{,}154\ m^3/s \rightarrow \text{Kontinuität}$$

Die Längenmaße im Modell, die festgelegt wurden, sind geometrische Größen. Geschwindigkeit und Abfluss sind kinematische Größen, bei denen die Zeit t eine Rolle spielt. Wie zuvor durch k dividieren - das geht nicht! Es stellt sich die Frage, wie im Modell zum Beispiel v_{Modell} und Q_{Modell} festzulegen sind. Die Antwort finden Sie im nächsten Abschnitt über die Modellgesetze, die Gesetze der Ähnlichkeitsmechanik, wie sie außer im Wasserbau in anderen Zusammenhängen auch im Konstruktiven Ingenieurbau zur Anwendung kommen.

Die physikalischen Modelle werden auch als gegenständliche oder hydraulische Modelle bezeichnet.

4.2 Modellgesetze

Im wasserbaulichen Versuchswesen stehen mehrere Modellgesetze zur Verfügung, die je nachdem, welche Kräfte bei dem betrachteten Strömungsproblem überwiegen, zur Anwendung kommen. Die Modellgesetze liefern keine „perfekte" oder „100-prozentige" Ähnlichkeit, weil man vereinfachende Annahmen treffen muss, aber doch eine so gute Ähnlichkeit, dass man mit den gemessenen Laborwerten zuverlässig auf die Großausführung schließen kann.

Das Froude'sche Modellgesetz

Die Froudezahl Fr kennzeichnet den Einfluss der Schwerkraft auf die Flüssigkeitsbewegung. Die Modellähnlichkeit, d.h. die Übertragbarkeit der Messergebnisse auf die Großausführung, ist gegeben, wenn die Froude - Zahlen Fr im Modell und in der Natur gleich groß sind, also

$$Fr_{Modell} = Fr_{Natur}$$

mit

$$Fr = \frac{v}{\sqrt{g \cdot h}}$$ v = Fließgeschwindigkeit $[m/s]$, h = Fließtiefe $[m]$

Das Froud'sche Modellgesetz kommt entsprechend zur Anwendung, wenn Schwerekräfte und Trägheitskräfte überwiegen, d.h. in der Gerinnehydraulik, bei Freispiegelabfluss, Wehrüberfall, Wechselsprung, Abstürzen, Tosbecken usw.

Wasser – Turbine: Demonstrationsstand im Wasserbaulabor der FH Mainz

Man kann - und das ist der Nutzen der Modellversuche - im Modell Wasserstände, Geschwindigkeiten, Volumenströme, Drücke, Kräfte usw. messen und mit Hilfe des Modellgesetzes umrechnen, wie groß diese Werte in der Naturausführung (Großausführung) sein werden. Hat man im Modell z.B. eine Kraft F_M gemessen, so ist die zu erwartende Kraft in der Großausführung $F_N = F_M \cdot k^3$ usw.

Ohne Herleitung wird die folgende Tabelle zur Umrechnung wichtiger Parameter nach dem Froude'schen Modellgesetz angegeben.

Froude'sches Modellgesetz, Modellmaßstab $1{:}k$, Umrechnungen Natur -Modell			
Bezeichnung	Natur N	Modell M	Einheit
Länge, Breite, Tiefe	L_N	$L_M = \frac{L_N}{k}$	m
Fläche A	A_N	$A_M = \frac{A_N}{k^2}$	m^2
Geschwindigkeit v	v_N	$v_M = \frac{v_N}{k^{1/2}}$	m/s
Volumenstrom Q (Abfluss)	Q_N	$Q_M = \frac{Q_N}{k^{5/2}}$	m^3/s
Druck p	p_N	$p_M = \frac{p_N}{k}$	N/m^2
Kraft F	F_N	$F_M = \frac{F_N}{k^3}$	N

Übertragung nach Froude bei einem Modellmaßstab $1{:}k$

In der Tabelle sind die Gleichungen aufgeführt, um die fehlenden Parameter des Gerinne-Modells im Abschnitt zuvor zu errechnen.

$$A_{Modell-1} = 0{,}42 \cdot 0{,}22 = \frac{6{,}30 \cdot 3{,}30}{15^2} = 0{,}0924\ m^2 \quad \rightarrow \text{ Gerinnequerschnitt}$$

$$A_{Modell-2} = 0{,}42 \cdot 0{,}18 = \frac{6{,}30 \cdot 2{,}70}{15^2} = 0{,}0756\ m^2 \quad \rightarrow \text{ Fließquerschnitt}$$

$$v_{Modell} = \frac{1{,}42}{15^{1/2}} = 0{,}367\ m/s$$

$$Q_{Modell} = 0{,}367 \cdot 0{,}0756 = \frac{24{,}1542}{15^{5/2}} = 0{,}0277\ m^3/s = 27{,}7\ l/s$$

$$Fr_{Natur} = \frac{1{,}42}{\sqrt{g \cdot 2{,}70}} = 0{,}276$$

$$Fr_{Modell} = \frac{0{,}367}{\sqrt{g \cdot 0{,}18}} = 0{,}276$$

> Sie sehen:
> Das Froude'sche Modellgesetz ist mit $\mathrm{Fr}_{Modell} = \mathrm{Fr}_{Natur}$ eingehalten.

Nach der Berechung sind die Abmessungen des Gerinnes wie auch die Fließgeschwindigkeit im Modell relativ gering. Man würde sicher prüfen, ob nicht ein Maßstab $1{:}10$ statt $1{:}15$ realisierbar wäre (Platzbedarf, Kosten usw.?).

Das Reynolds'sche Modellgesetz

Die Reynoldszahl Re kennzeichnet den Einfluss der Viskosität, also der Reibung, auf die Flüssigkeitsbewegung. Die Modellähnlichkeit ist gegeben, wenn die Reynoldszahlen im Modell und in der Natur gleich groß sind, also

$$\mathrm{Re}_{Modell} = \mathrm{Re}_{Natur}$$

mit

$$\mathrm{Re} = \frac{v \cdot d}{\nu}$$

v = Fließgeschwindigkeit $[m/s]$, d = Rohrdurchmesser $[m]$

ν = kinematische Viskosität $[m^2/s]$

Das Gesetz kommt zur Anwendung, wenn Reibungskräfte und Trägheitskräfte überwiegen, d.h. bei Druckrohrströmungen. Die Umrechnung ist schwieriger als bei Froude.

Außer den genannten Modellgesetzen gibt es noch andere Modellgesetze, die aber seltener angewendet werden. Das Froude'sche Gesetz ist das im Wasserbau bei Weitem am häufigsten angewendete Ähnlichkeitsgesetz.

4.3 Maßstäbe, Übertragungsgrenzen

Gängige Modellmaßstäbe sind 1:10 bis 1:50. Zu starke Verkleinerungen - auf z.B. 1:100 - beinhalten die Gefahr der Ungenauigkeit infolge von Messfehlern. Bei Flussmodellen setzt man gelegentlich auch „verzerrte" Modelle ein. Da Flüsse ein relativ geringes Längsgefälle aufweisen, wird das Modell „überhöht" dargestellt, d.h. man wählt im Grundriss z.B. $1{:}k = 1{:}40$ und im Höhenmaßstab z.B. $1{:}k = 1{:}20$ - das Modell wäre somit 2-fach überhöht. Bei solchen Modellen wird's noch schwieriger.

Bild links:
Modell der Nahe in Bad Kreuznach, Universität Karlsruhe, Theodor-Rehbock-Laboratorium[28]

Neben praktischen Überlegungen bei der Maßstabwahl (Passt das Modell in das Labor hinein?) gibt es Übertragungsgrenzen, die eingehalten werden müssen. So muss ein Fließvorgang, der in der Natur turbulent ist, auch im Modell turbulent sein, es darf also kein Wechsel turbulent - laminar oder umgekehrt stattfinden. Oder: Ein Gerinneabfluss, der in der Natur strömend verläuft, muss auch im Modell strömend sein und umgekehrt. Also: In der Natur strömend, im Modell schießend - die Messwerte wären nicht korrekt übertragbar. Allerdings sind, wie oben ausgeführt, bei richtiger Anwendung der Modellgesetze Fr oder Re im Modell und in der Natur immer gleich groß.

Wichtig im Wasserbaulabor
Maßstabsgerechter Modellaufbau, exakte Wassermengenmessung und ruhige Wasserspiegellagen im Modell, keine Wasserverluste durch Undichtheit.

In jedem Fachbuch wird das wasserbauliche Versuchswesen mehr oder weniger umfangreich behandelt. Die ausführlichste Beschreibung beinhaltet nach wie vor „Helmut Kobus: Wasserbauliches Versuchswesen, DVWW Schriftenreihe, Heft 39, 2. Auflage Hamburg 1984".

[28] Foto Jens Görten, 2004

Repetitorium zu Kap. 1
Grundlagen Hydromechanik
Fragen und Antworten.

1. Unterschied „Hydromechanik“ und „Fluidmechanik“?
   „Hydromechanik“ beinhaltet vom griechischen Wortstamm her „Wasser“, während die Fluidmechanik alle Strömungsmedien (Fluide) umfasst, also Gase und Flüssigkeiten wie Luft, Erdöl und - wenn Sie wollen - Milch oder Wein ☺, eben alles, was durch eine Rohrleitung fließen kann.

2. Was sind Formelzeichen? Beispiele!
   Formelzeichen sind Buchstaben (kleine und/oder große, arabische oder griechische) oder Buchstabenkombinationen, mit denen z.B. skalare Größen oder Vektoren bezeichnet werden.
   Beispiele: Geschwindigkeit (englisch: velocity) - Formelzeichen v
   Kraft (englisch: Force) - Formelzeichen F.
   In deutschen oder Euro-Normen festgelegt.

3. Die „wichtigsten“ Einheiten des internationalen Einheitensystems.
   Es gibt keine unwichtigen Einheiten und somit auch keine wichtigen! Die in der Hydromechanik gebräuchlichsten sind Länge [Meter m], Masse [Kilogramm kg], Zeit [Sekunde s] und Temperatur [Kelvin K].

4. Vorsatz „Dezi“ und „Hekto“? Beispiele.

   Das Vorsatzzeichen zu Dezi ist d, zu Hekto h.
   Dezi → Faktor 10^{-1}, Hekto → Faktor 10^{+2}.
   1 Dezimeter = $1\ dm = 10^{-1}$ Meter = $1/10$ Meter = $0{,}10\ m = 10\ cm$.
   1 Hektometer = 10^{+2} Meter = 100 Meter = $100\ m$.

5. Definition „Kraft“ und „Druck“. Einheiten?
   Die Kraft F ist Masse m mal Beschleunigung a, also $F = m \cdot a$. Die Einheit der Kraft ist Newton $[N]$. 1 Newton ist gleich der erforderlichen Kraft, um der Masse $1\ kg$ die Beschleunigung $1\ m/s^2$ zu verleihen, d.h. $1N = 1\,kg \cdot m/s^2$.
   Der Druck p ist gleich Kraft F dividiert durch die gedrückte Fläche A, $p = F/A$. Die Einheit ist also N/m^2 oder Pascal Pa: $1\ N/m^2 = 1\ Pa$. In der Hydromechanik und im Wasserbau wird der Druck häufig in „Meter Wassersäule“ $[m]$ angegeben, indem man p $[N/m^2]$ durch $\rho \cdot g$ (vgl. Ziff. 8.) dividiert.

6. Kelvin, Celsius und Fahrenheit?!
   Kelvin ist die Temperatureinheit des Internationalen Einheitensystems (siehe oben) und wird überwiegend in der Physik verwendet. Celsius ist die am häufigsten eingesetzte Temperatureinheit, auch deshalb, weil Wasser bei 0 °C gefriert und bei 100 °C siedet (kocht). Fahrenheit ist die in Amerika verwendete Temperatureinheit, an die man sich gewöhnen kann, für die aber weniger spricht als für Celsius.

7. Kennwerte der physikalischen Eigenschaften des Wassers?
   Dichte ρ, Viskosität η, Wärmeleitfähigkeit, Wärmekapazität, Siededruck, Elastizität E.
   Die unterstrichenen Werte benötigt man in der Hydromechanik ständig, die anderen seltener.

8. Was steckt hinter $\rho \cdot g$?
Hinter $\rho \cdot g$ steckt ein Kennwert, der mit Wichte γ (früher „spezifisches Gewicht") bezeichnet wird und das Produkt aus der Dichte des Wassers ρ und der Fallbeschleunigung g darstellt. Da man in der Ingenieurpraxis in der Regel mit $\rho = 1000\ kg/m^3$ rechnet und $g = 9{,}81\ m/s^2$ beträgt, setzt man in der Hydrostatik und in der Baustatik für $\rho \cdot g$ näherungsweise $10000\ N/m^3$ ein.

9. Siededruck des Wassers p_S bei 23,8 °C?
vgl. Tab. Seite 23, Interpolation erforderlich:
$p_{S,20\,°C} = 23{,}37\ hPa$ $\qquad p_{S,30\,°C} = 42{,}41\ hPa$
$$p_{S,23,8} = p_{S,20} + \frac{3{,}8}{10} \cdot (p_{S,30} - p_{S,20}) = 30{,}6051\ hPa$$

10. Warum kann in Baustoffe eindringendes Wasser diese zerstören?
Beim Gefrieren des Wassers nimmt sein Volumen zu. Die Vergrößerung des Volumens in mit Wasser gefüllten Hohlräumen und Poren wirkt zerstörend („sprengend") auf die Baustoffe. Von großer Bedeutung für alle Baustoffe im und am Wasser. Früher waren schlecht isolierte Wasserleitungsrohre stark davon betroffen.

11. Unterschied zwischen dynamischer und kinematischer Viskosität?
Es handelt sich nicht um 2 „verschiedene" Viskositäten, sondern um die unterschiedliche Darstellung der Viskosität. Die kinematische Viskosität ν ist gleich der dynamischen η dividiert durch die Dichte des Wassers ρ, also
$$\nu = \frac{\eta}{\rho}$$
In der Hydromechanik wird mit der kinematischen Viskosität ν gearbeitet. Praktischer Nutzen: Man kann sich die Einheit von ν leichter merken: m^2/s.

12. Wovon sind die physikalischen Eigenschaften abhängig?
Die physikalischen Eigenschaften des Wassers sind - analog zu anderen Fluiden - vom Luftdruck und der Wassertemperatur abhängig.
Der Luftdruck spielt beim Wasser - im Gegensatz z.B. zur Luft - keine sehr große Rolle, weshalb die Zahlenwerte üblicherweise für den mittleren Luftdruck von $1013\ hPa$ bei variabler Temperatur angegeben werden. Dennoch arbeitet man in der Ingenieurpraxis mit Standardwerten, wie sie in Kap. 1 auf S. 23 angegeben sind, da die Wassertemperatur - in Flüssen oder in Rohrleitungen oder sonst wo - über das Jahr schwankt.

Repetitorium zu Kap. 2
Hydrostatik
Fragen und Antworten

1. Berechnung des (Wasser-)Drucks p in der Tiefe z unter dem Wasserspiegel?

$p = p_o + \rho \cdot g \cdot z$ $\qquad$ Beispiel A $\qquad$ Beispie B

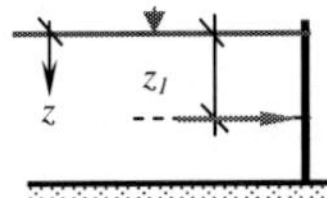

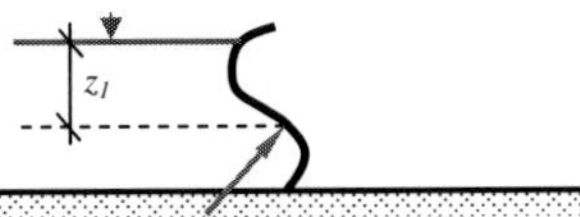

Der Druck p_o ist in der Regel der auf dem Wasserspiegel lastende Luftdruck, der an der Unterwasserseite ebenfalls wirksam ist und dann vernachlässigt werden kann. Zu $\rho \cdot g$ siehe Repetitorium zu Kap. 1.

2. Wirkungsrichtung des (Wasser-)Drucks p?
Der Druck - ebenso wie die daraus resultierende Kraft - wirkt an jeder Stelle senkrecht auf die gedrückte Fläche. In der Skizze zuvor ist in beiden Fällen der Wasserdruck $p_1 = \rho \cdot g \cdot z_1$ gleich groß bei ganz unterschiedlichen Richtungen (siehe rote Pfeile).

3. Welche gedrückten Flächen wurden behandelt?
Die „gedrückte Fläche" ist die Fläche A, auf die der Druck einwirkt.
   a. Ebene Flächen konstanter Breite
   b. Ebene Flächen nicht konstanter Breite
   c. Gekrümmte Flächen konstanter Breite

4. (Wasserdruck-)Kraft bei ebenen Flächen konstanter Breite?
Man ermittelt die Fläche der Wasserdruckfigur in der Zeichenebene, die der „Kraft pro m Breite" (lotrecht zur Bildebene) in N/m entspricht. Multipliziert mit der Breite b erhält man die Kraft in N. Die Kraft F wirkt immer senkrecht auf die gedrückte Fläche.

Beispiel

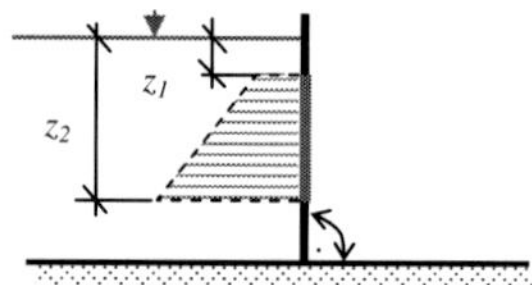

$$F = \rho \cdot g \cdot \frac{z_1 + z_2}{2} \cdot (z_2 - z_1) \left[\frac{N}{m}\right] \quad \text{bzw.} \quad F_{res} = \rho \cdot g \cdot \frac{z_1 + z_2}{2} \cdot (z_2 - z_1) \cdot b \; [N]$$

5. (Wasserdruck-)Kraft bei ebenen Flächen nicht konstanter Breite?
Eine Lösung in „Kraft pro m Breite" ist nicht möglich. Man bestimmt den Druck p_S im Flächenschwerpunkt S. Die Kraft F ergibt sich durch Multiplikation von p_S mit der gedrückten Fläche A, also aus

$$F = \rho \cdot g \cdot z_S \cdot A = p_S \cdot A \;\; [N]$$

6. (Wasserdruck-)Kraft bei gekrümmten Flächen konstanter Breite?
Wie Ziffer 4.

7. Varianten bei der Darstellung und Berechnung des Drucks und der Kraft?
Druck unmittelbar auf der Konstruktion, Kraft über die Vektoraddition. Alternativ: Zerlegung von Druck und - daraus - Kraft in eine x-Komponente (Horizontalkomponente) und eine z-Komponente (Vertikalkomponente), die definitionsgemäß senkrecht aufeinander stehen. Die resultierende Kraft F kann ebenfalls über eine Vektoraddition nach Pythagoras errechnet werden. Häufig aber einfacher, vor allem bei gekrümmten Flächen nach Ziffer 6.

8. Unterschied Druckmittelpunkt D? und Schwerpunkt S?
Der Druckmittelpunkt D ist die Stelle der gedrückten Fläche, an der die resultierende Kraft F angreift. S kennzeichnet den Schwerpunkt der gedrückten Fläche.

Bei Flächen konstanter Breite liegt D auf der Mittelachse um die Exzentrizität e unterhalb des Flächenschwerpunkts S. Bei Flächen nicht konstanter Breite muss die Lage des Druckmittelpunkts D in Relation zu der Lage des Flächenschwerpunkts S über das Flächenmoment 2. Grades und das Flächenzentrifugalmoment [→ Exzentrizität e und f] bestimmt werden.

9. Formelzeichen und Einheit der Flächenmomente?
Das Formelzeichen ist I mit einem Index je nach Bezeichnung der Achsen, bei Flächenmomenten 2. Grades um die Y-Achse I_y und um die Z-Achse I_z. Das Formelzeichen für das Flächenzentrifugalmoment wäre entsprechend I_{yz}.

   Die Momente haben die Einheit m^4 oder cm^4 oder mm^4 - je nachdem, mit welchen Einheiten gerechnet wird.

10. Flächenmoment 2. Grades eines Quadrats, Deviationsmoment einer ¼-Ellipse?
Siehe Tabelle auf Seite 59:

    Halbkreis: $I_y = I_z = 0{,}08\overline{3} \cdot h^4$ Viertelellipse: $I_{yz} = 0{,}017 \cdot a^2 \cdot b^2$

11. Auflast und Auftrieb? Formel für den Auftrieb?
Es handelt sich um Bezeichnungen für Vertikalkräfte, die bei der „Auflast" nach unten ↓ und beim „Auftrieb" (bei der Auftriebskraft) nach oben ↑ gerichtet sind. Die Auftriebskraft ist gleich der Gewichtskraft des verdrängten Wasservolumens:

    Auftriebskraft: $F_A = \rho \cdot g \cdot V_A$

    mit V_A = Volumen unter Auftrieb.

12. Schwimmstabilität? Metazentrische Höhe?
Es geht darum festzustellen, ob ein schwimmender Körper bei einer Verdrehung durch Krafteinwirkungen, z.B. durch Wind, wieder in seine Ausgangslage zurückkehrt oder kentert. Hängt ab von der Lage des Schwerpunkts des Schwimmkörpers, des Schwerpunkts des Auftriebs und des Metazentrums M bzw.

    der metazentrischen Höhe $h = \dfrac{I_y}{V_A} - e$.

    Alle Größen in der Gleichung sind zuvor behandelt worden.

Repetitorium zu Kap. 3.1
Grundlagen Hydrodynamik
Fragen und Antworten.

1. Kontinuitätsgleichung?
$Q = v \cdot A$

2. Gefälle?
$I = 1{:}256$ - als Dezimalzahl bzw. in Prozent angeben

   $$I = \frac{1}{256} = 0{,}00391 = 0{,}391\ \%$$

   $I = 0{,}00368$ [-] - in ‰ und in $1{:}m$ angeben:
   $I = 0{,}00368 = 3{,}68$ ‰ und $1{:}m = 1{:}271{,}739$

3. Unterschied zwischen stationär und instationär?
   $Q(Zeit)$ = konstant und $Q(Zeit) \neq$ konstant.

4. Normalabfluss? Voraussetzungen?
   Normalabfluss = stationär gleichförmige Bewegung, also $Q(Zeit)$ = konstant und Fließgeschwindigkeit entlang des Fließwegs v = konstant.
   Voraussetzungen: Gefälle I, Fließquerschnitt A und Rauheit k sind konstant.

5. Nachweis: laminar oder turbulent?
   gegeben: Dreieckförmiges Rohr unter Druck, gleichseitiges Dreieck

Seitenlänge des Dreiecks $a = 5\ cm$
Fließgeschwindigkeit $v = 1{,}2\ m/s$ bei Wassertemperatur $T = 16\ °C$

Fläche $A = 0{,}25 \cdot a^2 \cdot \sqrt{3} = 1{,}0825 \cdot 10^{-3}\ m^2$ Formel aus [7]

Benetzter Umfang $l_U = 3 \cdot a = 0{,}15\ m$

Hydraulischer Radius $r_{hy} = \dfrac{A}{l_U} = 0{,}007217\ m$

Kinematische Viskosität $\nu = 1{,}12 \cdot 10^{-6}\ m^2/s$ Tab. S. 23, lineare Interpolation

Reynoldszahl $\mathrm{Re} = \dfrac{v \cdot 4 \cdot r_{hy}}{\nu} = 30930 > 2300$ turbulentes Fließen

6. Unterschied SCHIEßEN und STRÖMEN?
   Schießen: hohe Fließgeschwindigkeit bei kleiner Wassertiefe, überkritisch.
   Strömen: kleine Fließgeschwindigkeit bei großer Wassertiefe, unterkritisch.

7. Ideale und reale Flüssigkeit?
   Ideale Flüssigkeit: reibungsfrei (verlustfrei) und nicht zusammendrückbar.
   Reale Flüssigkeit: reibungsbehaftet und zusammendrückbar.

8. Formel für die Froudezahl Fr?
   Allgemein: $Fr = \dfrac{v}{\sqrt{g \cdot \dfrac{A}{b_{Sp}}}}$

9. Definition und Nachweis Fließwechsel?
   Fließwechsel ist ein Übergang vom Strömen zum Schießen oder vom Schießen zum Strömen. Der Nachweis erfolgt über die Froudezahl Fr.

10. Stromlinie, Stromröhre?
    Nach der Theorie ist eine Stromlinie eine Bahn, welcher ein Wasserteilchen folgt, ohne dass es Querimpulse erfährt, d.h. dass sich seine Bahn mit keiner Bahn eines anderen Wasserteilchen kreuzt; eine Stromröhre ist entsprechend ein Bündel von Stromlinien, in der Praxis z.B. in einer Rohrleitung.

11. Grenztiefe - wie ermitteln?
    Man stellt die Energiegleichung bezogen auf die Gerinnesohle auf, bildet die 1. Ableitung dh_E/dh und setzt diese gleich null.

12. Beschleunigte Bewegung? Gegenteil?
    Stationär ungleichförmige Bewegung; Gegenteil: verzögerte Bewegung.

Repetitorium zu Kap. 3.2 und 3.3
Impulskraft, Energie-Gleichung
Fragen und Antworten.

1. Gleichung der Impulskraft F_I? Einheit?

   $F_I = \rho \cdot Q \cdot v\ [N]$ oder $[kN]$

2. Einheiten der Faktoren in der zuvor verlangten Gleichung?

   $Q\ [m^3/s]$
   $v\ m/s]$
   $\rho\ [kg/m^3]$ oder $\rho\,[Mg/m^3] = [t/m^3]$

   ρ in $[kg/m^3]$ führt zu F in N, ρ in $[t/m^3]$ führt zu F in kN.

3. Summanden bei der Stützkraft F_S?
   Wasserdruckkraft F_W ,Impulskraft F_I.

4. Gleichung für die Wasserdruckkraft F_W?

   Gerinne $F_W = \rho \cdot g \cdot \frac{h^2}{2} \cdot b$ Gerinne mit Rechteckquerschnitt

   Druckrohre $F_W = p \cdot A$ p = Druck, A = Rohrquerschnitt

5. Anwendungsbeispiele für die Impulskraft F_I?

   Wasserstrahl gegen eine Wand, Freistrahlturbinen

6. Anwendungsbeispiele für die Stützkraft F_S?

   Gerinne Wechselsprung, konjugierte Wassertiefen
   Druckrohre Formstücke wie Krümmer oder Reduzierstück

7. Energiearten?
   Potenzielle Energie (Energie der Lage), kinetische Energie (Bewegungsenergie).

8. Einheit der Energie?
   Vgl. Kap. 1.1.3: Joule $[J]$ oder Wattsekunde $[Ws]$ oder $[Nm]$. $1\ J = 1\ Ws = 1\ Nm$.

   In der Hydromechanik wird die Energie in Meter Wassersäule $[m]$ angesetzt, siehe Herleitung in Kap. 3.3.

9. Darstellung der Bewegungsenergie?
   Die kinetische Energie des Wassers über die „Geschwindigkeitshöhe" ausgedrückt, wobei in manchen Fachbüchern die Bezeichnungen h_k oder h_{kin} verwendet werden.

   $$h_k = h_{kin} = \frac{v^2}{2 \cdot g}\ [m]$$

   Der Index k bzw. kin für steht „kinetisch". In diesem Buch wird nur $v^2 / 2 \cdot g$ verwendet.

10. Bernoulli-Gleichung für eine Druckrohrleitung?

$$h_E = z + \frac{p}{\rho \cdot g} + \frac{v^2}{2 \cdot g} \; [m]$$ bezogen auf den gewählten Bezugshorizont.

11. Änderung der Bernoulli-Gleichung bei Freispiegelabfluss (Gerinne)?
Die Druckhöhe $p/\rho \cdot g$ wird durch die Wassertiefe h im Gerinne (z.B. in einem Fluss) ersetzt.

12. Wie ist z in der Bernoulli-Gleichung definiert?
z ist die geodätische Höhe, also ein Teil der potenziellen Energie. Bei einer Rohrleitung entspricht sie der Höhendifferenz zwischen dem gewählten Bezugshorizont und der Rohrachse, bei einem Gerinne der Höhendifferenz zwischen dem Bezugshorizont und der Gerinnesohle.

Repetitorium zu Kap. 3.4 und 3.5 Rohrströmung, Gerinneströmung Fragen und Antworten.

1. Bernoulli: Verlustarten und Unterschiede?
Reibungsverluste und örtliche Verluste. Reibungsverluste treten kontinuierlich entlang des Fließwegs an der Rohr- bzw. Gerinnewandung auf, örtliche Verluste treten durch örtliche Störung der Strömung infolge von Einbauten auf.

2. Berechnung der Reibungsverluste?

Darcy $$h_{V,R} = \lambda \cdot \frac{l}{d} \cdot \frac{v^2}{2 \cdot g}$$ Rohrströmung

$d = d_{hy} = 4\, r_{hy}$ Gerinneströmung

3. Berechnung des Widerstandsbeiwerts λ?
Widerstandsbeiwert λ aus 1 Gleichung für laminares Fließen und 3 Gleichungen für turbulentes Fließen (rau, hydraulisch glatt und Übergangsbereich). Teilweise implizite Darstellung für λ, d.h. iterative Lösung.

4. Alternative zur Berechnung des Widerstandsbeiwerts λ?
Grafische Lösung über Moody-Diagramm oder Nomogramme.

5. Berechnung der örtlichen Verluste?

$$h_{V,ö} = \zeta_{ö} \cdot \frac{v^2}{2 \cdot g}$$

Die $\zeta_{ö}$ -Werte sind je nach Art des örtlichen Verlusts aus Tabellen zu entnehmen oder über eine - meist einfache - Gleichung zu berechnen.

6. Fließformeln?

Darcy-Weisbach $$v = \sqrt{\frac{2 \cdot g \cdot d \cdot I_E}{\lambda}}$$ mit $d = d_{hy} = 4\, r_{hy}$ in der Gerinnehydraulik

Manning-Strickler $$v = k_{St} \cdot r_{hy}^{2/3} \cdot I_E^{1/2}$$ nur in der Gerinnehydraulik

7. Größenbereich der Rauheiten k und k_{St}?
   Industriell gefertigte Rohre: $k \leq 3$ $[mm]$ - grob abgeschätzt -; ein Betonrohr vielleicht bei $1\ mm$, ein Stahlrohr bei $0{,}25\ mm$.
   Natürliche Gerinne k bis „mehrere hundert mm".
   k_{St} $[m^{1/3}/s]$ ist in der Rohrhydraulik nicht üblich.
   In der Gerinnehydraulik zwischen etwa $k_{St} = 20$ (sehr rau) und etwa $k_{St} = 100$ (sehr glatt). Betriebszustand beachten!

8. Wo ist ein „gegliederter Trapezquerschnitt" üblich?
   In der Gerinnehydraulik. Da der Abfluss eines Gewässers sehr stark schwankt, wird ein Trapezprofil für den mittleren Abfluss vorgesehen und daran ein sog. Vorland für den Hochwasserabfluss angefügt (vgl. S. 131).

9. Gängige Rohrquerschnitte?
   In der Wasserversorgung fast ausschließlich das Kreisprofil, ebenso bei Großrohren an Talsperren und Wasserkraftanlagen.
   In der Abwassertechnik (Kanalisation) überwiegend Kreisrohre, gelegentlich auch Eiprofile, selten Sonderprofile wie z.B. Maulprofil (vgl. S 135).

10. Welchen k - Wert wähle ich in der beruflichen Praxis?
    Nicht die in diesem Buch in Tabellen angegeben Werte (z.B. Seite 108), sondern die Werte, die die Fachverbände DVGW (Gas- und Wasserversorgung) und DWA (Abwassertechnik, auch Fließgewässer) in ihren Regelwerken vorgeben. Trotzdem sind die in diesem Buch angegebenen Werte richtig!

11. In welchen Bereich gibt es „teilgefüllte Rohre"? Gegensatz dazu?
    In der Siedlungswasserwirtschaft. Teilgefüllte Rohre, auch Freispiegelrohre genannt, überwiegen in Kanalisationen (Abwasserkanälen). Wichtig: In der hydraulischen Berechnung spielt das Sohlengefälle des Rohres eine große Rolle. Gegensatz dazu sind Druckrohre (Rohre unter Druck), die in Wasserversorgungsanlagen, aber auch in den Großrohren von Wasserkraftanlagen und Talsperren Standard sind. Wichtig: Das Gefälle einer Druckrohrleitung, seine Neigung, hat mit der hydraulischen Berechnung nichts zu tun, spielt also keine Rolle.

12. Manometrische Förderhöhe?
    Darunter versteht man die Höhe in Meter, die eine Pumpe bei der Wasserförderung überwinden muss. Sie setzt sich zusammen aus dem geodätischen Höhenunterschied z und den hydraulische Verlusten h_V bei der Förderung (Reibungsverluste, örtliche Verluste), also:

$$H_{man} = z + \Sigma h_V \ [m]$$

Repetitorium zu Kap. 3.6 und 3.7
Überfall und Ausfluss
Fragen und Antworten.

1. Arten der Überfallströmung? Unterschied?
Vollkommener und unvollkommener Überfall. Vollkommen: mit Fließwechsel, auf der Wehrkrone tritt die Grenztiefe h_{gr} auf. Unvollkommen: kein Fließwechsel, keine Grenztiefe; hoher Unterwasserspiegel, der nach Oberwasser zurück staut.

2. Überfallender Volumenstrom Q also über h_{gr} berechnen?
Nein, die Berechnung erfolgt <u>immer</u> über die Überfallhöhe $h_Ü$.

3. Standardformel für den Wehrüberfall (die Überfallströmung)?
Poleni $Q = \frac{2}{3} \cdot \mu \cdot b \cdot \sqrt{2 \cdot g} \cdot h_Ü^{3/2} \; [m^3/s]$ bei vollkommenem Überfall

4. Alternativen / Varianten zur Poleni-Formel?
Bei vollkommenem Überfall und Berücksichtigung der Anströmgeschwindigkeit v_o die Formel nach Weisbach, bei unvollkommenem Überfall die Poleni-Formel mit Abminderungsbeiwert c.
Weisbach $Q = \frac{2}{3} \cdot \mu \cdot b \cdot \sqrt{2 \cdot g} \cdot \left[\left(h_Ü + \frac{v_o^2}{2 \cdot g} \right)^{3/2} - \left(\frac{v_o^2}{2 \cdot g} \right)^{3/2} \right]$ bei vollkommenem Überfall

5. Was ist „besser", Poleni (P) oder Weisbach (W)?
Bei vollkommenem Überfall grundsätzlich Weisbach; sinnvoll aber nur, wenn v_o relevant ist.

6. Was bedeutet es praktisch, irrtümlich nach (P) statt nach (W) zu rechnen?
Für die gleiche überfallende Wassermenge Q ist nach (P) die rechnerische Überfallhöhe $h_Ü$ größer als nach (W). Oder: bei gleicher rechnerischer Überfallhöhe $h_Ü$ ist nach (P) die überfallende Wassermenge Q kleiner als nach (W).

7. Größenordnung des Überfallbeiwerts μ?
„Gute μ - Werte" liegen bei ca. 0,75, „schlechte" bei 0,6 oder darunter. Vgl. Tabelle im Buch, S. 150. Grundsätzlich gilt $\mu < 1$.

8. Ausfluss aus einem Gefäß?
Situation, bei der Wasser aus einer Behälteröffnung („Loch im Behälter") ausfließt; alternativ fließt Wasser unter einer Stauwand („Schützentafel") ins Unterwasser.

9. Basisformel für den Ausfluss?
   Torricelli $v = \mu \cdot \sqrt{2 \cdot g \cdot h} \cdot \; [m/s]$ in Verbindung mit der Kontinuitätsgleichung, also
   $Q = v \cdot A = \mu \cdot \sqrt{2 \cdot g \cdot h} \cdot A \; [m^3/s]$ bei einer „kleinen" Öffnung

10. Entscheidung über „kleine" oder „große" Öffnung?
    Über $a < 0{,}2 \cdot h$ bzw. $a \geq 0{,}2 \cdot h$, siehe Kap. 3.7.
    $Q = \frac{2}{3} \cdot \mu \cdot b \cdot \sqrt{2 \cdot g} \cdot \left(h_2^{3/2} - h_1^{3/2}\right) \; [m^3/s]$ bei einer „großen" Öffnung

11. Größe des Ausflussbeiwerts μ?
    Abhängigkeit von der Form der Öffnung (Kreis oder Rechteck), bei Rechteck auch vom Verhältnis der Breite zur Höhe der Öffnung usw.
    Angaben in Kap. 3.7: μ zwischen 0,5 und 0,7. Grundsätzlich gilt $\mu < 1$.

12. Anströmgeschwindigkeit, unvollkommener Ausfluss?
    Analog zur Überfallströmung werden die Formeln für vollkommenen Ausfluss durch Einfügung der Geschwindigkeitshöhe bzw. eines Beiwerts variiert. Beide Fälle (vor allem der erstere) aber eher selten.

Hinweis

Im Stichwortverzeichnis sind Eigennamen (z.B. Reynolds), auf die in einer Fußnote eingegangen wurde, kursiv und mit Unterstrich hervorgehoben.

Abbildung links:
Staustufe Iffezheim/Rhein → Wehrüberfall
Foto Martin Zarske, 2007

Stichwortverzeichnis